Christopher Evans

DIE WINZIGEN RIESEN

Mikroprozessoren
revolutionieren die Gesellschaft

Aus dem Englischen von
Ingo Angres

Hoffmann und Campe

CIP-Kurztitelaufnahme der Deutschen Bibliothek
Evans, Christopher:
Die winzigen Riesen : Mikroprozessoren revolutionieren d. Gesellschaft / Christopher Evans.
Aus d. Engl. von Ingo Angres. – 1. Aufl. –
Hamburg : Hoffmann und Campe, 1981
Einheitssacht.: The mighty micro ⟨dt.⟩
ISBN 3-455-08811-2

1.–30. Tausend

Die Originalausgabe erschien unter dem Titel
»The Mighty Micro, The Impact of the Computerrevolution«,
bei Victor Gollanzc LTD, London
Gesetzt aus der Korpus Times-Antiqua
Satz: Fotosatz Otto Gutfreund, Darmstadt
Druck- und Bindearbeiten: Richterdruck, Würzburg
Schutzumschlag: Jan Buchholz und Reni Hinsch
unter Verwendung eines Fotos von Kellner/Sonnenberg
Printed in Germany

INHALTSVERZEICHNIS

EINLEITUNG
Die Computerrevolution

Dieses Buch befaßt sich mit der Zukunft. Nicht mit irgendeiner fernen Zukunft, die sich für uns und unsere Nachkommen im Bereich der Spekulation bewegt, sondern mit einer Zukunft, die uns unmittelbar angeht und deren Entwicklung sich mit ziemlicher Genauigkeit voraussagen läßt. Diese Zukunft wird revolutionären Charakter haben und die Gesellschaftssysteme in fast allen Bereichen verändern; diese Entwicklung beginnt langsam, potenziert dann aber zunehmend ihre Geschwindigkeit. Die Zukunft, von der hier die Rede ist, wird weitgehend von einer einzigen, irritierenden Technologie geformt, deren Auswirkungen im Ansatz heute schon spürbar sind: den Computern.

Dieses Buch ist dem Computerzeitalter gewidmet. Zwar meiden die meisten Leute die Auseinandersetzung mit diesem Thema, einfach weil es ihnen zu komplex erscheint. Dennoch sind keine Vorkenntnisse erforderlich, um den hier dargelegten Argumenten folgen zu können. Zum besseren Verständnis gebe ich einen kurzen Einblick in die Computergeschichte, in ein faszinierendes, aber weitgehend unbekanntes Gebiet. So erläutere ich im ersten Teil dieses Buches die Anfänge der Computergeschichte, im zweiten stelle ich Betrachtungen über den heutigen Stand der Computertechnik an und versuche, die kaum überschaubaren Perspektiven anzudeuten, die uns die Evolution des Computers bescheren wird. Im übrigen ist das Buch der kurz-, mittel- und langfristigen Zukunft gewidmet. Es mag einen Eindruck von der leichten »Verderblichkeit« unseres heutigen Wissens vermitteln, wenn meine langfristigen Voraussagen nicht über das Jahr 2000 hinausgreifen, sich also lediglich auf die nächsten rund zwanzig Jahre beschränken. In diesem Abschnitt des Buches – ein Kapitel habe ich dem Wesen der Intelligenz, ihrer Bedeutung für

Mensch und Tier und ihrer letztendlichen Verwirklichung in der Maschine gewidmet – werden wir uns über die veränderte Welt unterhalten.
Drohungen oder Versprechungen, die Welt befinde ich im Umbruch, sind keineswegs ungewöhnlich, und das Menschengeschlecht schenkt ihnen – klugerweise – kaum Gehör. Statt dessen planen Zeitgenossen – sofern dies nicht auch schon zu lästig ist –, wie der Krise oder dem neuen Jahrtausend im Falle eines Falles gegenüberzutreten sei. Es ist in der Tat so, daß sich die grenzenlose soziale, wirtschaftliche und psychologische Trägheit der Menschheit nur äußerst selten erschüttern läßt. Selbst gegen Kriege, Hungersnöte, Überschwemmungskatastrophen, Erdbeben und ähnliche Katastrophen sind viele Menschen fast abgestumpft. Oft haben sie die Tragweite technischer Neuerungen nicht ermessen können. Ein Beispiel dafür ist die Entdeckung der Navigationstechnik, ein anderes die Erfindung des Buchdrucks. Noch jüngeren Datums, weiterreichend und schneller im Freisetzen ihrer Auswirkungen war die industrielle Revolution.
Das Ausmaß, in dem bestimmte Technologien die Lebensbedingungen der Menschen verändert haben, kann gar nicht hoch genug eingeschätzt werden. Diese Situation trat ein, weil der Mensch Mittel und Wege fand, seine Muskelkraft mit Hilfe der Maschine zu ergänzen und zu verstärken. Mit einem Male war es möglich, im wahrsten Sinne des Wortes übermenschliche Leistungen von schier endloser Dauer zu erbringen, ohne die Produktion zu unterbrechen. Vor den Konsequenzen dieses tiefgreifenden Wandels blieb kein Land der Erde verschont, und jene Nationen, die der neuen Entwicklung von Anfang an gefolgt waren, erreichten Wohlstand und wirtschaftliche Macht.
Die industrielle Revolution hat vier bedeutsame Aspekte, die herauszuarbeiten und zu berücksichtigen sind, werden sie sich doch für den nächsten großen Wendepunkt, auf den sich die Menschheit mit rapider Geschwindigkeit zubewegt, als außerordentlich wichtig erweisen: für die Computerrevolution. Der

erste Punkt betrifft Ausmaß und Reichweite des Wandels: Die Revolution führte zu ungeheuren Verlagerungen in allen Bereichen der menschlichen Gesellschaft; sie berührte das Individuum, dessen Familie, Nachbarn, häusliche Umgebung, den Arbeitsplatz, Kleidung, Nahrung und Freizeit des einzelnen, seine politischen und religiösen Ideale, seine Erziehung, sein Sozialverhalten, seine Lebenserwartung – ja selbst seine Umstände bei Geburt und Tod. Das zweite Charakteristikum liegt darin begründet, daß dieser Wandel mit großer Geschwindigkeit stattfand; in weniger als hundert Jahren wurde das Erscheinungsbild unseres Sozialgefüges umgeformt. Drittens ging die dynamische Ausbreitung der industriellen Revolution, nachdem sie einmal voll in Gang war, in aller Rücksichtslosigkeit vor sich, und keine Macht der Erde, kein Mensch oder keine Individuengruppe konnte sie aufhalten oder gar stoppen. Jeglicher Versuch, die Stoßrichtung und Eigendynamik der industriellen Revolution zu lenken, waren vergeblich. Statt der Menschheit dauerhaften Nutzen zu bringen, produzierte sie steigenden Überfluß in einem Teil der Welt, ohne Not und bittere Armut im anderen lindern zu können.

Als letztes der vier Charakteristika gilt, daß kaum jemand, mit Sicherheit aber keiner der Mächtigen, die heraufziehende Entwicklung voraussah. Nur die tapferen Maschinenstürmer, die als Folge des Maschinenzeitalters eine Schmälerung des Wohlstandes fürchteten, schienen von dem, was die Zukunft bringen würde, eine verschwommene Vorstellung zu haben.

Ich habe diese Punkte so stark betont, weil sie eine direkte Beziehung herstellen zu den Folgen der Computerrevolution, die den Trend von Entlastung und Verstärkung von Körperkraft zur Entlastung und Verstärkung der Verstandeskraft fortsetzt. So wie der industriellen Revolution wird ihr ein überwältigender und umfassender Einfluß zuteil werden, von dem jedermann auf dieser Erde in jedem Bereich seines Daseins in Mitleidenschaft gezogen wird. Vergleichbar der industriellen Revolution wird auch die Computerrevolution ihr

Tempo erst langsam, dann mit unaufhaltsam zunehmender Geschwindigkeit steigern. Allerdings wird sich ihre Gewalt vielleicht nicht in hundertfünfzig, sondern schon in fünfundzwanzig Jahren erschöpfen. Drittens – man beachte diese weitere Parallele – wird auch diese Revolution aus Gründen, die uns noch im einzelnen beschäftigen werden, ihre unlenkbare Eigengesetzlichkeit entwickeln, wenn sie erst einmal ins Rollen gekommen ist. Es gibt jedoch einen entscheidenden Unterschied: Als im viktorianischen Zeitalter die industrielle Revolution über die Alte und die Neue Welt hinwegbrauste, hatte sich der Sturm schon wieder gelegt, ehe die meisten Leute überhaupt gemerkt hatten, was passiert war. Heute dagegen können wir die Zeichen der Zeit in die Zukunft hochrechnen. Die umwälzenden Veränderungen, die die Menschheit sich selber zumutet, haben viel von ihrem Überraschungscharakter verloren. Dieses Buch soll der Versuch sein, den Charakter dieser Wandlungen zu prognostizieren und deren Bedeutung und Unausweichlichkeit zu kennzeichnen. Möglich, daß uns nur wenig Zeit bleibt, uns auf die Zukunft einzurichten; wenig Zeit indessen ist besser als gar keine Zeit.

ERSTER TEIL
Die Vergangenheit

KAPITEL 1
Zahlenspielereien

In gewissem Sinne haben die Computer eine kurze Geschichte – nicht viel mehr als fünfundzwanzig Jahre. Anders betrachtet jedoch reichen ihre »Anfänge« zurück bis in jene Zeit, in der der Mensch ein paar Steine aufhob oder Zeichen in die Erde ritzte, sich so also eine Gedächtnisstütze schuf. Dies bedeutete nämlich, mit Hilfe einer körperlichen Einheit bzw. eines Satzes solcher Einheiten Zahlen oder Größen abzubilden, also genau das zu tun, was das Wesen eines Computers ausmacht: eine Zahl oder Größe läßt sich durch einen körperlichen Gegenstand darstellen, sei es nun ein Kieselstein, eine auf Draht gezogene Perle, ein Zeichen auf einem Stückchen Papier, ein mechanisches Zahnrad, ein elektrisches Relais, eine Vakuumröhre oder eine submikroskopisch kleine Fläche magnetisierten Materials. Lassen sich Zahlen erst einmal auf diese Weise darstellen, wird es möglich, damit zu manipulieren bzw. ihren Rang zu verändern und sie unterschiedliche Zahlen oder Größen abbilden zu lassen. Dies wiederum heißt, daß man eine Maschine konstruieren kann, die die genannten Operationen vornimmt. Der einzige zum Verständnis dieses Buches unabdingbare Kernpunkt ist der, daß sich alle Zahlen, obwohl eigentlich abstrakte Größen, ganz konkret in physischen Einheiten ausdrücken lassen. Und vorausgesetzt, man trifft die richtigen Einheiten, kann man damit rechnen oder sie im Prinzip unbegrenzt lange speichern.

Ein grobes Beispiel für Speicherung und Rechenoperationen ist der Kilometerzähler am Armaturenbrett. Hier wird der Kilometerstand durch eine Zahlenreihe hinter einem Schauglas dargestellt. Er spiegelt die Stellung eines Satzes ineinandergreifender Rädchen wider. Diese Rädchen (mit jeweils zehn Zähnen) registrieren im einzelnen jede vollen hundert Meter, Kilometer, zehn Kilometer usw. Dies mutet so einleuchtend an, daß es nicht erwähnenswert scheint. Lassen Sie uns aber dennoch auf diesem einfachen Niveau bleiben: Wenn sich die Räder des Fahrzeugs drehen, versetzen sie das erste der Zahnrädchen in Drehung, und eine Folge von »Zehntelkilometer-Einheiten« wird hinter dem Schauglas sichtbar. Bei jedem vollen Kilometer hat sich das Rädchen einmal um seine Achse gedreht. Nach jeder solchen Umdrehung stößt ein seitlich am Rädchen angebrachter Zapfen das Nachbarrädchen, das die Kilometer zählt, an und läßt es genau eine Zehnteldrehung nehmen. So erscheint die entsprechende Kilometerzahl hinter dem Glas. Nach zehn solchen Anstößen hat sich das zweite Rädchen einmal herumgedreht und tippt seinerseits das benachbarte Zehnkilometer-Zahnrad an usw. usw. Diese Zapfen, die die Information von einem Zahnrad zum nächsten transportieren, entsprechen natürlich beim Rechnen mit Papier und Bleistift dem »soundsoviel im Sinn«.

Bei dem, was wir hier beschreiben, handelt es sich um einen ganz simplen mechanischen Rechner, der a) Entfernungen in Dezimaleinheiten zählt, b) Zehntelkilometer zu Kilometern addiert, aus Kilometern Zehnkilometer macht und c) das »Resultat« auf eine Weise anzeigt, die ein Mensch lesen kann. Genaugenommen handelt es sich um eine mechanische »Addiermaschine« – sie kann weder multiplizieren noch dividieren. Steht das Fahrzeug, dann »behält« der Kilometerzähler die zurückgelegte Wegstrecke.

Es wäre falsch, den Eindruck zu erwecken, eine derartige Arbeitsweise entspräche der moderner Computer; aber am Beispiel des Kilometerzählers läßt sich zur Einführung das Grundprinzip von Maschinen, die Zahlen summieren, demonstrieren. Wer diesen einfachen Arbeitsgang verstanden hat, versteht auch, nach welchen Kriterien Computer funktionieren.

Natürlich gab es schon Rechenmaschinen vor der Erfindung des Kilometerzählers. An dieser Stelle wird gern der Abakus genannt, der seit etwa fünftausend Jahren bekannt ist. Der Abakus bestand aus einer Ansammlung von reihenweise auf

Stäbe oder Drähte gezogenen Perlen; die Position der Perlen in Beziehung zur einen oder anderen Seite des Rahmens kennzeichnet ihren Zahlenwert. Die verschiedenen Ebenen des Rahmens bedeuten die verschiedenen Elemente der Summe, die errechnet werden soll; das Rechnen selbst erfolgt, indem man die Perlen nach gewissen Regeln hin- und herschiebt. Ein Abakus läßt sich flink handhaben; in Japan war er noch bis vor kurzem in Gebrauch.

Geräte wie der Abakus wurden unter anderem deshalb entwickelt, weil beim Rechnen »mit Papier und Bleistift« Schwierigkeiten auftraten. Versuchen Sie mal, sich eine Methode auszudenken, nach der man die folgenden römischen Zahlenzeichen miteinander multiplizieren kann:

CCXXXII mal XLVIII

Die alte chinesische Schreibweise erschwert das Problem noch; verwendet man dagegen arabische Ziffern, wird aus einer unübersichtlichen Zahlenreihe der Ausdruck 232 mal 48. Das Phänomen dieser Vereinfachung rührt nicht einfach daher, daß uns die arabischen Ziffern vertrauter sind; schriftliche Berechnungen lassen sich damit eben viel besser vornehmen. Wer die neuen Schreibweisen übernahm, konnte nicht nur auf den Abakus verzichten, sondern auch in kompliziertere mathematische Bereiche vordringen als jene, die an primitiveren Zahlenschreibweisen festhielten.

Aber auch die arabischen Ziffern waren keine Zauberformeln für müheloses Rechnen. Als die mittelalterlichen Gesellschaften immer stärker von intensivem Gütertausch abhängig wurden, nahm auch die Zahl der anfallenden Routineberechnungen immer stärker zu. Hinzu kam, daß der Durchschnittsbürger so gut wie überhaupt nicht rechnen konnte. Selbst gebildete Leute hatten in der Schulausbildung nicht einmal die mathematischen Anfangsgründe gelernt. Manche Kaufleute versuchten zwar, selbst mit gewaltigen Tabellenreihen (diese reichten z. B. bis zu 24 mal 24) zurechtzukommen; aber meist beschäftigte man professionelle »Mathematiker«, die sich der alltäglichen Zahlenakrobatik widmeten. Aber auch die sogenannten Profis sahen sich außerstande, länger als eine Stunde zu rechnen, ohne daß sich Ermüdung und damit unvermeidlich auch Fehler einschlichen. Es ist daher nicht verwunderlich, daß die Erfindung des Rechenschiebers in der letzten Hälfte des siebzehnten Jahrhunderts allerorten Jubel auslöste.

Der Rechenschieber, mehr als dreihundert Jahre lang rege im Gebrauch, ehe er Mitte der siebziger Jahre dieses Jahrhunderts vom Taschenrechner verdrängt wurde, ist auf die Entdeckung der Logarithmen durch den Schotten John Napier zurückzuführen.

Logarithmen sind, fast alle Schulkinder wissen das, Zahlentabellen, die gewöhnliches Multiplizieren und Dividieren gewaltig vereinfachen. Napier entdeckte, daß es für jede positive Zahl eine andere Zahl (deren Logarithmus genannt) gibt; die Beziehungen zwischen diesen Zahlen sind so, daß zwei beliebige Zahlen miteinander multipliziert werden, indem man ihre Logarithmen addiert. Die Division erfolgt durch Subtraktion der Logarithmen. Diese systematische Vereinfachung ist allerdings nur mit einem Hilfsmittel möglich: der Logarithmentafel, aus der man die jeweils entsprechenden Logarithmen heraussuchen muß, die dann addiert und die Summe anschließend anhand einer »Anti-Logarithmentafel« wieder in »richtige« Zahlen zurückverwandelt. Aber der ganze Vorgang ist weitaus einfacher als gewöhnliche Multiplikation und Division.

Logarithmenstellen waren gewissermaßen die komprimierte Version ursprünglicher Zahlen. Formte man sie in Längenabschnitte auf einer Meßlatte oder einem Lineal um, so ließ sich multiplizieren oder dividieren, indem man einfach die beiden Längenabschnitte auf der Meßlatte addierte oder subtrahierte. Von diesem Augenblick an springt die Konzeption des Rechenschiebers, und damit die Vorstellung von einer Maschine als Rechenhilfe, mehr oder weniger in die Augen.

Merkwürdigerweise scheint Napier selbst nicht daran gedacht zu haben. Er hatte aber einen anderen klugen Gedanken, nämlich jeweils auf beiden Stirnseiten von nebeneinandergereihten, drehbaren Holzwalzen Multiplikationstabellen anzuordnen; man dreht die entsprechenden Walzen (für jede der zehn Ziffern gab es eine eigene Walze) und addierte oder subtrahierte die jeweiligen Zahlen, die an den gegenüberliegenden Stirnseiten zum Vorschein kamen. Die Anlage war hübsch in eine Holzkiste eingebaut, auf deren Deckel die Gebrauchsanleitung stand, und wurde unter dem Namen »Napiers Gebeine« bekannt. Die Rechenarten, die man damit durchführen konnte, gehören heute zum Grundschulstoff der ersten Klassen. Die Tatsache, daß ein solcher Apparat überhaupt erfunden und in großen Mengen verkauft wurde, ist ein Beleg für den dürftigen Stand der mathematischen Bildung jener Tage.

Die erste wirkliche Maschine, die in der Lage war, arithmetische Funktionen zu errechnen, wurde etwa ein Vierteljahrhundert nach der Entdeckung der Logarithmen konstruiert und machte sich Napiers Entdeckung in keiner Weise zunutze. Ihr Erfinder war Blaise Pascal, der Sohn eines französischen Steuereinnehmers. Pascal war eine phänomenale mathematische Begabung und hat Wissenschaft und Philosophie des siebzehnten Jahrhunderts stark geprägt. Er war noch keine zwanzig Jahre alt, als er den Plan für seine mechanische Addiermaschine entwarf. Vielleicht hatte die Beobachtung, daß sein Vater sich bis tief in die Nacht mit Steuerberechnungen plagte, Pascal bewogen, Abhilfe zu schaffen. Manch einer vermag sich heute vielleicht schwer vorzustellen, welche Sensation dieser einfache Apparat mit seinen ineinandergreifend angeordneten Reihen von Rädern und Zahnrädern auf verschiedenen Achsen seinerzeit bedeutete, dennoch war es die erste Rechenmaschine der Welt. Man stellte die Zahlen, die man addieren wollte, ein, indem man sie, ähnlich wie beim Telefon, einwählte. Dadurch wurden die Räder und Rädchen im Innern der Maschine entsprechend gedreht. Hatte man die letzte Zahl vollständig eingewählt, so erschien das Resultat (welches natürlich bloß die neue Stellung der Räder im Innern ausdrückte) in einem kleinen Fenster. Man nannte die Maschine die Pascaline. Sie versetzte jedermann in Erstaunen. Eine Maschine, die addieren konnte! Sie konnte auch subtrahieren, dazu allerdings mußte in ihrem Innern eine Umstellung vorgenommen werden, die sie »rückwärts zählen« ließ. Mit ein bißchen mehr Mühe konnte sie auch multiplizieren auf dem Weg über wiederholte Additionen, bzw. dividieren durch aufeinanderfolgende Subtraktionen. Nach diesem Prinzip arbeiteten die meisten mechanischen Rechenmaschinen noch bis in die allerjüngste Zeit.

Pascals Maschine funktionierte, weil er die Aufgabe des »Vortragens« erkannt hatte – ein Problem, im Prinzip das gleiche wie beim Kilometerzähler, das gelöst werden muß, will man mit Zahlen rechnen, die größer sind als zehn. Die Pascaline konnte von jedermann bedient werden, und so ließ man eine Anzahl Geräte bauen und zum Verkauf anbieten.

Es ist ein elementarer Lehrsatz des Kapitalismus, daß es vor allem gilt, Profite zu erwirtschaften. Falls die Geschäftsleute überzeugt gewesen wären, daß Pascals Erfindung ihnen bedeutende Summen einsparen hülfe, so hätten sie die Maschinen sicher in Mengen gekauft und ihre Schreiber und Buchhalter ohne Skrupel auf die Straße gesetzt. Eine Pascaline war allerdings ziemlich teuer, und obgleich ihre Betriebskosten gleich Null waren, gingen Reparatur und Wartung doch ins Geld. Demgegenüber waren Angestellte extrem billig und erledigten natürlich alle Arbeiten, wohingegen die Addiermaschine nur einen Teilbereich übernehmen konnte. Die einzige Rechtfertigung für die Anschaffung einer Pascaline bestand darin, den geplagten Schreibern das Dasein ein wenig zu erleichtern. Aber warum hätte ein Unternehmer dafür Geld verschwenden sollen? So war also diese glänzende Erfindung wirtschaftlich gesehen ein Flop.

Hat die Geschäftswelt auch die erste mechanische Rechenmaschine der Welt zurückgewiesen, so waren die Wissenschaftler dazu weniger fähig. Gottfried Wilhelm Leibniz war einer der ersten, die eine arbeitende Maschine kritisch begutachteten und zu einem wirklich positiven Urteil gelangten. Leibniz, 1646, also kurz nachdem Pascal seinen ersten Rechner gebastelt hatte, in Sachsen geboren, war ein weiteres Wunderkind seiner Zeit. Schon mit zehn Jahren schrieb er griechische und lateinische Gedichte und wandte sich nur wenige Jahre später den Prinzipien der formalen Logik zu. Sehr bald schon hatte er erkannt, daß die große Schwäche der Pascaline darin lag, daß sie Multiplikations- und Divisionsaufgaben auf eine zu mühsame Weise ausrechnete und daß ein wirklich brauchbarer mechanischer Rechner nach einem anderen Prinzip arbeiten müsse.

Leibniz löste das Problem durch die Einführung eines neuartigen Multiplikatorrades, das mit neun Zähnen von unterschiedlicher Länge besetzt war. Dies war eine glänzende Idee, und das Prinzip funktionierte wirklich. Wenn man einen jener elektromechanischen Rechner der sechziger Jahre, die in den Ecken vieler Schulen und Forschungslaboratorien heute verstauben, auseinandernimmt, wird man aller Wahrscheinlichkeit nach feststellen, wie gut diese Erfindung drei Jahrhunderte überdauerte. Es gibt keinen Zweifel, daß Leibniz' Rechenmaschine das Rechnen mit allen Grundrechenarten deutlich vorantrieb, wohingegen das Pascalsche Gerät nur den Rechenvorgang ein wenig erleichterte. Hätte Leibniz sich dem Bau seiner Maschine energischer gewidmet, hätte sie sich vielleicht durchsetzen können. Aber unterdessen langweilte ihn das Projekt, und er wandte sich anderen Dingen zu. Zu diesen »anderen Dingen« gehörte die Entwicklung des Bezeichnungssystems der Differentialrechnung, auch liebäugelte er auf seine Weise mit binärer Arithmetik. Heute fragt sich vielleicht manch ein Historiker, was alles hätte geschehen können, wenn aus diesem Flirt Leidenschaft geworden wäre.

Der Mensch rechnet überzeugend nach der Methode der Dezimalrechnung. Man fängt bei Null an und geht bis Neun, dann beginnt man wieder von vorn, stellt diesen Dezimalzahlen aber eine Eins voran, danach eine Zwei, eine Drei, Vier usw. Mit anderen Worten, man braucht maximal zehn Symbole einschließlich der Null, um daraus jede x-beliebige Zahl durch Permutation dieser Symbole zu bilden. Dies mag so aussehen, als beschäftigten wir uns hier mit Binsenweisheiten. Wir müssen aber so weit ausholen, weil die meisten Menschen glauben, dies sei die »natürliche« oder einzige Zählweise. Aber was ist das Besondere an der Zehn? Warum, zum Beispiel kein Oktalsystem, das auf der Acht basiert? Danach gäbe es nur acht Symbole, und man würde 0, 1, 2, 3, 4, 5, 6, 7 10, 11, 12, 13, 14, 15, 16, 17 20 etc. zählen. Dies macht deutlich, daß das Dezimalsystem nur eine von vielen Möglichkeiten, arithmetische Systeme zu konstruieren, darstellt. Dieser Vielfalt waren sich die Mathematiker schon zu Leibniz' und Pascals Zeiten bewußt; die meisten von ihnen waren allerdings von den Vorzügen des Dezimalsystems überzeugt und sahen keinen Grund, daran etwas zu ändern. Für eine Weile zeigte Leibniz mehr als nur vorübergehendes Interesse an einem Zahlensystem, das zu den ältesten gehört, die der Mensch kennt: das Binärzahlensystem. Hier braucht man nur zwei elementare Zahlen, Null und Eins. Es gibt keine Dreien, Vieren, Fünfen usw. Trotzdem ist es möglich, jede Zahl, die sich nach dem Dezimalsystem – oder jedem beliebigen anderen System – ausdrücken läßt, unter Verwendung lediglich dieser beiden Symbole darzustellen. Die Sache ist es wert, sich kurz damit zu befassen, hilft sie doch, das Grundprinzip aller modernen Computer zu begreifen.

Binäre Arithmetik beginnt wie jede andere: Man schreibt die Null als 0 und die Eins als 1. Von da an aber unterscheidet sie sich grundlegend von der herkömmlichen Dezimalschreibweise. Die Zwei beispielsweise wird zu 10, die Drei zu 11, die Vier zu 100. Erinnern wir uns, daß es beim Oktalsystem kein eigenes Symbol für die Acht gibt, nach 7 schreibt man als nächstes 10. Ebenso geht man beim Binärsystem vor, der einzige Unterschied ist aber, daß man den gewissermaßen mathematischen Drehpunkt schon nach zwei Ziffern statt nach acht erreicht. Nun wird die Sache noch befremdlicher. Es gibt kein Symbol für die Fünf, statt dessen schreibt man 101. Sechs wird zu 110, Sieben zu 111, die Acht schreibt man wie 1000. Neun wird zu 1001, Zehn zu 1010, Elf zu 1011, Zwölf zu 1100. Für die Dreizehn kommen wir auf 1101, 14 wird zu 1110, und 15 zu 1111. Bei 16 verlängert sich der Ausdruck um eine Stelle und wird zu 10000, 17 stellt sich als 10001 dar usw. Dies mutet sicher recht kompliziert an, vielleicht auch ein bißchen verrückt; aber es gilt, die wichtige Tatsache zu erfassen, daß man im Rahmen dieses Systems für mathematische Berechnungen nur zwei Arten von Symbolen benötigt, während man nach dem Dezimalsystem zehn Symbole braucht. Dies mag für das menschliche Gehirn nicht eben vorteilhaft sein, und die langen Ziffernfolgen, die bei der binären Schreibweise entstehen, sind schwer mit einem Blick zu verstehen. Doch für Rechenmaschinen, seien sie nun mechanisch, elektronisch oder sonstwie, ist nichts, buchstäblich nichts, geeigneter als ein binäres System.

Die Gründe dafür werden schon deutlich, selbst wenn man nur das Innenleben von Pascals schlichtem Rechner betrachtet. Jede einzelne Zahl bis hinauf zur Zehn mußte bei diesem Gerät durch einen Zahn dargestellt werden; jedes Zahnrad mußte mithin zehn Zähne haben. Dasselbe galt für die übrigen Zahnräder, die mit den Zehnern, Hundertern, Tausendern usw. fertig werden mußten. Das führt zu einer großen Zahl aneinander greifender Rädchen und damit zu einer höheren mechanisch bedingten Fehlerquote.

Leibniz also wandte sich für eine gewisse Zeit den Möglichkeiten der binären Arithmetik zu. Er war fasziniert von deren Wirtschaftlichkeit und Schlichtheit. Die Frage liegt nahe, wie die Zukunft der Rechenmaschine wohl ausgesehen hätte, wenn er dem Dualsystem treu geblieben wäre. Hätte es Reihen von An-Aus-Wipphebeln oder Kippschaltern gegeben, leicht zu konstruieren, billig herzustellen und ungeheuer zuverlässig? Vielleicht schon im neunzehnten Jahrhundert mächtige, dampfgetriebene Computer? Hätte die industrielle Revolution bereits fünfzig Jahre früher begonnen, und zwar nicht in England, sondern in Deutschland? Man könnte endlos so weiter spekulieren, doch ist es sinnlos, denn auch Leibniz hat die Bedeutung der binären Arithmetik für die Entwicklung der Rechenmaschinen nicht erkannt.

So ging das achtzehnte Jahrhundert zu Ende – geschüttelt von ökonomischen und politischen Umwälzungen, ohne einen technologischen Fortschritt, der schon damals durchaus möglich gewesen wäre; die Konstruktion der automatischen Rechenmaschinen. In dieser Zeit, nämlich 1791, allerdings wurde Charles Babbage geboren, der als der Erfinder des Computers gilt.

Er war Mathematiker und gilt heute als »Vater« des Computers. Wie viele Gelehrte seiner Zeit war auch Babbage Erbe eines beträchtlichen Vermögens, das er restlos in jenes verrückte, wenngleich mutige Unterfangen investierte, das sein Lebenswerk werden sollte. Zu Beginn des neunzehnten Jahrhunderts nahm die Zahl derer immer mehr zu, die ihren Lebensunterhalt ausschließlich mit Berechnungen und der Verarbeitung aller möglichen rechnerischen Daten verdienten. Zu den schwierigsten Aufgaben auf diesem Gebiet gehörte das Erstellen von Logarithmentafeln, in denen Babbage häufig vermeidbare Fehler entdeckte. So kam er auf die Idee, daß eine Maschine in der Lage sein sollte, diese Berechnungen wesentlich einfacher und genauer anzustellen. Schon 1821 war er seiner Sache so sicher, daß er der Royal Astronomical Society ankündigte, er würde ein Versuchsmodell bauen und vorführen. Die Maschine sollte, so Babbage, nach der »Differenzmethode« arbeiten. Überzeugend demonstrierte er bis ins Detail, wie die Maschine ihre Aufgaben bewältigen würde. Die Maschine konnte polynomische (vielgliedrige) Gleichungen lösen, indem sie sukzessive Differenzen zwischen Zahlengruppen berechnete. 1822 führte er sie der versammelten Gesellschaft vor. Die Präsentation wurde so gut aufgenommen, daß seine Schrift »Beobachtungen über die

Anwendung von Maschinen zur Berechnung mathematischer Tabellen« mit der Goldmedaille der Gesellschaft ausgezeichnet wurde, der ersten, die überhaupt vergeben wurde. Auf diese Weise ermutigt, begann Babbage eine arbeitsfähige Maschine in der vollen geplanten Größe zu bauen.

Selbst ein flüchtiger Blick auf Babbages Pläne verrät, daß er ein außerordentlich ehrgeiziges Vorhaben verwirklichen wollte. Das Grundmuster des Rechenvorgangs – wiederum mittels Zapfen und Rädchen – unterschied sich in keiner Weise von dem zuvor gebauter Geräte. Babbages Maschine war indessen viel größer und komplizierter. In seinem erstaunlichen Optimismus hatte Babbage sich vorgenommen, daß die Maschine nicht nur Tabellen errechnen, sondern anschließend auch auf Papier drucken sollte. Er bat die britische Regierung um Unterstützung, die ihm in Höhe von 1500 Pfund auch bewilligt wurde. Babbage baute auf seinem Grundstück eine Werkstatt, warb tüchtige Hilfskräfte an und begann seine Pläne zu realisieren.

Zunächst galt es, auf Spezialdrehbänken mit größter Genauigkeit jene Hunderte von Wellen, Rädchen, Sperrklinken und Übersetzungen zu drehen, aus denen der mechanische Teil der Differenzmaschine bestehen sollte. Und genau hier setzten unerwartet große Schwierigkeiten ein. Bei der kleinen Maschine, die für die Astronomische Gesellschaft gebaut worden war, handelte es sich um ein Vorführmodell. Kleinere Unzulänglichkeiten hinderten das System nicht daran, im großen und ganzen dennoch zu funktionieren. Im Originalmaßstab jedoch verstärkten die geringfügigen Ungenauigkeiten der Einzelteile einander so sehr, daß das Innere sich verklemmte. Babbage überarbeitete die Fertigungsanweisungen und drängte seine Arbeiter zu immer größerer Sorgfalt. So konnte die Konstruktion der Maschine zwar verbessert werden, aber nicht so, daß sie auch nur annähernd reibungslos funktioniert hätte. Unbeirrt von diesen ersten Rückschlägen trieb Babbage seine Mechaniker zu immer präziserer Arbeit an. Vergeblich. Denn Werkzeug und Materialien jener Zeit ließen ein besseres Ergebnis einfach nicht zu. Auch bat er die Regierung um mehr Geld. Insgesamt erhielt er 17000 Pfund, aber dann versiegte die Quelle. 1833 wurde das Projekt vorläufig auf Eis gelegt. Hätte Babbage seinen aus heutiger Sicht sensationellen Erfolg ermessen können, wäre er vielleicht zufrieden gewesen. Statt dessen aber begann sein ruheloser Verstand einen noch ehrgeizigeren Plan zu entwickeln. Einen Plan, der gewissermaßen die Geburtsstunde des Computers war.

An modernen Maßstäben gemessen, stand der Umfang der Differenzmaschine in keinem Verhältnis zu ihrer Effektivität: Sie konnte lediglich polynome Gleichungen lösen. Sie war an einen festgelegten Handlungsablauf gebunden; eine Rädchengruppe brachte eine andere zur Drehung, ein Hebel betätigte einen anderen und so weiter; alles in mehr oder weniger vorhersagbarer Abfolge. Mit anderen Worten, es handelte sich um ein System, das wir heute einen Spezialcomputer nennen würden. Es konnte eine einzige Arbeit verrichten, und darin lag seine ganze Daseinsberechtigung.

Babbage ging von einer kühnen, dennoch durchaus folgerichtigen Voraussetzung aus: Wenn eine Maschine Berechnungen der einen Art anstellen konnte, dann mußte sie aller Wahrscheinlichkeit nach auch zu Berechnungen jeder anderen Art fähig sein. Mehr als hundert Jahre später bewies Alan Turing, ebenfalls britischer Mathematiker, daß Babbage recht gehabt hatte. Ein erregender Gedanke nahm nun Gestalt an. Warum sollte man nicht eine Maschine ohne exakt definierten Zweck bauen, eine Maschine, die eine Vielfalt von Aufgaben lösen konnte? Sie wäre natürlich komplizierter herzustellen und wesentlich teurer als die Differenzmaschine, aber auch wesentlich effektiver als ihre Vorgängerin. Es lag nahe, sich die neue Maschine als Verkörperung vieler anderer Maschinengruppen vorzustellen. Die Gruppe A deckte danach die Aufgabe A ab, Gruppe B Aufgabe B. Allerdings müßten alle Untergruppen nach demselben Eingabemechanismus funktionieren und eine gemeinsame Verbindung zum Drucker oder einem anderen Datenausgabegerät benutzen. Babbage indessen lehnte das Naheliegende ab und gelangte deshalb zu einer glänzenden Erkenntnis. Die Maschine müßte so konstruiert werden, daß ihre inneren Teile vielseitig benutzbar waren, und zwar so, daß beim Versuch, eine bestimmte Aufgabe zu lösen, eine entsprechende ganz bestimmte Folge innerer Handlungsabläufe in Gang gesetzt würde. Jede einzelne Aufgabe wäre mit einem spezifischen »Funktionsschema« verknüpft. Dieses Gerät nannte Babbage analytische Maschine; und sie verfügte bereits über alle wichtigen Voraussetzungen eines programmierbaren Computers.

So besaß Babbages Maschine einen Satz Eingabegeräte, mit deren Hilfe Zahlen oder andere Daten in das Maschineninnere eingespeist werden konnten. Auch hatte sie eine Recheneinheit bzw. einen Prozessor: In diesem Teil der Maschine – von Babbage »Werk« genannt – erfolgte das eigentliche Zahlenrechnen. Drittens gewährleistete eine Steuereinheit, daß der Computer eine Aufgabe nach der anderen durchführte und alle Berechnungen in der richtigen Reihenfolge anstellte. Viertens gab es im Inneren der Maschine einen Speicher, wo sich Zwischenergebnisse bis zu ihrer weiteren Verarbeitung festhalten ließen, und endlich gab es noch den Ausgabemechanismus selbst. Damit haben wir, stark vereinfacht, die fünf wesentlichen Teile, aus denen auch moderne Computer bestehen.

Der Prototyp der Differenzmaschine war handgetrieben. Man bewegte einen Hebel, um Bewegung in deren Inneres zu bringen; war ein bestimmtes Stadium des Rechenvorgangs erreicht, so ertönte eine Glocke. Dann wurde – was auch immer – eingegeben und der Hebel erneut betätigt, bis es klingelte usw. usf. Babbage machte sich über die körperlichen Mühen dieses Verfahrens keine Illusionen und plante später, die analytische Maschine mit Dampf zu treiben.

Vorbild für die Dateneingabe und das Programmieren der Steuereinheit war eine Erfindung des Franzosen Joseph Jacquard. Der hatte festgestellt, daß es möglich sein müßte, die anstrengende, sich stetig wiederholende Tätigkeit der Weber zu automatisieren. Zu diesem Zweck ersann er eine steife Karte mit eingestanzten Lochreihen. Im Laufe des Webvorgangs werden die Fäden mit Hilfe einer Reihe von Drahthaken in den Webstuhl hineingeholt; mit der Lochkarte werden einzelne Drahthaken blockiert, jene aber, die durch die Löcher schlüpfen konnten, setzten den Webvorgang fort. Bei jedem Schuß des Schiffchens stellte sich eine einzelne Karte mit einem spezifischen Lochmuster vor den Haken auf und steuerte so das Webmuster. Diesen Mechanismus konnte man aber ebensogut als Steuerprogramm selbst auffassen. Babbage erkannte denn auch, daß sich dies Verfahren darüber hinaus anwenden ließe, um die Abfolge der Rechenvorgänge in seiner Maschine zu steuern.

Die Parallele zum Webstuhl war auch Ada Gräfin Lovelace nicht verborgen geblieben. In einem Kommentar zu der von Babbage geplanten Maschine schrieb sie »Die analytische Maschine webt algebraische Muster, so wie der Jacquard-Webstuhl Blumen und Blätter webt«. Diese ungewöhnliche Frau war eine hervorragende Mathematikerin und, wenn man zeitgenössischen Berichten Glauben schenken darf, darüber hinaus noch auffallend schön. Auf einem Porträt kann man deutlich ihre Ähnlichkeit mit Elizabeth Taylor und noch mehr die schönen Züge ihres Vaters Lord Byron erkennen. Gräfin Lovelace erkannte bald die Bedeutung von Babbages Versuchen und begann seine Pläne für die analytische Maschine gründlich zu studieren. Sie verfügte über Zeit und Geld; dennoch dauerte es einige Jahre, ehe sie alle Fakten gesammelt hatte. Ihre Eindrücke veröffentlichte sie in einer langen Reihe von »Notizen« mit dem Titel »Beobachtungen über Herrn Babbages analytische Maschine«. Sie lassen sich ausgezeichnet lesen und zeigen, daß sich die Gräfin mancher der philosophischen Probleme, die die Konstruktion einer solchen Maschine aufwarf, und die bis heute weder wirklich analysiert noch gelöst sind, bewußt war. Auf die Frage zum Beispiel, ob die Maschine als schöpferisch anzusehen sei, schrieb sie:

Die analytische Maschine erhebt keinerlei Anspruch, irgend etwas zu erschaffen. Sie kann alles tun, was immer wir sie zu tun anzuweisen wissen. Sie kann der Analysis folgen, verfügt aber nicht über die Kraft, irgendwelche analytischen Beziehungen oder Wahrheiten zu antizipieren. Ihr Arbeitsgebiet ist es, dabei zu helfen, das bereits Vertraute verfügbar zu machen.

Das war eine wahrhaft scharfsinnige Erkenntnis, die eine Behauptung vorwegnimmt, die heute unweigerlich auftaucht, wann immer die intellektuellen Fähigkeiten der Computer diskutiert werden: *Ein Computer kann nur das, was ihm einprogrammiert wurde.* Wie wir später sehen werden, ist dies ein interessanter, wenn auch nur scheinbar stichhaltiger Gesichtspunkt. Lady Lovelace kommt dennoch das Verdienst zu, dies als erste formuliert zu haben.

Die wahre Bedeutung ihrer Notizen liegt wahrscheinlich in deren Wirkung auf Babbage. Bis dahin, einmal abgesehen von seinem Triumph vor der Astronomischen Gesellschaft, war er selten auf jemand gestoßen, der sein Tun guthieß, geschweige denn, es begriff. Insbesondere befriedigte es ihn, daß sie seinen theoretischen Ansatz mit den Augen der Mathematikerin kritisch untersuchte und keine Mängel festgestellt hatte. Beide waren sich darin einig, daß die analytische Maschine prinzipiell funktionieren mußte. Einziges Problem blieb, das vertrackte Ding ohne Fehlerquellen technischer Art zu bauen.

In der Zwischenzeit hatte in England jedoch ein Regierungswechsel stattgefunden, und das Finanzministerium hatte dem seiner Meinung nach aussichtlosen Projekt jede Unterstützung gestrichen. Die Zeit verging, und die Differenzmaschine blieb eine unvollendete Anordnung von Zahnrädern und Mitnehmern. Für die analytische Maschine existierten nur ein Stapel Skizzen, einige Konzeptionen und Lady Lovelaces Notizen. Bald näherte sich die Arbeit einem Tiefpunkt. Lady Lovelace starb, und Babbage zwang sich, allein weiterzumachen, kam aber nicht recht vorwärts. Regierungen kamen und gingen, aber nicht eine war seinen Plänen gewogen. Selbst

Disraeli schrieb ätzend, er könne die einzige Verwendungsmöglichkeit der Differenzmaschine nur darin sehen, die ungeheuren Summen zu errechnen, die dafür verschwendet worden seien.

Zur selben Zeit jedoch durchforschten andere Mathematiker und Ingenieure Babbages Veröffentlichungen und auch Lady Lovelaces Notizen mit großem Interesse. Einer von ihnen war ein schwedischer Ingenieur namens Georg Scheutz. Er begann eine eigene Version der Differenzmaschine zu bauen. Im Gegensatz zu Babbage machte er rasche Fortschritte. Seine Arbeit war so erfolgreich, daß er schon bald ein produktionsreifes, arbeitsfähiges Modell fertigstellte. 1855 zeigte er auf einer Maschinenausstellung das erste »Fertigungsmuster«. In der Menge, die sich um dieses merkwürdige, aber doch wenigstens sicht- und greifbare Gerät drängte, befand sich auch Babbage, nun ein gebrochener Mann von dreiundsechzig Jahren. Um seine Stellungnahme zur Scheutz-Maschine gebeten, sprach er tapfer seine Glückwünsche aus. Was in diesem Augenblick in seinem Kopf vorging, kann man nur vermuten.

1871 starb Babbage im Alter von achtzig Jahren, ein verbitterter Mann, der Zeit seines Lebens einem Wunsch nachgejagt war, dessen Erfüllung ihm versagt blieb. Jedermann war von seiner geistigen Brillanz so überzeugt, daß nach seinem Tode sein Gehirn einer eingehenden Untersuchung unterzogen wurde, um möglicherweise auf physische Merkmale zu stoßen, die es deutlich von denen anderer Menschen unterschieden. Nach eingehender Untersuchung verkündete Sir Victor Horsely, seinerzeit einer der führenden Chirurgen, es gäbe keine Hinweise dafür, daß Babbages Gehirn anders geartet sei, als die der übrigen Menschen. Dennoch wollte man Babbages Gehirn aufbewahren, und so steht es heute noch, konserviert in zwei Einmachgläsern – eines für jede Hirnhälfte –, im Hunter-Museum des Königlich-Chirurgischen Instituts. Wenn Sie höflich darum bitten, wird man es Ihnen dort zeigen.

KAPITEL 2
Computer gehen ans Werk

Zur Zeit von Charles Babbages Tod mehrten sich die Anzeichen dafür, daß sich das industrielle Wachstum von Europa nach Amerika verlagerte. Die ehrgeizigsten, kühnsten und einfallsreichsten Bürger Europas wanderten nach Amerika aus. Der Kongreß der Vereinigten Staaten hatte bestimmt, daß alle zehn Jahre eine Volkszählung und vollständige Neuerfassung aller US-Bürger stattfinden sollte, eine Anordnung, die bei den Registratoren Angstschweiß ausbrechen ließ. Die elfte Volkszählung wurde 1880 ordnungsgemäß vorgenommen, danach begann die mühselige Aufgabe der Auswertung. Zwei, drei und vier Jahre gingen ohne konkrete Ergebnisse ins Land. Als man 1887 die Verarbeitung der Daten immer noch nicht bewältigt hatte, stellte das Amt für Statistik fest, daß die Ergebnisse, wenn sie erst einmal vorlägen, hoffnungslos veraltet wären. Die Probleme der nächsten Volkszählung würden also noch bedeutend schlimmer sein, als die der gegenwärtigen. Wie das Amt die Dinge auch drehte und wendete, es kam an der Erkenntnis nicht vorbei, daß es so nicht weitergehen konnte. Man war also gezwungen, eine von Grund auf andere Methode zu erarbeiten.
Ein Ideenwettbewerb sollte die Lösung bringen. Es gab eine große Zahl von Einsendungen, darunter einige ziemlich verrückte, wie das bei freien Wettbewerben so üblich ist; einige aber waren gescheit. Am Ende kamen drei Vorschläge in die engere Wahl, sie rückten William C. Hunt und seine Farbkarten, Charles F. Pidgin mit seinen farbkodierten Symbolen und Hermann Hollerith und seine erstaunliche Tabuliermaschine ins Blickfeld. Vielleicht aus geistiger Schwerfälligkeit wurden die beiden Erstgenannten favorisiert, und viele Stimmen erhoben sich gegen die Vorstellung, solches Datenmaterial einer Maschine anzuvertrauen. In St. Louis, Missouri, wurde der

Streit durch einen praktischen Vergleichstest entschieden: Mit Hilfe von Hunts Karten benötigte man 55 Stunden, von Pidgins Symbolen 44, von Holleriths Maschine dagegen fünfeinhalb Stunden, um die gestellte Aufgabe zu lösen. Alle Zweifel waren verschwunden, und für die Zählung von 1890 entschied man sich für das Hollerithsystem.

Zwischen Babbages vergeblichem Versuch, eine Differenzmaschine zu bauen, und Holleriths Erfolg lagen nur vierzig Jahre. Das hat mehrere Gründe: Erstens hatten maschinelle und handwerkliche Fertigkeiten im Zuge der industriellen Revolution rapide zugenommen. Zweitens hatten die Zeichen der Zeit deutlich gemacht, daß die moderne Gesellschaft ihre Vorurteile gegen das maschinelle Rechnen abbauen mußte. Drittens schließlich konnte man sich eine neuartige Antriebskraft – die Elektrizität – zunutze machen. Sie war auf beinahe ideale Weise für den Antrieb großer mechanischer Rechner geeignet.

Wichtig ist auch, daß sich Hollerith bei einer weiteren Phase des automatischen Rechnens der Elektrizität bediente: beim Kartensortieren. Die Hollerithkarten waren, vergleichbar den erprobten und verläßlichen Jacquardkarten, steife Papierstücke, die an verschiedenen, vorab festgelegten Stellen gelocht werden konnten. Durch diese Löcher griffen feine Stäbe und tauchten in einen Behälter mit Quecksilber ein. So schloß sich ein Stromkreis, der seinerseits ein Zählwerk um eine Stelle vorrücken ließ. Für jede mögliche Lochstelle gab es ein entsprechendes Zählwerk, und wenn man der Zensusmaschine bei der Arbeit zusah, konnte man sehen, wie sich auf der Batterie der Ziffernräder die gesammelten Daten häuften. Das Lesegerät arbeitete außerordentlich schnell, und Holleriths Hauptproblem bestand darin, ein System zu erfinden, das die gelochten Karten schnell genug über den elektrischen Abtaster hinwegführte. Dies war der erste Hinweis auf die gähnende Kluft zwischen elektrischen und mechanischen Verarbeitungssystemen und eine Andeutung, daß die Tage der verschachtelten Rädchen und Gestänge gezählt waren.

Die Volkszählung von 1890 wurde in Rekordzeit durchgeführt. Bereits sechs Wochen nach dem Stichtag stand das Ergebnis fest: Die Vereinigten Staaten hatten eine Bevölkerung von 62622250 Menschen. Hollerith erklärte stolz und zutreffend »Ich bin der erste Statistik-Ingenieur« und gründete in Washington, D. C., die Tabulating Machine Company, um die rapide wachsenden Nachfragen nach seinem System befriedigen zu können.

Zu seinen ersten Großkunden gehörten die Eisenbahngesellschaften – dort wurde zahlreiches statistisches Material gesammelt und Rechnungen und Fahrkarten in großer Zahl ausgestellt – sowie die Regierung des zaristischen Rußland, die für 1897 eine Volkszählung unter Zuhilfenahme seiner Maschinen angesetzt hatte. Holleriths Gesellschaft wuchs und wuchs und fusionierte im Jahre 1911 mit einer Reihe anderer Refa-Unternehmen. Es entstand ein Mischkonzern mit Namen Computing Tabulating and Recording Company. Hollerith starb 1929 mit neunundsechzig Jahren; bis zuletzt hatte er seiner riesengroßen Firma als Berater gedient. Das Unternehmen war inzwischen noch größer geworden und hieß jetzt International Business Machine Corporation. Heute ist es unter dem Kürzel IBM weltweit bekannt.

Nehmen wir an, Babbage hätte die Chance gehabt, in den dreißiger Jahren unseres Jahrhunderts noch einmal zu leben – wie hätte er sich wohl angesichts der Entwicklung der Dinge gefühlt? Er wäre mit Sicherheit angenehm davon berührt gewesen, daß kleinere mechanische Rechner, die man als Kompaktmodelle seiner Differenzmaschine ansehen könnte, in aller Herren Länder vermarktet wurden, daß es nur wenige große Unternehmen oder Regierungsstellen gab, die nicht über solche Geräte verfügten. Es hätte ihn auch erfreut zu sehen, daß Hollerith zum Zweck der raschen Dateneingabe sein Lochkartenprinzip aufgegriffen hatte. Die Nutzung der Elektrizität sowohl zum Antrieb als auch zum Sortieren hätte ihn zweifellos fasziniert. Aber er wäre überrascht und enttäuscht gewesen, daß es auf der ganzen Welt nichts gab, das auch nur annähernd nach einer arbeitsfähigen Version seiner analytischen Maschine aussah, obwohl man auf dem Maschinensektor doch auf hundert Jahre Fortschritt bei Planung und Fertigung zurückblicken konnte, und obgleich der Bedarf an schnellen, Informationen verarbeitenden Allzweckmaschinen ständig zunahm. Er wäre zu recht überrascht und enttäuscht. Der Entwurf und die mehr oder weniger vollständigen Bauanweisungen waren ganz verständlich – Lady Lovelace hatte alles überarbeitet –, und das Maschinenbauwesen war mittlerweile so weit fortgeschritten, daß die Maschine hätte gebaut werden können. Warum hatte dann nicht irgend jemand einfach Babbages Plan übernommen und ihn wenigstens zu realisieren versucht?

Zwei Faktoren haben vor allen anderen dazu beigetragen: Zum einen hatte man im frühen zwanzigsten Jahrhundert Babbage und seine Arbeit fast völlig vergessen. Zum anderen waren jene Ingenieure und Konstrukteure, die dennoch einen Blick auf seine Zeichnungen warfen, klug genug zu erkennen, daß ein lediglich mechanisches Gerät trotz der Genialität seines Erfinders in der Praxis nicht verwendbar war. Gleichgültig, wie exakt die Einzelteile hergestellt und zusammengefügt worden wären, das unvermeidlich monströse Endprodukt wäre zu groß, zu teuer, zu unzuverlässig und – obendrein – zu langsam gewesen, um die dafür erforderlichen Investitionen zu rechtfertigen. Mit anderen Worten, die Welt brauchte eine technologische Veränderung, ehe Babbages Traum realisiert werden konnte.

In den dreißiger Jahren setzte diese Veränderung gerade ein, und die Fäden des Problems wurden in verschiedenen Teilen der Erde von zahlreichen klugen Köpfen – oft ohne daß sie voneinander wußten – zu einem Netz verknotet. In den Vereinigten Staaten arbeiteten mächtige Organisationen wie IBM und Bell Telephone Company daran. In England kam der Impuls von einem einzelnen, dem Mathematiker Alan Turing, dessen Schrift »Über berechenbare Größen« 1936 veröffentlicht wurde und für Kenner der Materie mit einem Schlag so etwas wie eine Bibel wurde. In Deutschland liefen die Fäden in der Hand Konrad Zuses, eines jungen Ingenieurs, zusammen, der beschlossen hatte, einen Universalrechner nicht nur zu entwerfen, sondern auch zu bauen.

Er hatte an der Berliner Universität in Charlottenburg Ingenieurwissenschaften studiert und seine Dissertation zu einer Zeit abgeschlossen, als es in ganz Deutschland von Braunhemden und Hakenkreuzen wimmelte. Sofern Zuse überhaupt ein latentes Interesse an dem ebenso gewalttätigen wie hektischen politischen Zeitgeschehen hatte, wurde es von seiner wissenschaftlichen Besessenheit nahezu völlig überdeckt. Wie so viele vor ihm, beurteilte er Routineberechnungen als überflüssige und deshalb skandalöse Vergeudung geistiger Kräfte. Arbeit dieser Art wollte er so schnell wie möglich an Maschinen delegieren. Als Schuljunge hatte er sich für Automaten interessiert und eine brauchbare Geldwechselmaschine mit Hilfe eines Metallbaukastens gebastelt. Von den Möglichkeiten solcher Baukästen als Ideenprüfstand war er sehr beeindruckt. In den USA und Großbritannien hatten ein oder zwei Gruppen mit gewissem Erfolg versucht, aus diesen Baukästen Spezialrechner zu bauen; Zuse aber wußte offensichtlich nichts von diesen Bemühungen. Und so setzte er sich, von solchem Treiben unbelastet, hin und dachte nach – und hatte in der Tat ein paar sehr gute Ideen.

Der erste gute Gedanke – Zuse behauptete, nichts von Babbages analytischer Maschine gewußt zu haben – war, daß man das Prinzip des Spezialrechners erweitern und einen Rechner bauen könnte, der sich für das Lösen jeglicher mathematischer Aufgaben programmieren ließ. Seine zweite Idee befaßte sich damit, für den Lösungsweg binäre anstelle von dezimalen Recheneinheiten zu verwenden. Seine Überlegungen datieren in das Jahr 1935 – er war also mit Sicherheit der erste Mensch, der dieses Thema so konstruktiv anpackte und – was noch bedeutsamer ist – diese Gedanken auch in die Tat umsetzte. Sein dritter Gedanke war, daß es möglich sein müsse, zumindest ein brauchbares Versuchsmodell aus Stabilbaukästen und

billigen, massengefertigten mechanischen Einzelteilen zu bauen.
So eröffnete also Zuse 1936 seinen Eltern, mit denen er in Berlin die Wohnung teilte, er werde seinen Broterwerb als Konstrukteur aufgeben, um zu Hause zu bleiben und genau solch einen Rechner zu bauen. Zuse erinnert sich, daß seine Eltern »nicht sehr erbaut« von dieser Neuigkeit waren. Er aber verlor keine Zeit und belegte einen Tisch in einer Wohnzimmerecke mit Beschlag, um sein erstes Modell zu entwerfen. Nach kurzer Zeit schon benötigte er einen weiteren Tisch, denn der Rechner wurde größer. Bald waren mehrere Tische und eine weitere Ecke erforderlich; dann aber war auch dieser Arbeitsplatz zu klein geworden. Der Rechner beanspruchte schon die Hälfte des Zimmers. Zuses Eltern waren großzügig und zogen sich in die unteren Räumlichkeiten des Hauses zurück. Sie ließen der Maschine, die nun Z 1 genannt wurde, jede in ihren Kräften stehende finanzielle Unterstützung zuteil werden. Die Z 1 war nur ein Versuchsexemplar; sie war indessen sehr erfolgreich und wies eine Anzahl bemerkenswerter Charakteristika auf. Da gab es einmal natürlich die binäre Arbeitsweise, zum anderen war aber die Tatsache, daß sie mit einem Speicher ausgerüstet war und irgend etwas, das entfernt an ein zentrales Steuer- und Rechenwerk erinnerte. Die Maschine hatte auch eine Tastatur zum Eingeben von Zahlen und eine systematische Anordnung von Glühbirnen, um die Rechenergebnisse in binärer Form anzuzeigen.
Der nächste Schritt war der Bau der Z 2, die noch bemerkenswerter war und zwei grundsätzliche Fortschritte im Computeraufbau verkörperte. Zum einen ersetzte Zuse die spielzeughaften mechanischen Schalter, die er für zu unbeholfen und unzuverlässig hielt, durch elektromagnetische Relais – jene Dinger, die bei Telefonschaltanlagen Verwendung finden. Dies waren wohl die ersten Relais in irgendeinem Computersystem. Zum anderen ersetzte er das Tasteneingabegerät, auch dies langsam und schwerfällig und der Leistungsfähigkeit

der Maschine nicht entsprechend, durch ein großartig phantasievolles System, das in groben Zügen dem Lochstreifen entsprach. Anstelle von Lochstreifen, die zu jener Zeit nicht zu haben waren, benutzte Zuse ausgediente 35-mm-Filme, in die den Maschinenanweisungen entsprechende Löcher gestanzt waren. Nach Babbages Erfahrungen scheint es verwunderlich, aber Zuse montierte alle Einzelteile zusammen – und siehe, die Maschine funktionierte.

Und nun schlossen zwei Geister Bekanntschaft, deren Zusammenarbeit nicht nur für die Zukunft der Datenverarbeitung, sondern auch für die Zukunft der gesamten Menschheit ungeheure Folgen hätte haben können, wenn die richtigen Leute deren revolutionäres Potential erkannt hätten. Einer der beliebtesten Filme zu jener Zeit war die Originalfassung von *King Kong*. Es wird kaum nötig sein, dem Leser die Handlung darzulegen. Es genügt zu sagen, daß Zuse diesen für einen der besten aller je gedrehten Fime hielt. Viele seiner Freunde stimmten ihm zu und hatten sich zusammengefunden – heute würde man das vermutlich einen King Kong-Fanclub nennen –, um eine Bühnenfassung der Story zu schaffen. Dies war ein in jeder Hinsicht ehrgeiziges Vorhaben; als Höhepunkt der Vorstellung torkelte King Kong über die Bühne, zerschmetterte Wolkenkratzer aus Pappmaché und wehrte einen Angriff von Spielzeug-Doppeldeckern ab. Es gab einiges Gerangel um die Rolle des King Kong, und Zuse – ein hünenhafter Mann – hatte vielleicht gehofft, der glückliche Auserwählte zu sein. In der Gruppe gab es aber einen noch größeren jungen Mann namens Helmut Schreyer, der die begehrte Rolle denn auch bekam. Und so wurde in einer Reihe von gutbesuchten Vorstellungen die King Kong-Saga auf einer Berliner Amateurbühne aufgeführt, und Helmut Schreyer zertrümmerte im Gorillakostüm Nacht für Nacht ein Pappmodell des Empire State Building.

Ungeachtet ihrer schauspielerischen Rivalität wurden Zuse und Schreyer enge Freunde, und letzterer, der als Elektroingenieur nach einem Thema für seine Doktorarbeit suchte, zeigte heftiges Interesse am Z 1-Rechner. Als Zuse ihm erzählte, daß er beabsichtigte, die mechanischen Schalter des Speicherwerks gegen elektromagnetische Relais auszuwechseln und so hinsichtlich Arbeitstempo und Zuverlässigkeit große Fortschritte zu erzielen, drängte ihn Schreyer in einem Anflug von jugendlichem Optimismus, einen Schritt weiterzugehen und Elektronenröhren zu verwenden. Der Vorteil elektronischer Bauteile würde in der gewaltigen Zunahme der Arbeitsgeschwindigkeit liegen. Telefonrelais waren zu fünf bis zehn Schalt- und mithin Rechenvorgängen pro Sekunde fähig. Röhren dagegen, sofern es überhaupt möglich war, sie einzusetzen, wären zu Hunderten, ja sogar Tausenden von Arbeitsgängen pro Sekunde in der Lage. Für eine kleine Weile, während sie Schreyers Vorschlag diskutierten, warfen beide Männer einen Blick in die Zukunft; unausweichlich aber mußten sie dann zurückkehren zu den Realitäten der Gegenwart. Röhren waren knapp, unzuverlässig, extrem teuer, enorme Stromverbraucher; sie würden wahrscheinlich bei reihenweisem Einbau wegen ihrer großen Wärmeabgabe im übrigen Teil der Maschine Funktionsmängel hervorrufen.

Zuse kehrte zu seinen Relais zurück. Schreyer wollte der Sache energisch auf den Grund gehen. Er promovierte 1938; in seiner Dissertation hatte er dargelegt, auf welche Weise Röhren in einem hyperschnellen Digital-Rechner zu verwenden wären. Vielleicht war der drohende Krieg daran Schuld, daß seine Arbeit in die Regale der Bibliotheken wanderte und allem Anschein nach keinerlei Einfluß auf die zukünftige Entwicklung der Computer nahm. Zuse arbeitete an technischen Problemen im Flugzeugbau. Eine seiner Maschinen wurde von der Firma Henschel eingesetzt, um schneller die endlosen Berechnungen bewältigen zu können, die das Problem der Tragflächenstabilisierung aufwirft. Eine Z 3 und eine Z 4 – letztere arbeitete bereits mit ein paar elektronischen Elementen – wurden gebaut, desgleichen eine Reihe von Spezialrechnern, die zuverlässig und erfolgreich bei der Konstruktion von Flugzeugen und Raketen mitwirkten.

Es gibt noch ein weiteres »was wäre gewesen, wenn«. Angenommen, irgendein weitblickender Mann hätte Schreyers Dissertation und Zuses Maschinen miteinander in Verbindung gebracht und mit jener unbedingten Hingabe, die für die deutschen Kriegsanstrengungen charakteristisch war, gewaltige Geldsummen in die Konstruktion eines vollelektronischen Computers gesteckt. Welche Auswirkungen hätte dies auf den Verlauf des Krieges haben können? Es wird häufig gesagt, daß der britische Code brechende Computer, mit dem wir uns in diesem Kapitel noch befassen werden, den Allierten den Sieg sicherte. Hätte nicht eine voll einsatzfähige Maschine in deutscher Hand im Anfangsstadium des Krieges eine entsprechende Wirkung gehabt?

Zum Glück verhinderte die ganz eigentümliche Scheuklappen-Philosophie der deutschen Kriegsanstrengungen, daß dieser Fall eintrat. 1940 war Hitler überzeugt, den Krieg schon so gut wie gewonnen zu haben; er ordnete an, daß jede wissenschaftliche Forschung im Zusammenhang mit Kriegszielen schnell zu effektiven Resultaten führen müsse. Als Zuse und Schreyer 1940 den Behörden ganz formell darlegten, welche beträchtlichen Möglichkeiten sich durch schnell arbeitende Rechner beim Code-Knacken eröffneten, wurden sie gefragt, ob sie innerhalb Jahresfrist ein solches Gerät bauen könnten. Als beide verneinten, ließen die Generalstäbler das Vorhaben fallen.

Der Kriegsverlauf richtete sich jedoch nicht nach den Plänen im Führerhauptquartier, und die meisten von Zuses Maschinen wurden 1944 in Berlin bei Bombenangriffen zerstört. Es gelang ihm dennoch, sein letztes Exemplar, die Z 4, zu retten. In den letzten Kriegsmonaten tippelte er durch ganz Deutschland nach Süden und hoffte so, zwei Fliegen mit einer Klappe zu schlagen: Er wollte seine Erfindung retten und einer Gefangennahme durch die Russen aus dem Wege gehen. Irgendwie erreichte er die Alpen und fand ein entlegenes Dorf; er versteckte die Z 4 in einem Keller, während sein erfinderisches Gehirn schon an der Vorstellung von einer universalen Programmiersprache für die Computer der Zukunft arbeitete. Vielleicht hätte alles ein gutes Ende genommen, wären die Dorfbewohner wegen des unheimlichen Apparats, den er zwischen Apfelkisten versteckt hatte, nicht argwöhnisch geworden. Es dauerte nicht lange, und die alliierten Behörden wurden aufmerksam und griffen sich Zuse und seinen Rechner. Nach kurzer Internierung wurde er, da in keinerlei Weise an Kriegsverbrechen beteiligt, wieder freigelassen. Später gründete er eine erfolgreiche Computerfirma. Seinen Freund Schreyer trieb es nach dem Krieg nach Südamerika; auch er hatte geschäftlichen Erfolg. Von Zeit zu Zeit flog er nach Deutschland, um Zuse zu besuchen. Dann redeten beide über alles mögliche, natürlich auch über Computer und – woran ich nicht zweifle – über King Kong.

Ungefähr zu der Zeit, da Zuse mit Geldmitteln, die er täglich neu zusammenkratzen mußte, seine Z 1 fertigstellte, versuchten Ingenieure in den USA – natürlich ausgestattet mit wesentlich großzügigerer Unterstützung – unter Verwendung von Relais einen Allzweckrechner zu konstruieren. Der Gedanke war Howard H. Aiken, einem jungen Mathematikprofessor an der Harvard University, gekommen. Die beiden Projekte lassen sich wegen der äußerst unterschiedlichen finanziellen Unterstützung nur schwer miteinander vergleichen. Der interessanteste Unterschied indessen liegt darin, daß Zuse seine Arbeit an der Konstruktion einer Maschine, die – seines Wissens – noch nie zuvor von jemand erdacht worden war, bei Null begann, wohingegen sich Aiken bewußt an die Konstruktion eines modernen Gegenstücks zu Babbages analytischer Maschine machte.

Nach dem Studium von Babbages Originalarbeiten fragte sich Aiken, ob es möglich wäre, eine Gruppe der damals schon recht leistungsfähigen Rechenmaschinen, insbesondere der von IBM gebauten, höchst erfolgreichen Type 601 Multiplier, zu einem einzigen Gerät zusammenzufassen. Er fand schnell heraus, daß eine solche Improvisation reine Zeitverschwendung wäre und daß es nur einen Weg gab, einen Allzweckrechner zu konstruieren: einen von allen ähnlichen Versuchen unbelasteten Neuanfang. Auch war klar, daß ein Projekt dieser Art beträchtliche technische Ressourcen und – was noch wichtiger war – Unmengen von Geld verlangte. Ebenso genau wußte Aiken aber auch, daß, wenn diese Voraussetzungen erfüllt waren, es möglich sein mußte, diese analytische Maschine so zu konstruieren, daß sie reibungslos funktionierte.

Da die Firma IBM automatische Rechner bereits äußerst erfolgreich konstruiert und auch verkauft hatte, lag es nahe, daß Aiken mit ihr zusammen seine Pläne verwirklichen wollte. Die Gesellschaft wurde von Thomas J. Watson geleitet, einem übellaunigen Autokraten, der häufig rein gefühlsmäßige Entscheidungen traf und mit einem Wort über Wohl und Wehe eines Projekts entschied. Aiken machte seine »Schularbeiten«. Er entwarf eine überzeugende kommerzielle Perspektive und antichambrierte bei Watson. Der traf eine seiner weithin gefürchteten Ad-hoc-Entscheidungen und stellte, ohne mit der Wimper zu zucken, eine Million Dollar zur Verfügung. Als der Krieg ausbrach, wurde Aiken zwar Marineleutnant, aber die Kriegsmarine konnte auf seine Rechner nicht verzichten. Sie waren geradezu ideal geeignet, strategische Probleme zu lösen. Und so wurde Aiken abkommandiert, um sein Vorhaben zu vollenden. Es gab viel harte Arbeit, erstaunlicherweise aber nur wenige unverhoffte Schwierigkeiten, überwiegend deshalb, weil er sich auf elektromagnetische Relais als Basiseinheiten festgelegt hatte. Röhren hat er wohl niemals ernsthaft in Erwägung gezogen. Er folgerte, daß deren ungeheurer Geschwindigkeitsvorsprung durch ihre Unzuverlässigkeit leicht wieder wettgemacht würde. Die wichtigsten Konstruktions- und Entwicklungsarbeiten fanden in Harvard statt, die Montage des Systems aber in der IBM-Hauptniederlassung in Endicott, wo man die Maschine 1943 erstmalig zu einem kurzen Test laufen ließ. Danach wurde sie zu Modifikationszwecken zerlegt und in den Physik-Laboratorien von Harvard wieder zusammengesetzt.

Die Maschine, Harvard Mark I genannt, rief bei Fachleuten und Laien große Verblüffung hervor. Das Monstrum war rund siebzehn Meter lang, 2,50 Meter hoch und bestand aus nicht viel weniger als einer Million Einzelteilen. Nichts dergleichen war je zuvor gebaut worden, und nichts dergleichen würde jemals wieder gebaut werden. Wie das zum Image der IBM gehörte, war der stromlinienförmige Körper auf Wunsch Watsons aus rostfreiem Stahl und Glas gebaut worden. Ein wahrhaft atemberaubender Anblick. Es trug noch zum Eindruck klinischer Perfektion bei, daß das Wartungspersonal aus Ingenieuren bestand, die, wie Aiken, zur Marine eingezogen worden waren. Man erwartete von ihnen, daß sie sich auch wie Marineangehörige benahmen, und so marschierten sie zackig auf den gebohnerten Dielen unter gegenseitigen Ehrenbezeigungen hin und her. »Sie schienen das Ding in Habt-Acht-Stellung zu bedienen«, erzählte ein Wissenschaftler von Harvard, der trotz seines nachlässigen Äußeren einmal eingeladen worden war, um einen Blick auf die Anlage zu werfen.

Die Mark I erlangte ungeheure Publizität, insbesondere als nach Kriegsende die Sicherheitsverkleidung fortfiel. Illustrierte brachten detaillierte Abbildungen ihrer glitzernden Vorderansicht, die den Vorstellungen der Öffentlichkeit von der Nachkriegswelt so recht entsprach. Allen Prätentionen zum Trotz handelte es sich um ein extrem langsames Gerät – die nächste Computergeneration arbeitete gut tausendmal schneller. Auch arbeitete die Mark I keineswegs geräuschlos: Wenn man ehrfurchtsvoll vor der Maschine auf den gewachsten Dielen stand, konnte man die Relais klicken hören – ein Geräusch, so erinnert sich ein Zeitgenosse, »als hörte man einen Saal voll alter Frauen mit Stahlnadeln munter vor sich hin stricken«.

Die Maschine verhalf dem Namen IBM auf dem Gebiet der Computerherstellung zu Ruhm und Glanz. Das mag dazu beigetragen haben, daß Watson die gewaltigen finanziellen Mittel zur Verfügung stellte, die nötig waren, um ein Modell Mark II zu bauen. Aber da die Technologie vorwärts drängte und in den USA unter fast nahtloser – im Vereinigten Königreich gar unter völliger – Geheimhaltung Versuche mit vollelektronischen Computern unternommen wurden, war die Mark II schon vor ihrer Fertigstellung veraltet.

Die britischen Bemühungen in den Anfangstagen der ersten »echten« Computer waren höchst beachtlich. Wie so oft in der Geschichte trieb auch hier ein Krieg die Technologie unerbittlich voran. Anfang 1940 hatte das Kriegsgeschehen einen Punkt erreicht, an dem das Überleben der Nation auf dem Spiel stand. Um es militärisch auszudrücken, England konnte jeden Gedanken vergessen, sich als gleichwertiger Gegner mit Deutschland zu messen. Seine einzige Chance bestand darin, den Verstand zu mobilisieren und den Gegner so lange zu bluffen und zu überlisten, bis das militärische Gleichgewicht wiederhergestellt werden konnte. Besonders notwendig war es, mittels durchschlagender militärischer Aufklärung den Feindbewegungen immer einen Schritt voraus zu bleiben. Die Wissenschaft des Codierens und Dechiffrierens, Kryptografie genannt, entwickelte sich stetig weiter. Es dauerte nicht lange, und man setzte zum Bilden von Codes Maschinen ein – das bedeutete, daß die Codes tagtäglich gewechselt werden konnten. Die Geschichte, wie der polnische Geheimdienst die Enigma, die neueste Codiermaschine der Deutschen, in seine Hände und zu Schiff nach England brachte, ist schon eine Art Legende. Weniger bekannt ist aber, daß Enigmas Geheimnisse mit Hilfe des ersten betriebstüchtigen elektronischen Computers der Welt gelüftet wurden. Ort dieses Triumphs war ein Landhaus in Hertfordshire – Bletchley Park.

Zu Anfang des Krieges rekrutierte die britische Regierung ein Team von erstklassigen Mathematikern und Elektronikexperten; man isolierte sie in Bletchley und befahl ihnen herauszuarbeiten, wie Maschinen am besten bei der Kryptoanalyse eingesetzt werden könnten. Zunächst versuchten die Wissenschaftler, das Problem mittels elektromagnetischer Maschinen mit Telefonrelais, wie sie schon bei Aikens und Zuses Geräten verwendet wurden, zu lösen. Eine ganze Reihe solcher

Maschinen mit englischen Spitznamen wie »Heath Robinson« (nach dem Karikaturisten der dreißiger Jahre) wurden gebaut. Robinson hatte dampfgetriebene Mausefallen und andere bizarre Vorrichtungen gezeichnet.

Das Bemerkenswerte an diesen Maschinen – einmal davon abgesehen, daß sie Codes knackten – war, daß ihnen die Informationen mit einem papierenen Lochstreifen eingegeben wurden, der über ein fotoelektrisches Lesegerät lief, das in der Lage war, pro Sekunde zweitausend Merkmale zu überprüfen. Ein derart verblüffendes Maß der Datenerfassung sprengte das Vorstellungsvermögen der Menschen jener Zeit. Das Band wurde so schnell durch den Leser geholt, daß es sich in einer Reihe von Schleifen in die Luft erhob und dort stehenblieb. Diese hohe Eingaberate setzte eine hohe Rechengeschwindigkeit voraus, und so ging das Team von der Robinson-Serie ab und zur sogenannten Colossus-Serie mit Röhren als Grundelementen über. Für die Mitarbeit hatte man einige hervorragende Persönlichkeiten gewonnen, darunter die Mathematiker I. J. Good und D. Mitchie. Im Hintergrund wirkte Alan Turing als eine Art Koordinator, der sich je nach Bedarf mal mit dem einen, mal mit dem anderen Projekt befaßte.

Die erste Colossus wurde im Dezember 1943 installiert und in Betrieb genommen. An Fotos von der Maschine ist schlecht heranzukommen. Aber angeblich konnte man ihr ansehen, daß sie in äußerster Hast gebaut worden war. Alle Rechenoperationen wurden von Röhren durchgeführt, insgesamt waren es zweitausend, für damalige Zeit eine unerhörte Anzahl. Um deren gewaltigen Informationsdurst zu stillen, hatte man die Durchlaufgeschwindigkeit des Eingabelochstreifens auf fünftausend Zeichen pro Sekunde gesteigert. Auch manch ein seriöser Historiker ist heute noch davon überzeugt, daß dies Gerät den Krieg für die Alliierten entschied. Die Deutschen verließen sich darauf, daß ihre Enigma unentschlüsselbare Codes produzierte und benutzten sie voller Selbstzufriedenheit den ganzen Krieg hindurch, unerschütterlich in dem Glauben, kein Unbefugter könne Zugang zu den abgesetzten Funksprüchen finden. Wer kann ihnen das verdenken? Niemand, mit Ausnahme jener wenigen auserwählten und vollkommen verschwiegenen Männer, die in Bletchley arbeiteten, hätte auch nur ahnen können, zu welchen Leistungen ein Computer fähig war.

Sobald der erste Colossus seinen Wert unter Beweis gestellt hatte, wurde der nächste mit geradezu halsbrecherischer Geschwindigkeit gebaut. Noch vor Kriegsende waren zehn Maschinen dieses Typs installiert, die ersten elektronischen Digitalrechner der Welt. Allerdings handelte es sich um Spezialmaschinen, vorgesehen für das Entschlüsseln von Codes. Ohne beträchtliche Schwierigkeiten hätte man sie nicht für die Bewältigung anderer Aufgaben umrüsten können.

Unterdessen arbeiteten die Amerikaner, wiederum streng geheim, an der Moore School of Engineering in Pennsylvanien an einem elektronischen Allzweckcomputer, der schließlich 1947 in Maryland auf dem Aberdeen-Waffentestgelände installiert wurde. Dieses Gerät mit dem reichlich umständlichen Namen Electronic Numerical Integrator and Calculator (ENIAC) signalisierte endgültig den Einstieg ins Computerzeitalter.

Oft standen neue Waffen für militärische Verwendung schon bereit, ehe ihre Wirkung exakt berechnet worden war. Das Moore School-Projekt begann deshalb als eine Art militärischer Test. Eine extrem schnelle Maschine sollte entwickelt werden, die in der Lage war, jene Tausende von Berechnungen ballistischer Tabellen für neue Geschütze und Geschosse zusammenzutragen. Dr. John Mauchly und einem zweiundzwanzigjährigen Ingenieur namens J. Presper Eckert wurde diese ehrgeizige Aufgabe übertragen. Beide waren davon überzeugt, daß dem Problem nur beizukommen wäre, wenn man sich die enorme Schaltgeschwindigkeit von Elektronenröhren zunutze machte. Im August 1942 unterbreiteten sie einen gemeinsamen Vorschlag, der detaillierte Konstruktionsanweisungen für eine solche Maschine enthielt, und Bundes-

hilfen bis zur Höhe von maximal 400000 Dollar wurden bereitgestellt. Beide Ingenieure hatten bislang nicht die geringste Erfahrung mit Computerkonstruktionen; und weder Mauchly noch Presper hatten auch nur die leiseste Ahnung von der Arbeit des britischen Bletchley-Teams.
Nachdem über dreißig Monate lang täglich rund um die Uhr gearbeitet worden war, wurde ENIAC im Februar 1946 zum ersten Probelauf getestet. Statt nach dem Binär-, arbeitete die Maschine nach dem Dezimalprinzip, sie besaß aber fast alle Merkmale der heutigen Großrechner – mit einer Ausnahme, die kurz erklärt werden soll. Wie alle frühen Computer war auch ENIAC ein riesengroßes Gerät, das viel Raum beanspruchte. Die Maschine besaß 19000 Röhren bzw. *valves,* wie die Amerikaner sagten, für damalige Verhältnisse ein Rekord. Um alle zu versorgen, hätte man gut ein kleines Kraftwerk beschäftigen können; die von den Röhren erzeugte Hitze warf kaum lösbare Kühlprobleme auf. Die Grenzen der Maschine wurden indessen bereits von Eckert und Mauchly erkannt. Insbesondere verfügte sie trotz ihrer beträchtlichen Dimension nur über einen lächerlich kleinen Speicher. Obschon sie (im Gegensatz zu Colossus) im Prinzip programmierbar war, hatte sie einen noch wichtigen Mangel: Sie konnte nur unter großen Schwierigkeiten von einer Aufgabenspezies auf eine andere umgeschaltet werden. Um ein Programm zu wechseln, mußte die Maschine manchmal völlig neu verdrahtet werden.
Im Jahre 1945 wartete Herman Goldstine, Mitglied des ENIAC-Teams, auf dem Bahnhof von Aberdeen (Maryland). Wie es der Zufall wollte, traf er ausgerechnet dort den weltberühmten Mathematiker John von Neumann. Beide mußten scharfe Sicherheitskontrollen über sich ergehen lassen und vertrieben sich die Zeit damit, verschiedene Gesichtspunkte ihrer jeweiligen Probleme zu diskutieren. Von Neumann arbeitete an der Kernwaffenentwicklung. Sein Hauptproblem waren die Gesetze der höheren Mathematik, die die Grundlage für die routinemäßigen Prüfungen seiner Berechnungen

darstellten. Ein einziger Rechengang verzögerte den Arbeitsablauf enorm. Als Goldstine ihm von den äußerst hohen Rechengeschwindigkeiten erzählte, die man mit ENIAC zu erreichen hoffte, war er äußerst gespannt und interessierte sich von nun an sehr für das Projekt. Dies lag zweifellos zum Teil daran, daß er sich schon mit der Wasserstoffbombe befaßte und hoffte, daß Computer bei deren Entwicklung behilflich sein könnten, was sie schließlich auch wirklich waren. Von Neumann war noch von einer anderen Idee fasziniert: Er hatte längst erkannt, daß Computer für die Menschheit weitaus wichtiger waren als thermonukleare Waffen. Zunächst trat er jedoch 1946 als Sonderberater dem Moore-Team bei und brachte sein Konzept des Programms mit; es sollte der Arbeit in Bletchley die entscheidende Wende geben.

Die Entwicklung des gespeicherten Programms ermöglichte es, Computer zu bauen, die das Leistungsvermögen von ENIAC weit übertrafen.

Auf die Gefahr hin, Leser, die über einige Grundkenntnisse verfügen, zu langweilen, wollen wir an dieser Stelle einen kurzen Rückblick wagen. Ein Computer ist ein Gerät zur Handhabung oder Verarbeitung von Informationen – wenn Sie so wollen, zu deren Permutation – auf eine Weise, die für den Menschen nützlich ist. Hauptsächlich geschieht dies mit Hilfe unserer zunehmend komplizierter werdenden Welt verarbeitet werden müssen, numerisch sind. Aber die Vorstellung, daß sich mit einem Computer *nur* Zahlen verarbeiten lassen, führt in die Irre, obgleich sich viele der frühen Konstrukteure und Hersteller von Computersystemen von dieser falschen Vorstellung täuschen ließen. Zahlen sind aber ebenfalls nur Begriffe, die zur besseren Handhabung codiert werden. Obendrein werden sie, wenn sie Computern eingefüttert werden, noch ein weiteres Mal vercodet, damit die Maschine arbeiten kann. Im Fall der meisten Computer geschieht das heute mittels einer Reihe von Binärschaltungen ganz bestimmter Art. Desgleichen sind Buchstaben und Wörter nur

verschlüsselte Begriffe, die sich ebenfalls leicht neu codieren lassen.
Im Sinne der elementar wirksamen Bauteile des Computers haben wir im Grunde genommen nur eine Reihe von Schalteinheiten, und man kann sagen, daß das Leistungsvermögen des Computers sich in Dimensionen wie der Zahl solcher Einheiten und ihrer Schaltgeschwindigkeit angeben läßt. Und allein darin liegt die Leistungsfähigkeit eines Computers begründet? Die Antwort ist nein. Man kann von der Leistungsfähigkeit eines Computers nicht nur im Sinne von Kapazität und Geschwindigkeit sprechen, sondern man kann darunter auch verstehen, zu wieviel verschiedenen Aufgaben ein Rechner unter Berücksichtigung von Kapazität und Geschwindigkeit fähig ist. Nach dieser Kennzeichnung war die Colossus unter zwei Gesichtspunkten – nämlich Tempo und Kapazität – eine leistungsfähige Maschine; unter dem dritten Aspekt gesehen war sie aber außerordentlich dürftig, denn sie war nur zu einem in der Lage: Codes zu knacken. ENIAC war an allen drei Kriterien gemessen leistungsfähiger, denn sie war unwesentlich schneller, verfügte über eine viel größere Kapazität und war auch in der Lage, ohne große Mühe von einer Aufgabe zur nächsten überzuwechseln. Mit letzterem kommen wir auf die »Programmierbarkeit« eines Computers zu sprechen.
Dies ist nicht ganz so einleuchtend wie es scheint, denn wenn wir von der Programmierbarkeit eines Computers sprechen, könnten wir entweder damit meinen, wie leicht ein Programmwechsel ist oder aber, wie viele und wie komplizierte Programme für das Gerät geschrieben wurden. Auf jeden Fall ist ein Allzweckrechner, wie schon Babbage wußte, im Prinzip unbeschränkt flexibel. Er kann jede Art von Informationen verarbeiten. Grenzen werden ihm allein von der Verstandesschärfe desjenigen gesetzt, der ihn programmiert.
Nun wollen wir uns wieder jenem Stadium zuwenden, in dem sich die ENIAC befand, als von Neumann sich mit der Maschine zu beschäftigen begann. Wir wollen sehen, welche

Möglichkeiten er hatte, das Gerät leistungsfähiger zu machen. Wenn wir unterstellen, daß er Geschwindigkeit und Kapazität nicht verändern konnte, wäre die einzig mögliche Leistungssteigerung eine Erhöhung der Flexibilität. Zuerst einmal wären ein paar Programme mehr zu schreiben – angenommen solche, mit denen sich die bei der Wasserstoffbomben-Konstruktion anfallenden Gleichungen behandeln lassen. In diesem Augenblick wäre aus der ENIAC ein leistungsfähigeres Gerät geworden, und wenn von Neumann gewollt hätte, hätte er durch Schreiben weiterer Programme die Effektivität der Maschine noch entscheidend steigern können. Auf diese Weise hätte er bald einen ganzen Programmsatz beieinander gehabt. In diesem Fall aber wären die Grenzen der ENIAC sichtbar geworden. Obschon sie, neu im Prinzip, eine ganze Menge unterschiedlicher Aufgaben bewältigen konnte, wurde ihre Nützlichkeit zum größten Teil dadurch aufgehoben, daß sie nur unter Schwierigkeiten von einem Programm auf ein anderes umgestellt werden konnte. Um dies Problem zu lösen, mußte man der Maschine das Programm schneller einspeisen – entweder über Lochstreifen aus Papier oder auf irgendeine andere Weise. Eine andere Lösungsmöglichkeit wäre – und genau diese Idee hatte von Neumann –, die Programme innerhalb des Computers selbst zu speichern.
Dieser Weg hatte zwei große Vorzüge. Erstens konnte man sich den Vorteil der ungeheuren Arbeitsgeschwindigkeit der Maschine zunutze machen und im Bedarfsfall den Programmwechsel *damit* vornehmen. So konnte von einem Programm zum anderen in Sekundenschnelle umgeschaltet werden, ohne daß man sich auf die vergleichsweise unzulänglichen Fähigkeiten des Bedienungspersonals verlassen mußte. Zweitens, und dies ist der bei weitem wichtigere Punkt, bedeutete dies, daß man die Programme innerhalb des Systems miteinander koordinieren konnte. Programme konnten andere Programme abrufen, je nach Bedarf hin- und herschalten. Im Prinzip konnten Programme gar andere Programme *modifizieren,* indem sie den Erfordernissen des Augenblicks entsprechend

umgeschrieben wurden. Von diesem Augenblick an waren Computer nicht länger mehr schnelle, jedoch mehr oder weniger sture Rechenmaschinen, sondern dynamische, flexible, Informationen verarbeitende Systeme, die Unmengen von verschiedenen Aufgaben bewältigen konnten.

Mit einem einzigen kühnen Gedankensprung hatten die Computer den Bereich des Endlichen verlassen und waren in den des Unendlichen übergewechselt. Nachdem das Moore School-Team von Neumanns Konzeption gründlich geprüft hatte, zweifelte niemand mehr daran, daß das nächste Modell, die EDVAC, ein Computer mit Speicherprogramm sein müsse, und daß von Stund an jeder Computer auf von Neumanns Erfindung basieren müsse.

Nun war der Bann gebrochen. In Amerika begann sich das Großkapital zu regen, denn IBM, Bell Telephone Company und Sperry-Rand fingen an, Computer für den Markt zu entwickeln. In Großbritannien, für kurze Zeit in der Computerwissenschaft allen anderen voran, brachten die Universitäten Manchester, Cambridge und das National Physical Laboratory leistungsfähige Computer heraus; der riesige Lebensmittelkonzern Lyons machte auf bahnbrechende Weise vom Computer Gebrauch. Aber obwohl in den Vereinigten Staaten die Entwicklung zu Anfang geringfügig langsamer vonstatten ging, begannen die Elastizität der amerikanischen Wirtschaft und die gewaltigen Geldsummen, die man dort in das Computerwesen hineinpumpen konnte, sich bald auszuzahlen. In ganz Amerika traten – oft für den militärischen Bedarf gebaut – Computer in Erscheinung, und zu Anfang der fünfziger Jahre brachte IBM die ersten kleinen kommerziellen Maschinen auf den Markt.

Die Kosten indessen waren noch sehr hoch, die Bauteile unzuverlässig. Auch konnte noch keine Rede davon sein, daß die Computer im Leben des Durchschnittsbürgers jemals eine Rolle spielen würden. Vergleichbar Unterseebooten, Zyklotronen oder Kraftwerken waren sie im Bewußtsein der meisten Menschen zwar nützlich, beeindruckend und leistungsfähig, aber niemand ging wirklich davon aus, daß sie eines Tages in Massenproduktion hergestellt würden. Und plötzlich wurde dann in den Laboratorien der Bell Telephone Company der Transistor erfunden. Mit dessen Hilfe gelang den Computern der Sprung aus der Vergangenheit in die Gegenwart.

ZWEITER TEIL
Die Gegenwart

KAPITEL 3
Die Revolution beginnt

Die wichtigste Einzelerfindung innerhalb jenes Gesamtkomplexes von Erfindungen, den wir heute Computertechnologie nennen, ist zweifelsfrei der Transistor. Elektronenröhren erlaubten erstmalig eine superschnelle Datenverarbeitung, und das Speicherprogramm wies den Weg, wie man einen Computer den Erfordernissen anpassen konnte, der Transistor aber eröffnete sehr viel weiterreichende Perspektiven. Um die Bedeutung dieser Erfindung zu würdigen, müssen wir noch einmal in Detail gehen.

Die Verstärkerleistung einer Röhre beruht auf einer Heizelektrode, die in einem Vakuum Elektronen ausstößt. Diese Elektrode muß aus Metall sein, auch verliert sie unterhalb einer gewissen Größenordnung ihre Wirkung. Wenn sie nämlich zu klein ist, kann sie nicht genügend Wärme erzeugen, um die Elektronen zu aktivieren. Im Gegensatz dazu arbeitet ein Transistor mit bestimmten winzigen Strukturen, die im Innern Siliziumkristalle bilden; diese ihrerseits können wie hochleistungsfähige elektronische Verstärker wirken. Mithin gelangt man zu einem »vollelektronischen« Verstärker, der auf nichts weiter als einem winzigen Stückchen Silizium beruht; damit ist die Möglichkeit gegeben, die Dimensionen der Funktionseinheiten eines Computers ganz beträchtlich zu reduzieren. Tatsächlich nahmen die allerersten transistorisierten Geräte weniger als ein Hundertstel des Raums in Anspruch, den altmodische Röhrengeräte benötigten. Die Tansistoren haben aber noch einen weiteren Vorteil. Weil man keine Wärme braucht, um Elektronen in Bewegung zu setzen (wie jedermann weiß, benötigen Transistorradios keine »Aufheizzeit«), verbrauchen Transistoren weitaus weniger Energie. Sie arbeiten schneller und zuverlässiger. So werden die Elektronenröhren in fast allen Bereichen von den Transistoren verdrängt.

Keiner der Computerpioniere hätte das Aufkommen der Transistoren voraussehen, geschweige denn deren dramatische Folgen antizipieren können. Die Leistungsfähigkeit und das Arbeitstempo volltransistorisierter Computer erreichten ein Niveau, das sich von allem, was Babbage für möglich gehalten hatte, deutlich unterschied. Desgleichen konnte die Gedächtnisleistung der Computer enorm gesteigert werden: Von den dürftigen paar Hundert »Bits« Speicherkapazität der Geräte der ersten Generation ging man über zu Tausenden, Hunderttausenden, Millionen, Zehnmillionen, schließlich gar Milliarden von gespeicherten Wörtern. Mit dieser gigantischen Leistung begannen die Computer eine neue und unerwartete Rolle zu übernehmen. Aus bloßen Hochleistungsrechnern – im Fachjargon Number-Crunchers genannt – wurden sie plötzlich zu Informationen verarbeitenden Geräten, die riesige und zunehmend billigere Speicher boten für all jene unermeßlichen Datenmengen, die in allen Bereichen unseres modernen Lebens in beinahe gespenstischen Dimensionen anfallen. Die Zahl der Computer wuchs in rasantem Tempo, desgleichen die Aufnahmekapazität ihrer Speicher; saurierhafte, riesige Geräte wichen leichteren, kleineren Konstruktionen, deren Arbeitsgeschwindigkeit die ihrer Vorgänger als geradezu lächerlich erscheinen ließ. Die Kosten dagegen sanken rapide. Nie zuvor in der Geschichte hatte ein technologischer Teilbereich solche spektakulären Fortschritte gemacht.

Dieser technologische Fortschritt wurde von drei Haupttriebkräften beflügelt; deren erste war, wie dies so oft der Fall ist, militärischer Natur.

Für die Lösung militärischer Probleme eignen sich Computer auf ideale Weise. Im Gefecht steht jeder Befehlshaber einem gewaltigen Informationszufluß gegenüber; diese Informationen treffen oft stoßweise ein, darunter viele verworrene Meldungen, die das menschliche Gehirn über seine Leistungsfähigkeit hinaus strapazieren. Als der Herzog von Wellington Charles Babbage einen Besuch machte, quälte der sich gerade mit dem Entwurf seiner analytischen Maschine. Auf die Frage, ob das Hauptproblem im Entwerfen der einzelnen Bestandteile der Maschine liege, erwiderte Babbage, es komme mehr darauf an, daß der Erfinder die Komplexität des Systems erfasse und die unendliche Vielzahl von Konsequenzen im Gedächtnis zu behalten versuche, die aus der Wechselwirkung der Einzelteile entstehen könnten. Das Problem der Denksystematik war dem Herzog vertraut, mußte er doch gewaltige Soldatenmassen zu einem geordneten Ganzen fügen und eine übergreifende Strategie entwickeln, deren Schwierigkeiten denen Babbages gar nicht so fern waren.

Die Organisation militärischer Einheiten war mit der Ausweitung lokaler Scharmützel zu komplizierten Schlachtordnungen immer schwieriger geworden; und so ist es nicht verwunderlich, daß seit dem Ende der fünfziger Jahre die Militärmächte der Erde großes Interesse daran hatten, sich die Leistungsfähigkeit der Computer für ihre eigenen Belange zunutze zu machen. Die ersten Resultate waren weitgehend defensiver Natur: Das SAGE-Luftverteidigungssystem der Vereinigten Staaten zum Beispiel überwachte die von Zehntausenden von optischen und Radio-Beobachtungsstationen auf dem ganzen amerikanischen Kontinent und seinen Meeren manuell oder automatisch eingegebenen Informationen. Durch Integration des ausgedehnten Datenmaterials konnte man die gesamten Verteidigungsstreitkräfte in Bereitschaftszustand halten. Später wurden Computersysteme eingesetzt, um Angriffsstrategien auszuarbeiten, noch später waren sie, da inzwischen kleiner und handlicher geworden, in Kampfflugzeugen, Unterseebooten und Panzern zu finden. All dies hatte seine nützlichen Seiten. Zum einen ermöglichten die gewaltigen Rüstungsetats beispielsweise der Vereinigten Staaten einen Entwicklungsschub in der Computerforschung, zum anderen führten die zwingenden Erfordernisse des Militärischen – es wurden Systeme verlangt, die nicht nur arbeiteten, sondern auch unter gefechtsmäßigen Bedingungen zuverlässig funktionierten – dazu, daß geprüfte und erprobte Produkte entstanden, die

später in anderer Verpackung auf den nichtmilitärischen Markt gebracht werden konnten. Drittens war es für militärische Verwendungszwecke erforderlich, die Geräte entscheidend zu verkleinern, eine Tatsache, die später der zivilen Industrie zugute kam.
Ein zweiter Entwicklungsschub wurde vom Wettrennen im Weltraum ausgelöst. 1957 schockierten die Russen alle Welt, indem sie eine Reihe von künstlichen Satelliten, an Bord des einen befand sich ein Hund, erfolgreich in die Umlaufbahn der Erde brachten, während die Amerikaner, in ihrem unbekümmerten Glauben an ihre technologische Überlegenheit, ein Fiasko nach dem anderen hinnehmen mußten. Entweder explodierten ihre Raketen schon auf der Abschußrampe oder sie erhoben sich majestätisch einige Hundert Meter in die Luft, um dann ins Meer zu klatschen. Die Russen hatten sich bei der Entwicklung großer Trägerraketen an die Spitze gesetzt und blieben im Wettlauf um die Eroberung des Weltraums etwa bis Mitte der sechziger Jahre auch wirklich vorn. Die amerikanische Reaktion war zum Teil wichtig, zum Teil größenwahnsinnig. Um das Ziel, einen Menschen – möglichst vor den Russen – auf dem Mond abzusetzen, zu erreichen, wurden ungeheure Geldsummen investiert. Das Ergebnis ist bestens bekannt und insoweit wichtig, wie es beweist, wozu Menschen fähig sind, wenn sie ihre Intelligenz (und ihr Geld) auf ein Vorhaben wirklich konzentrieren. Ergebnis war unter anderem Fortschritt in der Computerwissenschaft hauptsächlich, weil ein jeder Abschuß ungeheuer umfangreiche Computerunterstützung erforderlich machte, teilweise aber auch, weil die Amerikaner tatsächlich zum Miniaturisieren gezwungen waren, bis sie ihre eigenen großen Trägerraketen entwickelt hatten. Interessant genug, die Riesenraketen der Sowjetunion haben wahrscheinlich am Ende den Russen einen Bärendienst erwiesen, sind sie doch mit Verschwendung gleichzusetzen. Sieht man sich Filmaufnahmen oder Fernsehübertragungen von russischen Raumschiffen an, so erkennt man hohle Dinger, deren Inneres eher wie ein U-Boot denn

wie ein Raumfahrzeug ausstaffiert ist, alles ist gerammelt voll von klobigen Ausrüstungsstücken, darunter auch äußerst klobige Computer. Die Amerikaner auf der anderen Seite hatten ihre gesamte Technologie, die Computer und alles andere, auf ein Kleinformat zu drücken, und indem sie dies taten, verschafften sie sich selbst bei der Miniaturisierung einen Vorsprung von einem Jahrzehnt.

Die dritte Kraft, die die Verbreitung der Computer stark beschleunigte, gehörte zu den elementarsten menschlichen Triebkräften: dem Geschäftssinn. Wenn unter dem Banner des Kapitalismus irgendwo auf der Welt Menschen die Gelegenheit erkennen, Geld zu verdienen, dann finden sie auch eine Methode. Und wenn sie sehen, daß man eine Menge Geld machen kann, dann werden die Menschen dazu auch gewaltig angespornt.

Ganz zu Beginn war es nicht einmal dem Unternehmer mit dem größten Weitblick klar, daß die Computer im Begriff standen, ein ganz großes Geschäft zu werden. Man war sich in der Tat einig, daß die Absatzmöglichkeiten auf dem Weltmarkt für Computer nur sehr gering sein würden. Ein Brite glaubte gar, der gesamte Bedarf des Vereinigten Königreichs sei durch einen einzigen Computer zu decken. Kaum eine der vielen Firmen, die in den vierziger Jahren Tischrechner herstellten und verkauften, verlegte sich auf Computer. Nur in der Chefetage von IBM, angefeuert von dem schon erwähnten Watson, begriff man, worum es ging.

Begünstigt von Resultaten der militärischen und der Raumfahrtforschung und genährt vom wachsenden Bedarf der modernen Industriegesellschaft wurden die Computer zu einer der wichtigsten Wachstumsindustrien in der kapitalistischen Welt. Zuerst wurde ihre Existenz kaum bemerkt, denn nur große Organisationen und Regierungsstellen konnten sich Computer leisten. Dann wurden dank des Transistors und rasch sinkender Preise kleine Computer für kleine Unternehmen konstruiert und gebaut. Computerherstellung mauserte sich zu einem höchst rentablen Geschäft. Da Speicher mit immer größerer Kapazität in immer kleineren Gehäusen gebaut wurden und man eine stetig wachsende Zuverlässigkeit erreichte, eroberte die Datenverarbeitung immer neue Bereiche. Auf den Schecks erschien maschinenlesbare Schrift; bald machte sich das Bankwesen die automatische Datenverarbeitung zunutze. Fluggesellschaften und Hotelketten stellten sich auf Computerbuchung um, und seit Mitte der sechziger Jahre wollte kein größerer Betrieb mehr auf die Vorteile der Lohn- und Gehaltsbuchung über Computer verzichten.

Ungefähr zu der Zeit, als der amerikanische Austronaut Neil Armstrong als erster Mensch seinen Fuß auf den Mond setzte, waren Computer aus großen Firmen und Regierungsstellen nicht mehr wegzudenken. Der Fortschritt der Computertechnologie – gefördert von ihrem immensen wirtschaftlichen Nutzen – verselbständigte sich zusehends. Wissenschaftlicher Fortschritt und industrielles Wachstum trieben sich gegenseitig mit atemraubendem Tempo voran. Hierfür gibt es kein besseres Beispiel als die phänomenale Geschwindigkeit, mit der man Computer in jüngster Zeit verkleinern und dabei ihre Effektivität in einem Maße steigern konnte, das noch vor kurzem undenkbar war.

Die Computer der ersten Generation hatte große mechanische Einzelteile. Danach kamen die elektromagnetischen Relais, die ein bißchen kleiner waren, anschließend die Röhren, die wiederum eine Spur größer waren. Das Aufkommen des Transistors führte zu einer geradezu sensationellen Größenreduzierung. Der Transistor selbst besteht aus einem Scheibchen eines halbleitenden Materials (ein Material, das zwar nicht so gut leitet wie Metall, aber doch besser als beispielsweise Holz), das bei gewissen Unreinheiten seiner Struktur wie ein Verstärker und eine »volltransistorische« Schaltapparatur wirkt. Es ist eine merkwürdige Tatsache, daß diese Verunreinigungen wirklich sehr gering sein können und die Transistoren trotzdem ihre Verstärkerleistung beibehalten. Kaum waren die ersten Transistoren hergestellt, da suchten die Wissenschaftler schon nach Wegen, sie von ihrer

Entwicklungstendenzen in der Größenreduzierung des Computers (bezogen auf die Leistungsfähigkeit des menschlichen Gehirns)

1945 Elektronenröhren

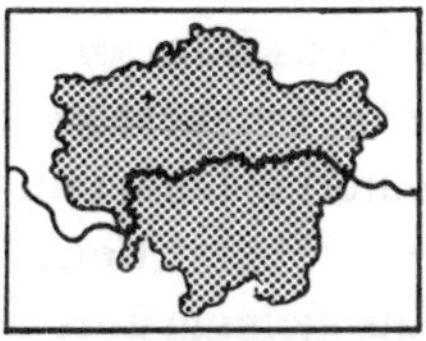

Großraum London

1955 Transistoren der ersten Generation

Albert Hall

1965 integrierte Schaltkreise der ersten Generation

Londoner Doppeldecker

1970 integrierte Schaltkreise der zweiten Generation

Automobil

1975

Fernsehgerät

1980

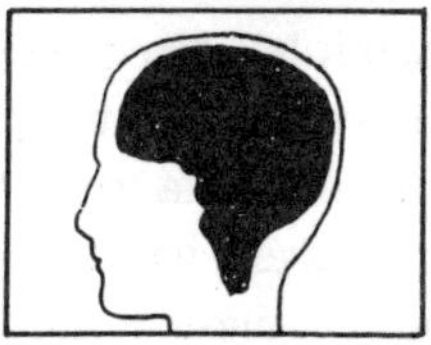

menschliches Gehirn

ursprünglichen Größe von etwa einem Kubikzentimeter auf etwa Stecknadelkopfgröße zu verkleinern.
Dieses Maß der Verkleinerung wurde recht schnell erreicht, und während die Transistoren den Markt eroberten, konstruierten die Ingenieure ganze »logische Einheiten« – komplette elektronische Schaltkreise, die aus zwischen zwanzig und hundert Einzelteilen bestanden und, wie ich vermute, Babbages Demonstrationsmodell der Differenzmaschine im großen und ganzen gleichwertig waren. Untergebracht und miteinander verdrahtet waren diese Einzelteile auf einem Siliziumstückchen (»Chip«) von etwa einem Quadratzentimeter Größe. Nebenbei gesagt, diese Chips sind heute das Kernstück so gut wie aller elektronischen Zählwerke, seien es nun Armbanduhren oder komplizierte Computer. Es würde zu weit führen, darauf einzugehen, wie Chips nun gefertigt werden. Nachdem aber erst einmal ein »Modell« entworfen und ausgeätzt worden war, konnte die Massenproduktion beginnen.
Mit dem Herausätzen kompletter Schaltkreise aus einem Chip hörte die Miniaturisierung aber noch nicht auf. Mit Hilfe einer »Large Scale-Integration« (Zusammenschluß im großen Stil) genannten Technik gelang es, zunächst Hunderte, dann Tausende und gar Zehntausende von einzelnen Einheiten auf ein Stückchen Halbleiter zu prägen. Der Miniaturisierungsprozeß wurde fortgesetzt, er dauert an und wird sich, soweit sich das überblicken läßt, bis in die nächste Zukunft hinziehen. Die Einheiten, aus denen man Computer baut, werden immer kleiner. Heute schon sind manche mit gewöhnlichen Mikroskopen nicht mehr zu erfassen. Das Tempo des Fortschritts ist dermaßen hoch, daß die jeweils neuesten Ergebnisse oft schon nach wenigen Monaten wieder überholt sind. Als ich dieses Buch schrieb, versuchte man gerade, Computerspeicher, die wahrhaftig hunderttausend Schalteinheiten umfassen, auf der »Fläche« eines einzigen Chips unterzubringen; bei Erscheinen des Buches ist diese Neuerung sicher schon auf dem Markt. An den ersten Chips mit einer Million Einheiten wird in den Laboratorien bereits gearbeitet.

Heute ist die Zahl von einer Million ein Begriff, der auch diejenigen, die ihn sich nicht konkret vorzustellen vermögen, nicht mehr in Erstaunen versetzt. Um sich ein ungefähres Bild von der Größenordnung zu machen, über die wir sprechen, stelle man sich vor, diese Einheiten wären auf das Format der Röhren in der ursprünglichen ENIAC vergrößert und im Abstand von fünf Zentimetern flach nebeneinandergelegt worden. Sie würden ein ganzes Fußballfeld bedecken.

Als zu Anfang der fünfziger Jahre die ersten großen Computer die Aufmerksamkeit der Presse auf sich lenkten, gab man ihnen nicht ganz zu Unrecht den Namen »Elektronenhirne«. Das menschliche Gehirn selbst baut sich auf aus winzigen elektronischen binären Schalteinheiten, die Neuronen (Nervenzellen) heißen. Davon gibt es alles in allem rund zehntausend Millionen. Aber selbst unter der Annahme, daß Neuronen und elektronische Schalteinheiten funktionell gleichwertig wären, ist es falsch, sich Computer wie menschliche Gehirne vorzustellen. Ihr Funktionsprinzip hat mit der Arbeitsweise eines menschlichen Gehirns so gut wie nichts gemein. Nun, wollte man einen Computer bauen, der über ebensoviel Funktionseinheiten verfügt wie ein Gehirn, müßte man eine Maschine von der Größe Londons konstruieren, die mehr Strom verbrauchte als das gesamte Londoner U-Bahn-System. Ein Beispiel, das schon Anfang der fünfziger Jahre herangezogen wurde, um diejenigen zum Schweigen zu bringen, die Parallelen zwischen einem Computer und einem Gehirn sahen, vor einem gefährlichen Irrtum zu bewahren. Heute mutet ein solcher Vergleich fast schon lächerlich an. Zehn Jahre später nämlich wäre mit der Transistorisierung der bewußte Computer auf die Größe der Albert Hall geschrumpft, mit Hilfe eines 10-KW-Generators hätte er gut arbeiten können. Zu Beginn der siebziger Jahre hätte sich unser Computer mit Hilfe der integrierten Schaltkreise erneut komprimieren lassen: auf die Größe eines Londoner Omnibusses; für seinen Betrieb hätte der Strom aus einer Steckdose genügt. Gegen 1975 wäre er so groß wie ein Fernsehgerät gewesen, zu der Zeit, als ich dies schrieb, hätte er etwa die Größe einer Schreibmaschine gehabt. Wenn Sie diese Zeilen lesen, ist das Gerät vielleicht schon auf die Größe eines menschlichen Gehirns geschrumpft. Als Stromquelle würde eine Radiobatterie genügen.

Diese stürmischen Veränderungen, die in Kürze zu Computern führen werden, die dem Gehirn sowohl hinsichtlich der Größe als auch der Anzahl ihrer einzelnen Bestandteile entsprechen, erlauben aber nicht, weiterreichende Parallelen zu ziehen. Angenommen, man stellt solch ein Gehirnmodell her, fähig, mit computerartiger Geschwindigkeit zu rechnen, so wird es immer noch keine der typischen Funktionen des menschlichen Gehirns ausüben können. Dazu nämlich müßte es entsprechend programmiert worden sein; die Probleme des Programmierens aber wären kolossal. Das heißt aber nicht, daß eine derartige Programmierung theoretisch unmöglich ist. Auf dieses Thema werden wir später noch zurückkommen. An dieser Stelle sei nur gesagt, daß die besondere Stärke des Computers in seiner Schaltgeschwindigkeit liegt. Das menschliche Gehirn leistet etwa hundert Schaltvorgänge pro Sekunde, dagegen würde sich kein Computer mit einer Schaltgeschwindigkeit von weniger als einer Million Vorgängen pro Sekunde zufriedengeben. Hier müssen wir innehalten und uns vergegenwärtigen, wovon wir reden.

Die meisten Menschen betrachten eine Sekunde als einen ziemlich kurzen Zeitabschnitt. In einer Sekunde kann man nicht viel anfangen – mit den Augen zwinkern, ein kurzes Wort aussprechen oder ungefähr zehn Wörter eines Textes lesen. Bei der Vorstellung, daß ein elektromechanisches Relais innerhalb einer einzigen Sekunde zwanzigmal hin und her schlagen kann, entsteht das Bild von einem heftig ratternden Stückchen Metall, dessen Bewegung vor dem menschlichen Auge verschwimmt. Stellt man sich Röhren vor, die ein paar tausendmal pro Sekunde arbeiten, so kommen wir zu einer Zeitskala, die wir kaum noch fassen können. Was aber ist mit einer Million Vorgänge pro Sekunde? Aber damit nicht genug. Auch wenn unsere Phantasie nicht ausreicht, sich eine auch nur annähernde Vorstellung davon zu machen, sei hier erwähnt, daß es bereits Computer gibt, deren Schaltpotential im Nanosekundenbereich liegt – also etliche Milliarden Vorgänge bei jedem Ticken der Uhr produziert. Erneut müssen wir wenigstens versuchen, uns mit dieser Perspektive vertraut zu machen. Vielleicht gelingt es uns, wenn wir größere Zeitmaßstäbe zugrunde legen. Da wir im Zusammenhang mit Geld so oft den Begriff »Milliarde« hören, lassen sie uns einen zugleich zeitlichen und monetären Kontext wählen.

Stellen Sie sich vor, ein Milliardär beschließt, jedem, der zu ihm kommt, eine Pfundnote in die Hand zu drücken – jedem genau ein Pfund zu geben. Es bildet sich eine lange Schlange, und der Milliardär fängt an, seine Geldscheine zu überreichen. Er beeilt sich und schafft es so, alle zehn Sekunden ein Pfund zu übergeben. Da er aber ein Mensch ist, hält er dies nur acht Stunden am Tag durch, in der Woche jeweils an fünf Tagen. Wie lange braucht er, um seine Milliarde zu verteilen? Nehmen wir an, er hätte gerade seinen letzten Geldschein überreicht, wie lange wäre es wohl her, seit er die erste Banknote weggegeben hätte? Zehn Jahre? Zwanzig? Die meisten Leute, denen diese Frage gestellt wird, nennen blindlings eine Zahl zwischen zehn und fünfzig Jahren. Gelegentlich nennt jemand ein Datum aus dem neunzehnten Jahrhundert. Sind dies plausible Angaben oder könnte es noch früher gewesen sein? Ist es denkbar, daß der Milliardär etwa schon zur Zeit der Schlacht von Waterloo angefangen haben müßte? Tatsächlich hätte er wesentlich früher beginnen müssen. Zu Zeiten des großen Londoner Brandes? Nein, er wäre schon beim Austeilen gewesen, als die St. Paul's Kathedrale brannte. Anna Boleyns Hinrichtung? Nein, auch da hätte er schon verteilt. Agincourt? Nein. Schlacht bei Hastings (1066)? Auch dieser Zeitpunkt ist schon zu spät angesetzt. Um es kurz zu machen, man müßte etwa in das Jahr 640 zurückgehen, wenn man hätte sehen wollen, wie der »unsterbliche« Milliardär seine erste Banknote übergab. Wie lächerlich wirkt jede Form menschlicher Arbeit aber erst, wenn man bedenkt, daß eine Milliarde Vorgänge pro Sekunde heute nicht mehr annähernd als Obergrenze für die Leistung eines Computers angesehen wird. Jüngste Beobachtungen zeigen, daß sich auf den Oberflächen von einigen der neuesten Halbleiter-Materialien winzige magnetische Elemente mit einer Frequenz hin und her bewegen, wenn auch noch unkontrolliert, die sich einer Billion Vorgängen pro Sekunde nähert.

Übertragen Sie die Analogie auf einen Billionär, der sein Geld loswerden möchte, so müssen Sie zurückgehen in die Zeit vor Christus, vor Rom, Griechenland, Stonehenge, Ägypten mit seinen Pyramiden, in die Zeit, bevor Architektur, Literatur und Sprache entstanden, zurück ins Pliozän, als Europa unter einer Eisdecke lag, und Mammut und Wollnashorn lebten. Es gibt kein anderes Wort dafür – solche Schaltgeschwindigkeiten sind phantastisch. Und dennoch sind sie Wirklichkeit: mit solchen Geschwindigkeiten können Computer arbeiten, und der Mensch wird Möglichkeiten finden, dieses Tempo zu nutzen.

Das bringt uns auf die Frage, welche Verwendungsmöglichkeiten sich für diese extrem schnellen, extrem kleinen Computer und deren noch schnellere, noch kleinere Nachkommenschaft finden ließen. Sicherlich muß es für die Geschwindigkeit, mit der der Mensch zu rechnen wünscht, eine Obergrenze geben. Hilft es einer Firma, die mit ihrem eigenen Computer binnen einer Stunde sämtliche steuerlichen und einkommensbedingten Daten bewältigt, wirklich, wenn die nächste Maschinengeneration dies innerhalb einer Sekunde schafft? Wenn man andererseits davon ausgeht, daß sämtliche Personaldaten bei Anwendung heutiger Speichertechniken sich auf einer flachen Magnetplatte von der Größe einer Single-Schallplatte festhalten lassen, welcher Vorteil wäre es dann noch, wenn all dies auf einer Fläche von Briefmarkengröße gespeichert würde? Dies sind durchaus sinnvolle Fragen, aber sie sind bei weitem nicht die entscheidenden, und sie lassen einen oder zwei wichtige Gesichtspunkte außer acht.

Während große Geschwindigkeitssteigerungen für die Verarbeitung aller möglichen Daten im rein rechnerischen Bereich von großem Vorteil sind, ist ihr Nutzen noch weit größer, wenn sich die Leistungsfähigkeit der Computer auf Aufgaben nicht numerischer Art richtet. Zwischen dem Numerischen und dem Nicht-Numerischen muß sorgfältig unterschieden werden. Wir sprechen hier von Aufgaben, die das intellektuelle Potential des Computers fordern, seine Befähigung zur Problemlösung, zum Aufspüren von Fakten, zur logischen Analyse anstelle reiner Routineberechnungen. Das Wort »intellektuell« im Zusammenhang mit Computern ist leicht mißverständlich. Aber sobald sich Computer vom Routinemäßigen entfernen und sich auf analytische und integrative Funktionen verlegen, zahlt sich die Steigerung der Arbeitsgeschwindigkeit aus: Computer werden für die Lösung komplexer Probleme programmiert.
Der zweite Punkt betrifft die Größenreduzierung. Worin liegt der Sinn, Computer von der Größe eines Schuhabsatzes zu konstruieren? Auf diese Frage gibt es drei Antworten. Sehr kleine Computer haben einleuchtende Vorteile: Sie benötigen nur minimale Energiemengen, sie sind sehr billig und außerordentlich leicht zu transportieren und können deshalb an allen möglichen Orten eingesetzt werden. Es ist schon abzusehen, daß Computer in Kürze eine der billigsten Technologien der Erde sein werden – billiger als Fernseher, billiger als Reiseschreibmaschinen, sogar billiger als Transistorradios. Aus genau diesen Gründen ist ihr Siegeszug nicht mehr aufzuhalten.

KAPITEL 4
Die Ursachen des Wachstums

Die Entwicklung der Computertechnologie in nächster Zukunft ist deshalb von so entscheidender Bedeutung, weil man davon ausgeht, daß sie ihren Höhepunkt noch nicht erreicht hat. Bevor wir uns jedoch mit den Ursachen befassen, müssen wir genauer untersuchen, was die Begriffe »Wachstum« und »Leistungsfähigkeit« in diesem Zusammenhang bedeuten.

Vermutlich wird sich die Computertechnologie in bezug auf eine Reihe von Parametern ändern: kleinere, kompaktere Computer, schneller arbeitende Geräte, Computer mit größerer Speicherkapazität, billigere Geräte. Der Einfluß der Computer läßt sich aber auch messen im Sinne von Effizienz, Gesamtzahl, Nützlichkeit und – um ein höchst kontrovers diskutiertes Thema anzuschneiden – Intelligenz. Die erste Gruppe der Parameter gilt eher Konstruktionsmerkmalen, die zweite den Möglichkeiten der Programmierbarkeit. Wollen wir entscheiden, ob der Einfluß der Computer stärker geworden ist, können wir nicht jeden der genannten Faktoren für sich betrachten, sondern wir müssen zu bewerten versuchen, was genau sich auf allen genannten Ebenen abgespielt hat.

Das Wachstum kann sich auf vier unterschiedliche Arten entwickeln:

1. Es könnte jetzt zum Stillstand kommen.
2. Es könnte für eine Weile gleichmäßig weiter steigen.
3. Es könnte sich für eine Weile beschleunigen.
4. Es könnte sich bis in alle Ewigkeit beschleunigen.

Gewiß gibt es leichte Variationen dieses Themas, aber wahrscheinlich können wir sie vernachlässigen. Alle Vorhersagen dieses Buches beruhen darauf, daß einer der Punkte 2–4 so oder geringfügig variiert zum Tragen kommen wird, obschon

Abweichungen auftreten können. Soll Punkt 1 gelten, lassen sich die Vorhersagen nicht halten, wird die Computerrevolution weniger dramatische Konsequenzen haben.
Wenn Sie der Meinung sind, das Wachstum könnte jetzt zum Stillstand kommen, müssen Sie eine Reihe von Einzelfragen gründlich untersuchen: Ist es unwahrscheinlich, daß in zehn Jahren auf der Welt sehr viel mehr Computer existieren als heute? Ist es unwahrscheinlich, daß sie wesentlich billiger sein werden? Wird die Miniaturisierung bald ihre Grenzen erreicht haben? Wird ihre Zuverlässigkeit vermutlich nicht viel größer werden? Ist es unwahrscheinlich, daß Computer noch viel nützlicher eingesetzt werden können, als es heute schon der Fall ist? Andersherum gefragt, daß die Zahl ihrer Anwendungsmöglichkeiten bereits ausgeschöpft ist? Und endlich müßten Sie die Ansicht vertreten, daß die Computerintelligenz, um diesen etwas mißglückten Begriff erneut zu gebrauchen, ihre höchstmögliche Stufe heute schon erreicht hat.
Mit Ausnahme des letzten Punktes, den wir später erörtern wollen, sind alle Fragen leicht zu beantworten. Es gibt nicht das geringste Anzeichen dafür, daß eine dieser Grenzen bereits erreicht ist oder in naher Zukunft erreicht sein wird. Im Gegenteil, alles deutet darauf hin, daß auf dieser Erde die Anzahl der Computer von Tag zu Tag sprunghaft steigt. Ihre Kosten sinken rapide, das Tempo der Miniaturisierung wird schneller, die Zuverlässigkeit größer, und der Anwendungsbereich, der für Computer in Betracht kommt, dehnt sich in bemerkenswertem Tempo aus. Diese Feststellungen sind nicht aus der Luft gegriffen; die technische und wissenschaftliche Literatur bietet genügend Beweise, die bereits in zahlreichen Zeitschriftenartikeln, Magazinen und Fernsehsendungen ausführlich dargelegt wurden. Man muß gleichwohl hervorheben, daß es zumindest zwei – und zwar keineswegs unwahrscheinliche – Faktoren gibt, die das Wachstum schnellstens stoppen können. Die erste wäre der Ausbruch des dritten Weltkrieges. Der zweite ein Zusammenbruch des kapitalistischen Wirtschaftsimperiums im Westen, wie er von marxisti-

schen Kommentatoren schon lange prophezeit wird. In beiden Fällen würde die Verbreitung der Computer nicht nur zum Stehen kommen, sondern wahrscheinlich auch ein wenig rückläufig werden.

Nachdem wir Übereinstimmung erzielt haben, daß es in nächster Zukunft zu wie auch immer geartetem Wachstum kommen wird, müssen wir jene Kräfte kritisch betrachten, die Wachstum bewirken, sowie jene, die das Wachstum hemmen. Um die Sache aber noch zu komplizieren, muß ich zunächst eine Variable einführen, die ich den Joker-Effekt nennen will. Der Joker ist eine Karte, die auch brillant geplante Züge aller Spieler, und seien sie noch so intelligent, über den Haufen werfen kann, sobald sie eingesetzt wird. Im Leben ist der Joker die Person oder das Ereignis, deren Auf- oder Eintreten außergewöhnliche Folgen haben kann, sich jedoch nicht antizipieren läßt. In der Politik stellt sich der Joker gewissermaßen in der Kugel dar, die Präsident Kennedy umbrachte; in der Wirtschaft in Gestalt des arabischen Ölboykotts. Auf wissenschaftlicher Ebene, nehmen wir beispielsweise die Computer, verbirgt er sich hinter der Erfindung des Transistors.

Die Schwierigkeit beim Joker-Effekt ist, daß man niemals vorher sicher sein kann, auf welche Weise er den Lauf der Dinge beeinflussen wird. Angenommen, es gibt Krieg zwischen der Sowjetunion und Amerika, würden mit einiger Sicherheit auch Kernwaffen eingesetzt; die totale Vernichtung würde die Computertechnologie selbstverständlich einschließen. Nehmen wir dagegen an, daß es zu einem nichtnuklearen Konflikt kommt. Die rivalisierenden Regierungen könnten nun zu dem Schluß kommen, daß ein Sieg unter Ausschluß nuklearer Waffen nur zu erringen sei, wenn man massive Forschungsanstrengungen auf dem Gebiet der Computerverbesserung unternimmt. In diesem Fall könnte die Computerwissenschaft eine Phase nie gekannter Erfolge erleben. Doch wir wollen den Joker-Effekt nicht zu sehr strapazieren. Wenden wir uns lieber den Kräften zu, die das Wachstum der Computertechnologie hemmen könnten.

Einer der hemmenden Faktoren, dem noch vor fünf Jahren weitaus mehr Bedeutung zukam als heute, ist die mögliche Verknappung wichtiger Rohstoffe. Das Argument ist ähnlich wie bei der These von den »Grenzen des Wachstums«: Man kann einfach nicht immer mehr von irgend etwas haben, ohne an einen Punkt zu gelangen, an dem die Ressourcen erschöpft sind. Dies kann sich beziehen auf Öl, Kohle, Nahrung, Trinkwasser, ja sogar Luft; im Falle des Computers betrifft es die verschiedenen Metalle und keramischen Stoffe, die man zur Herstellung seiner Einzelteile braucht. Das Argument klang plausibel, als die Computer noch sehr groß waren und eine Menge Rohmaterialien brauchten; einige davon sind, wie beispielsweise Kupfer, recht knapp. Obwohl immer noch viele Großrechner gebaut werden, sind für den größten Teil der Produktionssteigerung die kleinen Systeme verantwortlich. Zur Zeit sind sie noch etwa schreibtischgroß, aber bald werden sie auf Taschenformat oder darunter liegende Größenordnungen schrumpfen. Für den Bau derartiger Geräte ist nur eine so verschwindend geringe Rohstoffmenge erforderlich, daß ihre weitere Verbreitung von der Rohstoffverknappung nicht bedroht ist.

Man kann sich unschwer technologische Schranken vorstellen, die zu Schwierigkeiten bei der künftigen Entwicklung der Datenverarbeitungstechnik führen. Da zum Beispiel magnetische Schalteinheiten auf submikroskopisch kleines Format schrumpfen und dichter belegt werden, könnte man feststellen, daß deren Magnetfelder ineinander übergehen und diskretes (individuelles) Schalten unmöglich wird. Oder man könnte entdecken, daß es unmöglich wird, in den Transistoren die Elektronentätigkeit zu steuern, sofern diese Einheiten ein bestimmtes Format unterschreiten. Es handelt sich hier indessen nur um Möglichkeiten, und es gibt keine Anhaltspunkte, die darauf hindeuten, daß sie einmal Wirklichkeit werden. Eine potentielle Barriere (sie hat mit der Lichtgeschwindigkeit zu tun) hat man bereits entdeckt. Computer arbeiten heute mit so hohen Rechengeschwindigkeiten, daß die sich annähernd mit der Geschwindigkeit des Lichts bzw. der Elektrizität ausbreitenden Signale, die die zentrale Recheneinheit abgibt, sich einfach nicht schnell genug entfernen können und vom Ansturm neuer Rechenergebnisse eingeholt werden. Dies ließe sich als elektronischer Stau bezeichnen.

Dieses Problem trat insbesondere bei den alten, großformatigen Computern auf, denn selbst wenn das Licht schnell genug ist, in einer Sekunde die Erde siebenmal zu umrunden, braucht es doch noch eine meßbare Zeitspanne, um eine große Maschine zu durchqueren. Fast jeder Draht oder jedes Kabel stellt ein gewisses elektronisches »Hindernis« dar. Die Größenreduzierung der Computer hat diese Schwierigkeit beträchtlich gemildert; aber selbst jetzt, da die Schaltfrequenzen im Nanosekundenbereich liegen, kann man bei einem Computer nicht über einen Durchmesser von einem Meter hinausgehen, ohne daß es zu Stauungen kommt. Zum Glück haben viele Computer bereits einen geringeren Durchmesser und werden fortwährend kleiner. Entscheidend ist aber: Es gibt keine Anzeichen, die darauf hindeuten, daß sich in naher Zukunft genau definierbare technologische Barrieren unüberwindlich dem weiteren Fortschritt in den Weg stellen.

Kombinatorische Schwierigkeiten mögen gleichfalls eine weitere Verbreitung der Computer im bisherigen Tempo verhindern. Gemeint ist jene Art von Schwierigkeiten, denen sich Babbage gegenübersah, als er seine erste wirklich große Maschine zu bauen begann. Es handelt sich um ein Problem, das immer dann auftritt, wenn jemand versucht, eine große Anzahl von Dingen zu einem System zu vereinen. Nach dem fünften Finkschen Gesetz wächst das Durcheinander mit dem Quadrat der Anzahl der beteiligten Elemente. Zwillinge bedeuten viermal, nicht doppelt soviel Ärger wie Einzelkinder, Drillinge hingegen sind eine neunmal so große Last wie ein Einzelkind. Man könnte gut und gern erwarten, daß sich das Finksche Gesetz in der Computerwissenschaft auf signifikante Weise bemerkbar macht. Merkwürdigerweise scheint sich das Gesetz im Falle der Mikroprozessoren nicht so stark auszuwirken. Hier ist, wenn überhaupt etwas, die Zuverlässigkeit proportional zur Anzahl der Schalteinheiten größer geworden. Es mag sein, daß die Computerkonstrukteure zu gegebener Zeit auf unlösbare kombinatorische Schwierigkeiten stoßen, die jede weitere Entwicklung zum Stillstand bringen; im Augenblick scheint aber genau das Gegenteil der Fall zu sein.

Entscheidungen, die von den Mächtigen auf Regierungsebene getroffen werden, könnten zu Recht oder zu Unrecht zu einer Unterbrechung des Computerwachstums führen. Solch ein politisches Hemmnis wäre die wohlüberlegte Regierungsentscheidung, sich der Automatisierung der wichtigsten nationalen Industrien zu widersetzen, um Arbeitsplätze zu erhalten. Ein anderes wäre zum Beispiel, Computer hoch zu besteuern, um zerstörerische Auswirkungen auf die Wirtschaft zu verhindern. In nicht-demokratischen Ländern, insbesondere jenen, denen das Zugeständnis eines allzu freien Informationsflusses Unbehagen bereitet, könnten leicht politische Riegel vorgeschoben werden, die eine internationale Computerkommunikation blockieren sollen.

In demokratischen Ländern ist am ehesten zu vermuten, daß sozialer Druck die Politiker zu einer Entscheidung gegen eine allzu starke Verbreitung von Computertechnologien zwingt. Vielleicht gibt es dafür sogar schon ein Beispiel: Gewerkschaften etwa wehrten sich überall dort gegen die Einführung der Automaten, wo dadurch Arbeitsplätze verlorengingen. Gewerkschaftlicher Protest stößt in der Öffentlichkeit meist auf Zustimmung, zumal seine Argumente oft einleuchtend und keineswegs so restriktiv sind, wie manch einer uns gern glauben machen möchte. Soziale Pressionen, entweder in Gestalt von gewerkschaftlicher Verzögerungstaktik oder von spektakulärer »Maschinenstürmerei« kleinerer Gruppen, könnten, wenn auch nur vorübergehend, die gegenwärtige Entwicklung bremsen.

Ein weiterer hemmender Faktor könnte im Bewußtsein der Menschen zu suchen sein. Damit beziehe ich mich hauptsächlich auf die negative, psychologische Grundstimmung gegenüber den »Elektronenhirnen«. Empfindungen dieser Art beziehen sich nicht nur auf Computer, reflektieren aber ein elementares Unbehagen an Wissenschaft und Technologie überhaupt. Dieses Unbehagen mag tiefe Wurzeln haben, die zurückreichen bis in jene Zeit, als dem Menschen die Tatsache bewußt wurde, daß er innerhalb eines gefahrvollen Universums lebt, in dem das Überleben von konkreten Ressourcen abhängt, und wo der schlecht beraten ist, der sich auf magische oder »spirituelle« Unterstützung verläßt. Es mag aber auch jüngeren Ursprungs sein und nicht unbeeinflußt von der ersten Kernwaffenexplosion in Hiroshima. Diese Haltung äußert sich in der Beliebtheit von Science-fiction-Filmen, in denen es um gewaltige imaginäre Katastrophen geht, und in der oft leicht hämischen Fröhlichkeit, mit der die Medien über wissenschaftliche Rückschläge berichten. Als zwei russische Kosmonauten in ihrer Raumkapsel unerklärlicherweise tot aufgefunden werden, formulierte eine Zeitung die Stimmung treffend mit folgender Schlagzeile: »Der Mensch geht einen Schritt zu weit.«

Die stärkste aller hemmenden Kräfte ist wohl dennoch die menschliche Trägheit. Will man in irgendeine große Organisation eine neuartige Technik oder Arbeitsstrategie einführen, zögert die Trägheit in all ihren mannigfaltigen Ausprägungen ein Ergebnis viel länger hinaus, als zu erwarten stand. Die Trägheit hat eine gewaltige Bremswirkung. Aber dennoch bleibt sie wirkungslos, wenn die innovativen Kräfte stark genug sind! Keine Organisation, und sei sie noch so träge, kann sich gegen eine Technologie behaupten, die alle wirtschaftlichen und militärischen Schlüsselindustrien im Sturm erobert hat. Haben Sie bemerkt, wie die Taschenrechner unsere Schulen überschwemmt haben, während sich Lehrer und Schulbehörden noch streiten, ob man ihren Gebrauch erlauben soll?

Die sogenannte »Software-Lücke« ist schließlich ein weiteres potentielles Hindernis. Ein Computer ist ein wenig mehr als nur ein Bündel von elektronischen Komponenten, die mit wahnwitziger Geschwindigkeit ein- oder ausschalten. Ein unverzichtbarer Bestandteil ist das Programm, das den Computer steuert. Programme – ihr Sammelname lautet »Software« – sind die Anweisungen, die dem Computer sagen, was er im einzelnen tun und auch, wie er es tun soll. Je komplexer der Computer, desto anspruchsvollere Aufgaben kann er erledigen, und desto schwieriger ist die Aufgabe, die Software zu schreiben. Im Laufe der Jahre konnten die Fortschritte bei der Programmerstellung mit dem spektakulären Vorwärtskommen der Hardware nicht in Einklang gebracht werden, und es tat sich eine Software-Lücke auf. Viele Computerfachleute halten diese Lücke für das größte Einzelproblem. Sie behaupten, die Kluft würde rasch unüberbrückbar. Diese Behauptung ist zwingend, aber nicht überzeugend. Zunächst einmal geht sie von der Annahme aus, daß der Umfang der Anstrengungen, die die Computerindustrie der Software zuteil werden läßt, auf dem gegenwärtigen, unangemessen niedrigen Niveau bleiben wird. Zweitens wird unterstellt, daß die heutigen Techniken, Software zu schreiben oder zu entwickeln, nicht oder nur unwesentlich verbessert werden. Dies ist eine recht törichte Mutmaßung. Drittens versäumt man, jene gewaltige Armee von »Amateur«-Software-Schreibern in Betracht zu ziehen, die die Szene zu bevölkern beginnen und die Professionellen zahlenmäßig bald bei weitem übertreffen werden. Dies sind die »Heimcomputer«-Fans, die sich in Mengen billige Einzelteile kaufen, um sich auf ihrem Küchentisch einen Computer selbst zu bauen. Viele von ihnen betrachten die Software-Entwicklung mehr als eine kurzweilige intellektuelle Herausforderung denn als lästige Mühe. Aller Unkerei widerspricht auch die Tatsache, daß wir in nicht allzu langer Zeit nach Wegen suchen werden, wie man Computer so programmieren und umrüsten kann, daß sie ihre Software gewissermaßen selbst herstellen.

Dies also sind die Kräfte, die in den nächsten zehn Jahren, so oder so, einzeln oder im Ensemble, das Computerwachstum hemmen werden. Ihre Bremswirkung läßt sich nicht leugnen; sie dürfte aber nur marginale Bedeutung haben und sich wahrscheinlich nicht anders äußern, als daß spektakuläres Wachstum ein bißchen weniger spektakulär wird. Jene Faktoren, die das Wachstum verursachen statt es zu hemmen, sind sehr stark und üben einen langanhaltenden Einfluß aus.

Wachsendes Bedürfnis wäre allein beinahe schon ausreichend, um mindestens für die nächsten zwei Jahrzehnte das Computerwachstum zu gewährleisten. Die industrialisierte Welt hat tatsächlich schon den Punkt erreicht, wo Überleben ohne Hilfe von Computern nicht denkbar ist. Diese Abhängigkeit von automatischer Datenspeicherung und -verarbeitung ist in den USA, in Westeuropa und in Japan am stärksten ausgeprägt, aber selbst bei den gigantischen »Spätentwicklern« auf dem Gebiet der Computerisierung, der Sowjetunion und China, wird sie als signifikanter Faktor sichtbar. Angesichts der Tatsache, daß die Welt erst seit rund fünfundzwanzig Jahren Computer kennt, mag es unglaublich klingen, wenn man fragt, wie wir jemals ohne sie zurechtkommen konnten. Hierauf gibt es Antworten. Erstens sind wir ohne Computer *nicht* zurechtgekommen, oder genauer gesagt, nicht richtig. Während der gesamten überlieferten Geschichte, und zunehmend seit dem Aufkommen der Industrialisierung, lebte die Menschheit in einem instabilen Chaos; die Mehrheit der Bevölkerung war dem Verhungern nahe, und jedes Land auf unserem Planeten war von periodisch stattfindenden Kriegen zerrissen. Die menschliche Gesellschaft hat überlebt, aber das ist auch so ziemlich alles, und in jüngster Zeit ist man froh, daß das Überleben überhaupt gelungen ist. Zweitens ist die Welt, die vor fünfundzwanzig Jahren schon kompliziert genug war, seither noch sehr viel komplizierter geworden. Tatsächlich werden die Beweise für die gestiegene Komplexität schon durch Computer verschleiert, die wir schließlich geschaffen haben, damit sie uns aus dem Durcheinander heraushelfen.

Mit anderen Worten, die Computer sind nicht als intellektuelle Spielerei auf der Bühne erschienen, sondern weil sie für das Überleben einer komplexen Gesellschaft von derselben Bedeutung sind wie Nahrung, Kleidung, Wohnung, Erziehung und Gesundheitswesen in einer etwas weniger komplizierten Gesellschaftsordnung. Es ist in Wahrheit eins der Hauptprobleme – vielleicht *das* Hauptproblem – der Zeit, daß unsere Erde unter einem Übergewicht von Informationen leidet und wir dieses nicht länger ohne fremde Hilfe verkraften können. Zudem erscheint es unumgänglich, daß die Vielfalt der Zusammenhänge in den nächsten zehn Jahren noch zunehmen wird. Im Gegensatz zur allgemeinen Meinung, verringern Computer die Komplexität jedoch, statt sie zu vergrößern. Unser künftiges Überleben ist unauflöslich damit verknüpft, uns von den unbestechlichen künstlichen Intelligenzen noch stärker abhängig zu machen. Die Welt braucht die Computer heute, und in Zukunft wird sie sie noch mehr brauchen, da sie sie braucht, wird sie sie auch bekommen. Gestiegener Bedarf ist ein weiterer Faktor. Mit Bedürfnis meint man etwas, das überlebenswichtig ist, dagegen kennzeichnet Bedarf nur etwas, das man haben möchte. Auch wird ein Bedürfnis oft gar nicht als solches erkannt, während der Bedarf etwas ist, das die Leute gedanklich stark beschäftigt. Bedarf wird leicht ausgemacht und zu kommerziellen Zwekken manipuliert. Computer sind sowohl für die Bedarfswekkung als auch für die Erzeugung von Konsumprodukten verwendbar. Also wird auch ihre kommerzielle Verwertung zunehmen und neuere und bessere Geräte entwickelt werden. Sollte jemand die Macht der Bedarfsweckung anzweifeln, möge er nur das Auto betrachten, das keineswegs ein reales menschliches Bedürfnis ist. Dem Bedürfnis der Menschen nach Mobilität kommen die öffentlichen Verkehrsmittel in der einen oder anderen Form am besten entgegen. Dennoch ist Bedarf vorhanden, in eigenen Kisten auf Rädern zu reisen; Kisten, die gefährlich und teuer, aus vielen, oft recht trivialen Gründen aber beliebt sind. Folglich ist die Kraftfahrzeugindustrie die stärkste kommerzielle Macht der Erde. Im Augenblick ist kaum zu übersehen, welche Art Bedarf dahin führen könnte, daß eine Computerindustrie zu einem Gegenstand einer vergleichbaren Bedarfsweckung und befriedigenden Menschen heranwächst. Würden Menschen wirklich ihr Geld ohne weiteres für ein Computerspielzeug ausgeben, das sie gar nicht brauchen? Aller Wahrscheinlichkeit nach täten sie es, wenn man ihnen das Spielzeug nur attraktiv genug anbietet. Ein Paradebeispiel für eine derartige Marktmanipulation ist der Taschenrechner.

Die dritte Antriebskraft für das Wachstum der Computerindustrie steht ebenfalls mit der kapitalistischen Wirtschaft in Zusammenhang. Da die Computer billiger, kleiner und für den Durchschnittsmenschen nützlicher werden, wird ihr Absatzbereich rasch expandieren. In der Dritten Welt werden sich ergiebige neue Märkte öffnen, die von Armbanduhren mit eingespeicherter Popmusik bis zu Konstruktionen mit erheblichen sozialen Auswirkungen reichen – etwa Computer im Taschenformat mit eingespeicherten Lehrprogrammen.

Die Vorstellung, daß die Technologie fortwährend neue Verwendungsmöglichkeiten schöpft, ist ein weniger offensichtlicher, aber nichtsdestoweniger bedeutsamer Faktor. Wenn Computer oder computerisierte Geräte für einen neuen Markt hergestellt werden, haben sie zunächst meist Allzweck-Charakter. Fast zwangsläufig kommt es dann zu einer spezialisierten Nachfolgegeneration, die ihrerseits wieder umfangreiche Märkte erschließt. Um auf das Beispiel der Taschenrechner zurückzukommen: die ersten, noch recht teuren Geräte hatten sich auf dem Markt kaum durchgesetzt, als schon mit allerlei Schnickschnack ausgerüstete modifizierte Spielzeuge nachgeschoben wurden: Rechner, die Telefonnummern speichern, als Stoppuhren dienen, Signal geben, um einen an etwas zu erinnern, verschiedene Antworten geben können und so weiter. Seit Jahrzehnten beweist die Kraftfahrzeugindustrie ihre Fähigkeit, Tochterindustrien hervorzubringen – Autoradios, Instrumente, Verzierungen verschiedener Art, Werkzeugsätze, Süßigkeiten für unterwegs etc. Die Computerindustrie wird denselben Weg nehmen, aber mit noch größerem Nachdruck. Hinzu kommt die Tatsache, daß wir zu gegebener Zeit in der Lage sein werden, die Fähigkeiten der Computer auf die Computer selbst zu lenken, also Computertechnologie von Computern verbessern zu lassen. Dies wird wahrscheinlich erst eintreten, wenn der Mensch beginnt, sich den Computer bei der Programm- oder Software-Entwicklung zunutze zu machen. Vielleicht dauert es noch zehn Jahre, bis diese Entwicklung sich ebenso beschleunigt, wie seinerzeit die Miniaturisierung.

Die Hauptkräfte, die das Wachstum hemmen oder vorantreiben, sind nunmehr dargestellt worden. Inwieweit sich die Kräfte gegenseitig aufheben und welchen der drei Wachstumstrends wir wahrscheinlich erleben werden, ist Ansichtssache. Eine Periode stetigen Wachstums ist vielleicht die wahrscheinlichste. Das schließt nicht aus, daß es in den nächsten Jahren zu ganz spektakulären Fortschritten kommen wird. Alle Anzeichen deuten darauf hin, daß sich in der nahen Zukunft das Wachstum beschleunigen wird. Aus diesem Grunde beruhen die Voraussagen in den folgenden Teilen dieses Buches auf der Hypothese zeitweiser Beschleunigung. Der dritte Trend – daß sich das Wachstum bis in alle Ewigkeit beschleunigen kann – scheint von allen dreien der unwahrscheinlichste zu sein. Wir könnten diesen Punkt sogar vernachlässigen, wenn es nicht ein Argument gäbe, auf das wir bereits hingewiesen haben: In Zukunft werden Computer, zunächst behutsam, aber dann mit wachsender Geschwindigkeit, ihre Marktgesetze bis zu einem gewissen Grad selbst bestimmen. Davon jedoch mehr an anderer Stelle.

DRITTER TEIL
Die kurzfristige Zukunft 1979-1982

KAPITEL 5
Kinkerlitzchen und Mätzchen

In diesem Kapitel werden die Veränderungen behandelt, die in der unmittelbaren oder kurzfristigen Zukunft – also bis etwa 1982 – wahrscheinlich eintreten werden. Für den Beginn der Computerrevolution habe ich das Jahr 1975 angesetzt – ungefähr den Zeitpunkt, an dem die ersten primitiven Mikroprozessoren auf den Markt kamen. 1979 war die Revolution mithin vier Jahre alt. Diese Periode hat vorwiegend Spielzeug und Kinkerlitzchen hervorgebracht.

Die zweite Phase, die mittelfristige Zukunft, wird etwa zwischen den Jahren 1983 und 1990 liegen; zu dieser Zeit sollten die Computer ihre bedeutsamsten sozialen Auswirkungen zeigen. In der dritten und für alle praktischen Zwecke letzten Phase, von 1991 an, werden die Menschen das Zeitalter der Industrialisierung, das zu Anfang des neunzehnten Jahrhunderts begann, verlassen und eine grundsätzlich andersgeartete Epoche erleben. Der exakte Zeitablauf wird weitgehend bestimmt von dem relativen Erfolg der hemmenden und treibenden Kräfte, die wir im letzten Kapitel erörtert haben. Sollten die hemmenden Kräfte dominieren, kämen wir aus der ersten Phase vielleicht nicht vor Ende der achtziger Jahre hinaus und würden die zweite erst um die Jahrhundertwende hinter uns lassen. Falls sich die treibenden Kräfte als stärker erweisen sollten, könnten wir etwa im Laufe eines Jahres in die zweite und bereits etwa 1985 in die dritte Phase eintreten. Auf jeden Fall können die meisten der heute Lebenden erwarten, verblüffte Zeugen jener Veränderungen zu werden, die die Revolution mit sich bringen wird.

Versuchen wir, uns vorzustellen, welche Gestalt diese Veränderungen annehmen werden, so müssen wir uns erinnern, daß hinter jeglicher technologischen Entwicklung eine Kausalkette steht. Bedürfnis oder Bedarf irgendeiner Art führt zur

Entwicklung einer neuen Technologie, die in Produkte oder Anwendungsmöglichkeiten umgesetzt wird. Dies seinerseits führt zu größeren oder kleineren Veränderungen im Leben der Konsumenten.

Kurzfristig gesehen werden die Computer sich weiterhin dramatisch verkleinern, während die Informationsmengen, die sie in ihrem winzigen Gedächtnis speichern können, stetig größer werden. Dieser Trend hat sich bereits stabilisiert; er wird es auch weiterhin tun, denn die Elektronikindustrie erarbeitet in ihren modernen Forschungslaboratorien ein geradezu atemraubendes seelisches Know-how. Im Augenblick können zum Beispiel zehntausend Wörter – das entspricht grob dem Inhalt einer Tageszeitung – ohne die geringste Schwierigkeit auf ein weniger als einen Quadratzentimeter großes und einen Millimeter dickes Silizium-Chip gequetscht werden. Jede Einzelinformation läßt sich von dem Chip abrufen und auf einem Bildschirm in weit weniger als einer Tausendstelsekunde abbilden.

Dieser Grad der Komprimierung bedeutet aber lediglich steinzeitliche Technologie im Vergleich zu dem, was zu Beginn der achtziger Jahre Realität sein wird, wenn hunderttausend Wörter – ein längerer Roman statt gerade einer Zeitung – auf einem gleichwertigen Chip gespeichert werden können. Und selbst dies bedeutet nur den Anfang. Mikrocomputerhersteller in Amerika und Japan arbeiten zur Zeit an Chips, die eine Million Wörter aufnehmen können, gewissermaßen den Inhalt eines kleinen Konversationslexikons, während die Langzeitplaner (die sich damit befassen, welche Technologie wir am Ende der achtziger Jahre anwenden werden) ihren Blick auf eine kaum noch vorstellbare Informationsverdichtung richten. Man rechnet damit, dies mit einer neuen Spielart der Speichertechnik zu erreichen; am meisten scheint das »Blasengedächtnis« zu versprechen. Bei dieser Technik werden die einzelnen Wörter, binär codiert, auf winzigen magnetischen Flächen gespeichert, die sich ohne Ende wie Blasenketten mit ungeheurer Geschwindigkeit tief in der

Mikrostruktur eines elektronischen Chips im Kreis fortbewegen.
Nicht nur das Speicherwerk, sondern auch die Steuer- und Rechenelemente des Computers werden auf unsichtbare Größe schrumpfen. Die Zentraleinheiten der allerneuesten Systeme, die vor zehn Jahren noch Zimmergröße gehabt hätten, sind heute so klein, daß man sie kaum noch sehen kann. Diese Art verwirrender Größenreduzierung kann zu recht merkwürdigen Ereignissen führen. Jüngst zeigte ich Freunden einen winzigen Zentralprozessor, den ich mit der Pinzette hielt (meine Finger waren zu ungeschlacht, um damit richtig umzugehen). Leider war selbst die Pinzette noch ein bißchen zu unhandlich, und der Computer fiel in das Chaos auf meinem Schreibtisch. Meine Freunde beteiligten sich begeistert an der Suche, aber das Chip konnte entwischen und wurde nicht mehr gesehen.
Sollte hierdurch die Vorstellung heraufbeschworen werden, daß Computer beinahe gegen unseren Willen immer kleiner würden, bis sie wie der Incredible Shrinking Man samt und sonders aus unserem Universum verschwänden, so ist es erwähnenswert, daß zwar die Baugruppen – also Zentraleinheit, Programmeinheit, Speicher usw. – zweifellos kleiner werden, es indessen unwahrscheinlich ist, daß die räumliche Größe eines betriebsbereiten Computers im selben Maße reduziert wird. Wenn Gegenstände zu klein werden, kann der Mensch sie einfach nicht handhaben. Eingabegeräte müssen groß genug sein, um von den riesenhaften Händen des Menschen bedient werden zu können; und Ausgabegeräte müssen hinreichend groß sein, um die umfangreichen Wörter und Sätze deutlich erscheinen zu lassen, die der Mensch jeweils abruft. Die Gesamtgröße der Computer wird nicht stark reduziert werden, aber man wird ihre Gedächtnisleistung und die Fähigkeiten ihrer Zentralprozessoren stetig ausbauen.
Vielleicht glauben Sie nun, daß die Überprüfung und Qualitätskontrolle derart winziger Geräte unbeschreiblich schwierige Aufgaben sind. Wie wir alle wissen, ist dies bei großen

Gegenständen wie Autos schon kompliziert genug. Dies wäre zweifellos der Fall, wenn man jedes einzelne Chip direkt nach seiner Herstellung prüfen würde. Statt dessen praktizieren die Halbleiter-Firmen sorglos gewaltige Mengen von Chips und unterziehen sie abschließend einem Test, der zeigt, ob sie funktionieren oder nicht. Dieses Verfahren führt zu einer erbarmungslosen Ausschußquote, die bis zu achtzig Prozent betragen kann – eine Zahl, die bei jedem Produzenten einer anderen Branche einen Nervenzusammenbruch auslösen würde. Wegen der minimalen Kosten eines jeden »durchgefallenen« Chips hat die Ausschußrate wirtschaftlich keinerlei Bedeutung. Die hohe Ausschußquote ist ein Grund dafür, daß die Mikrocomputer, die tatsächlich auf den Markt kommen, absolut zuverlässig arbeiten. Mikrocomputer haben keine beweglichen Teile und arbeiten deshalb bis in alle Ewigkeit ohne jede Verschleißerscheinung weiter. Auch dies ist eine Ursache für ihre Zuverlässigkeit.

Kosten und Größe der Computer nehmen also stetig ab. Wir sollten wissen warum.

Es ist eine Binsenweisheit, daß ein Computer um so weniger Rohmaterial benötigt, je kleiner er ist. Eine Tatsache, die viel größere Bedeutung hätte, wenn die Rohstoffe, die für die moderne Mikroelektronik erforderlich sind, knapp wären. Ausgerechnet der Hauptbestandteil der Chips – Silizium – kommt jedoch in der Natur häufig vor. Wenn Sie sich am Strand sonnen, liegen Sie auf gewaltigen Vorräten dieses Elements. Ein zweiter Vorteil der Größenreduzierung besteht darin, daß man den winzigen Computer, der als ein integrierter Schaltkreis auf einem einzigen Stückchen Silizium wirkt, erst einmal entworfen hat, sofort in Massenproduktion herstellen kann. Die anfängliche Entwicklung ist – ähnlich der ursprünglichen Konstruktion eines Autos – sehr teuer. Sie kostet wahrscheinlich etliche Millionen Mark, um von der Blaupause zum ersten Exemplar des neuesten Ford-Modells zu gelangen; dessen Nachkommen jedoch verlassen das Band zu einem Bruchteil der ursprünglichen Kosten. Genau das gleiche gilt für Computer. Zu guter Letzt braucht man zum Betrieb winziger Computer mit winzigen Funktionselementen nur minimale Energiemengen. Dies bedeutet, daß sie mit kleinen Trockenbatterien betrieben und in einem Maße transportfähig werden, wie es sich noch vor knapp zehn Jahren kein Mensch hätte träumen lassen. Ich betone noch einmal, wie dramatisch sich die Dinge verändert haben; denn oft wird das Ausmaß der Veränderungen bei weitem unterschätzt. Um die Dinge ins rechte Licht zu rücken, muß wieder die Analogie zu den Kraftfahrzeugen herhalten. Die heutigen Autos unterscheiden sich von denen der ersten Nachkriegsjahre in einer Vielzahl von Punkten. Sie sind billiger, wirtschaftlicher und leistungsfähiger. All dies läßt sich auf Fortschritte im Automobilbau zurückführen, auf effizientere Produktionsmethoden und einen breiten Absatzmarkt. Nehmen wir für einen Moment jedoch an, die Automobilindustrie hätte sich mit derselben Rate und in derselben Zeitspanne entwickelt wie die Computer: um wieviel billiger und leistungsfähiger würden die heutigen Modelle sein? Wer sich über einen solchen Vergleich noch nie Gedanken gemacht hat, wird von der Antwort überrascht sein. Einen Rolls-Royce würde man heute für rund fünf Mark kaufen können, mit etwa vier Litern Benzin würde er knapp fünf Millionen Kilometer laufen, und seine Maschine würde genügend Energie liefern, um die »Norge« anzutreiben.

Ergebnis dieser Kosten- und Größenreduzierung und der gewaltigen Zunahme der Speicherkapazität und Zuverlässigkeit muß sein, daß Computer auch dort arbeiten können, wo man es vor dem Aufkommen des Mikroprozessors noch für unmöglich gehalten hatte.

Manche Computer besitzen bereits die Fähigkeit, Maschinenschrift, gedruckten Text und mit etwas mehr Aufwand sogar Handschriften zu lesen. Auch können sie die menschliche Stimme erkennen und gesprochene Wörter und Sätze »verstehen«. Computer kommunizieren über auf einem Bildschirm dargestellte Diagramme und Zeichnungen und sogar mittels einer synthetischen Sprache mit dem, der sie bedient oder Informationen abrufen will. Ein Vergleich mit menschlichen Sinnesorganen drängt sich auf. Dazu sei gesagt, daß Computer inzwischen, zwar schwach, aber doch mit erkennbarem Fortschritt Umrisse und Formen erkennen können. Diese Entwicklung zeigt eine deutliche Tendenz: von der passiven wechseln die Computer zu dynamischer Interaktion. Sobald ein Computer dazu fähig ist, eine Form oder ein Muster zu »erkennen«, kann er an ein entsprechendes Steuersystem geschlossen werden, das ihm den Impuls gibt, das »Erkannte« sinnvoll zu verarbeiten. Ein einfaches Beispiel für diese Teamarbeit wäre ein Roboter, der mit Hilfe einer Fernsehkamera erkennt, wo der Rasen aufhört und der Weg anfängt, und so einen Motorrasenmäher steuert. Aus Sicherheitsgründen könnte man ihn so programmieren, daß er ein paar von einer menschlichen Stimme gesprochene Wörter wie etwa ANFAHREN, NACH RECHTS, HALT USW. versteht und umsetzt.

Es mag bezeichnend für die kapitalistische Gesellschaft sein, daß die Computerrevolution begleitet ist von der Produktion völlig überflüssiger Massenartikel. Man kann die Beweggründe beklagen und die Trivialität der Erzeugnisse geringschätzen; dennoch tragen derartige Kinkerlitzchen entscheidend zum technologischen Fortschritt und damit auch zur Herstellung nützlicher Produkte bei, die nur erfolgreich verkauft werden können, wenn die anfänglichen Entwicklungskosten gedeckt sind.

Die wahre Bedeutung des Taschenrechner-Booms liegt darin, daß er die Absatzmöglichkeiten für Chips enorm gesteigert hat, die zu routinemäßigen mathematischen Berechnungen fähig sind – zu alldem, was Babbage immer gehofft hatte, mit seiner Differenzmaschine zu bewerkstelligen. Heute liegen die Stückkosten bei ein paar Pfennigen, und deshalb werden Chips in Milliardenhöhe hergestellt. Im unmittelbaren Anschluß an ein beliebiges erfolgreiches Gimmick folgt eine zweite Gerätegeneration, die fähig ist, mit einem wesentlich breiteren Aufgabenbereich fertig zu werden. Ich war einer der ersten Käufer eines Kalkulators mit eingebauter 24-Stunden-Uhr, Stoppuhr und einer piependen Weckvorrichtung. Ich erstand das Ding – das erste, das etwas über einen bloßen Rechner hinausging – vor etwa zwei Jahren. Wie erstaunt war ich, kaum ein Jahr später dessen nahezu exaktes Gegenstück in eine Armbanduhr eingebaut zu finden. Trivial? Nun, das mag angehen, aber Uhrenrechner dieser Art werden heute zu Hunderttausenden verkauft.

Aber lassen Sie uns von diesem Nebenprodukt ab- und zu der nächsten Entwicklungsphase übergehen, in welcher die reine Zahlenanzeige und ausschließliche Zahleneingabe mittels Tasten abgelöst werden von einer vollständigen alphabetischen Tastatur, und der Rechner/Computer so Wörter und Sätze anstatt bloßer Zahlen aufnehmen und ausgeben kann. Wie es sich fügte, war ich an der Entwicklung gerade eines solchen Geräts beteiligt; es sollte ursprünglich bloß einfache wörtliche Übersetzungen vornehmen. In das beachtliche Gedächtnis des kleinen Geräts war ein Wörterbuch der englischen und der französischen Sprache eingespeichert, und um eine Übersetzung zu erlangen, tippte man nur ein Wort ein, woraufhin dessen Entsprechung in der jeweils anderen Sprache auf der Anzeigetafel erschien. Mit Hilfe eines ähnlichen Geräts kann man Wörter und Sätze in den Speicher eingeben, die sich später »abspielen« lassen, wenn man das Gerät mit einer elektrischen Schreibmaschine koppelt. Es sollte bereits deutlich geworden sein, daß das, was wir ursprünglich als überflüssiges Spielzeug bezeichnet haben, sich zu einem Gebrauchsgegenstand von realem Wert entwickelt. Aber auch dies ist nur ein Anfang. Diese Miniaturcomputer – sie unterscheiden sich dann von simplen Rechnern, wenn sie programmierbar und Vielzweckgeräte sind – werden ihrerseits eine noch leistungsfähigere Tochtergeneration in die Welt setzen, mit deren Bedeutung wir uns später befassen wollen.

Die Belanglosigkeit extrem verkleinerter, computerisierter Konsumartikel habe ich bereits erwähnt. Die Uhrenrechner fallen auch heute noch in diese Kategorie. Uhren mit

Gedächtnis sind bereits auf dem Markt, sie können Telefonnummern und andere numerische Gedächtnisstützen speichern. Später, wenn sie Buchstaben und Wörter genauso darstellen können wie Zahlen, werden sie in der Lage sein, Namen und Adressen, Notizen usw. zu speichern. Des weiteren wird das Hauptproblem der Minuskeltastatur gelöst sein, wenn die auf das gesprochene Wort reagierenden Geräte so weit geschrumpft sind, daß sie tatsächlich im Gehäuse einer Armbanduhr untergebracht werden können. Knöpfe werden dann als Eingabemechanismen weitgehend überflüssig sein; nach gesprochenen Anweisungen werden Berechnungen angestellt und Telefonnummern oder was auch immer sonst in die Speicher der Uhren eingegeben. Die Mehrheit der Maschinen wird wahrscheinlich stimmgesteuert sein.

Auch ein anderes Mittel kybernetischer Verständigung, das »gesprochene« Wort, befindet sich ebenfalls in einer stürmischen Entwicklungsphase. Format und Kosten von Sprachsynthesizern werden immer geringer. Eins der ersten Beispiele war ein sprechender Rechner, der die Ergebnisse seiner Überlegungen nicht nur mit roten Ziffern in der üblichen Anordnung erscheinen läßt, sondern auch noch mit quäkender Stimme ausspricht. Verrücktheiten? Gewiß nicht für Behinderte oder Buchhalter, die gleichzeitig Ergebnisse aufnehmen und Informationen vom Bildschirm ablesen müssen. Welchen Sinn hat eine sprechende Uhr? In Kürze wird sie auf dem Markt sein, vielleicht schon bei Erscheinen dieses Buches. Wohlstandstand? Nicht für Blinde und ebensowenig für Piloten, die sich in einer Krisensituation auf die Armaturen im Cockpit konzentrieren müssen.

Selbst wenn wir die Entwicklung solcher technischen Feinheiten für übertrieben halten, gilt das auch für Instrumente, die ihre Meßergebnisse ansagen? Sprechende Höhenmesser, Luftgeschwindigkeitsanzeiger und dergleichen werden für die Luftfahrt von unschätzbarem Wert sein. Im häuslichen Bereich wird es sprechende Badezimmerwaagen geben; Gefrierschränke, die uns daran erinnern, sie wieder aufzufüllen; Herde, die uns sagen, wie weit der Braten gegart ist; Telefone, die uns erzählen, wie viele Leute während unserer Abwesenheit angerufen haben; Türklingeln, die uns informieren, wie viele Besucher wann vor der Tür standen; Thermometer, die uns vor dem Aufstehen schon raten, was anzuziehen sei. Die Liste ist endlos. Und der Tatsache zum Trotz, daß sich dies wie Science-fiction anhört, ist das meiste davon technisch schon realisierbar und wird in näherer Zukunft allerorten in Gebrauch sein.

Auch sind wir gerade dabei, ein vertrautes altes Ding, das jahrhundertelang unser Zuhause symbolisiert hat, in Pension zu schicken – den Schlüssel. Man kann bereits elektronische Schlösser kaufen, die sich öffnen, wenn man die passende Kombination eintippt, vorausgesetzt allerdings, daß man sich an die richtige Kombination erinnert. Angesichts der Unzuverlässigkeit des menschlichen Gedächtnisses muß die nächste Stufe ein Schloß sein, das sich nur öffnet, wenn man ihm Gelegenheit gibt, den in eine Armbanduhr oder in einen Siegelring eingebauten elektronischen Chips abzutasten. Die Zeit wird kommen, in der kein Mensch mehr einen Schlüssel unter der Fußmatte versteckt.

Wer etwa geglaubt hat, Automobile seien nicht mehr zu verbessern, wird sich eines Besseren belehren lassen müssen: Seit einiger Zeit ist es nämlich möglich, ein (sehr teures) Auto mit computergesteuertem – und nebenbei äußerst effizientem – Vergaser zu kaufen, und es wird nur eine Frage der Zeit sein, bis sich diese Konstruktion auf dem normalen Automarkt durchgesetzt hat. Tachometer, die die Durchschnittsgeschwindigkeit berechnen, sowie Benzinuhren, die in synthetischer Sprache angeben, wann der Kraftstoff zur Neige geht, werden in Kürze zu unserem Alltag gehören. Das gleiche gilt für Scheinwerfer, die sich automatisch einschalten, wenn die Dämmerung bis zu einem gewissen Grad fortgeschritten ist. Ein weiteres nützliches Gerät wird ein Mikroprozessor sein, der die Geschwindigkeit des vorauffahrenden Wagens berechnet und feststellt, ob die beiden Fahrzeuge den Sicherheitsabstand wahren. Diese Art von Geräten wird vermutlich zu vorsichtigerem Fahren Anlaß geben, sobald die Fahrer sich daran gewöhnt haben, ihr Verhalten von technischen Geräten korrigieren zu lassen.

Was im Bereich der Flugzeug- und Automobilindustrie zunächst den technisch Interessierten fasziniert, dem scheint im Büro und Haushalt eher der Hautgout des Trivialen anzuhaften. Die Vereinfachung nicht-kreativer Arbeit erlangt auch hier eine enorme Bedeutung für die Betroffenen: Kleine Computer können Informationen jeglicher Art speichern – angefangen bei Kochrezepten und Telefonnummern, bis hin zu Einkaufslisten und familiärem Briefwechsel. Vor zehn Jahren noch hätte man die Vorstellung, daß sich die Durchschnittsfamilie eines Computers bedienen könnte, für baren Unsinn gehalten. Damals kostete ein Computer, der in der Lage war, den häuslichen Erfordernissen Rechnung zu tragen, ein paar hunderttausend Mark und hätte den halben Dachboden in Anspruch genommen. Heute kann man Geräte, die zu den genannten Arbeiten fähig sind, für wenige hundert Mark kaufen; sie sind billiger und nehmen weniger Platz weg als ein Farbfernseher.

Wer daran zweifelt, daß Computer auch auf dem Heimwerker-Markt eine große Chance haben, sollte einmal seine Nase in einen der zahlreichen Computerläden für Bastler hineinstecken. Das Angebot mutet unheimlich an, verlockt aber dennoch. Einen noch besseren Einblick gewähren die sehr erfolgreichen Magazine, die sich ausschließlich dieser neuen Mischung aus Hobbyinformationen und Industrienachrichten widmen. Mein Lieblingsmagazin heißt »BYTE« (ein *byte* ist ein »Computerwort« und besteht aus acht bits, bzw. binären Stellen) und hat eine Auflage von mehr als hunderttausend Stück – eine Zahl, die viele vor längerer Zeit gegründete Publikationen über Politik, Motorsport, Kochen oder Sport neidisch machen könnte. Der redaktionelle Teil setzt sich weitgehend zusammen aus begeisterten Berichten über Türen, die sich von selber öffnen und schließen, wenn man sie anspricht; über Computersysteme, die Beleuchtung, Heizung und Sicherheit eines Hauses regeln; über Automatisierungsprogramme für Einkommensteuerrückzahlungen und andere, ähnlich abenteuerliche Dinge. So gibt es auch einen umfänglichen Leserbriefteil, wo die letzten Software-Entwicklungen leidenschaftlich debattiert werden. Die Anzeigen in dieser Zeitschrift sind in jener einzigartigen Sprache geschrieben, die als Computerspeak bekannt ist.

JETZT! 10 K ROM, 5 K RAM UND MINIFLOPPY BACKUP – ALLES FÜR WENIGER ALS 300 DOLLAR

oder

DREIẞIG-WÖRTER-SPEECH RECOGNIZER FÜR 190 DOLLAR

sind typische Beispiele dafür.

Auf einer meiner Lieblingsanzeigen, ganzseitig, im teuren Vierfarb-Druck, sieht man einen Mann am Küchentisch sitzen und seinem DIY-Computer letzten Schliff verleihen. Im Hintergrund ist seine Frau zu erkennen, sie wendet sich für einen Moment von ihrem Geschirr ab, um ihrem Mann bewundernd zuzusehen. Wie soll man diese Szene deuten? Räumt sie stillschweigend ein, ihr fester Platz sei im Haus, insbesondere am Spülstein, während sich ihr Gatte um die mannhafte Arbeit, einen eigenen Computer zu bauen, kümmert? Oder leuchten ihre Augen, weil sie in der attraktiven Anhäufung von elektronischen Kleinteilen jenes Gerät erkennt, nach dem alle Frauen seit Jahrtausenden gesucht haben, weil es sie letztlich von all ihrer mühsamen Hausarbeit befreit?

Diese vielsagende häusliche Szene nur als eine weitere männliche Hobby-Besessenheit, vergleichbar dem Modellflugzeugbau, Briefmarkensammeln oder der HI-FI-Bastelei zu interpretieren wäre grundfalsch. Zur Zeit mag eine solche Beschäftigung nach Feierabend noch typische Freizeitgestaltung sein; doch mit zunehmender Vertrautheit werden auch sogenannte Normalbürger die zu gegebener Zeit fast grenzenlosen Verwendungsmöglichkeiten der Computer erkennen. Dieser erzieherische Prozeß wird stark unterstützt von Entwicklungen wie dem PRESTEL-System des British Post Office (bzw.

Viewdata, wie es ursprünglich hieß). Dieses arbeitet zur Zeit versuchsweise und soll in den achtziger Jahren voll in Betrieb genommen werden. Prestel wird über eine spezielle Konsole und einen fernseherähnlichen Bildschirm dem Anwender einen gewaltigen Zentralcomputer zugänglich machen, der ein breites Band von Informationsdiensten und die Möglichkeit zum Dialog bietet. Im Augenblick ist geplant, für den Terminal und die Computerzeit anteilig eine kleine Miete zu erheben. Als man Prestel ersann, war das System seiner Zeit weit voraus, inzwischen jedoch ist es von der galoppierenden Technologie überholt worden. Mitte der achtziger Jahre nämlich wird der riesige Postcomputer Konkurrenz von den kleinen Heim-Mikroprozessoren bekommen, deren Leistungsfähigkeit der des Kolosses kaum nachsteht. Prestel ermöglicht einen sofortigen Zugang zu öffentlichen Datenbänken und den Informationen großer Bibliotheken. Aber auch persönliche Kommunikation wird das Prestel jedem am System Beteiligten erleichtern, als eine Art Sofortpost, die eines Tages große Umwälzungen im normalen postalischen Dienst bedeuten muß.

Bei den ersten Anwendern von Prestel könnte es sich, egal in welchem Umfang, gut um kleinere Unternehmen handeln, die die Möglichkeiten von Computern nutzen wollen, ohne selbst Kapital zu investieren. Die Konkurrenz auf dem Computermarkt wird noch härter werden, aber gerade deshalb auch Attraktionen hervorbringen: Computer »von der Stange«, komplett mit einer Reihe von maßgeschneiderten Programmen für einen Gesamtpreis von weniger als zweitausend Mark erhältlich. Sie werden ihre neuen Besitzer ihren Gebrauch lehren und zugleich dafür programmiert sein, alle mit dem Unternehmen in Zusammenhang stehenden finanziellen Transaktionen zu registrieren und zu speichern, in jedem Stadium eines Arbeitsgangs die Steuern zu berechnen, bei Bedarf automatisch den Lagerbestand zu ergänzen, Aufträge zu registrieren, Rechnungen und Mahnungen auszustellen und selbst Trends am Markt auszuwerten.

Die Nützlichkeit des Computers geht weit über die Fähigkeit, mit Zahlen zu jonglieren, hinaus. Beinahe genauso wichtig ist heutzutage die Möglichkeit, den Computer der Sprache dienstbar zu machen. Das Stichwort der Stunde heißt »Wörterverarbeitung«. Es muß nicht weiter erklärt werden: Man gibt Wörter in den Computer ein, speichert sie und ruft sie nach Belieben wieder ab.

Um ein einfaches Beispiel zu nennen: Wenn Sie ein Geschäft führen, das eine große Zahl von Kunden hat, deren Bedarf sich nur geringfügig unterscheidet, so werden Sie wahrscheinlich ein großes Kartenindexsystem benutzen. Mit Hilfe eines speziellen Codes lassen sich die Daten nach spezifischen Bedürfnissen zerlegen, so daß ein gescheiter Angestellter sich schnell vom Grundbedarf eines jeden Kunden informieren kann. Dennoch wird dies keine leichte Aufgabe sein, und ein durchschnittliches Unternehmen benötigt sehr viel Platz für ein solches Register. Bei einem computerisierten Karteisystem dürften die »Karteikästen« nicht mehr Raum in Anspruch nehmen als eine Zigarettenschachtel. Um Informationen herauszuziehen, wird das gewünschte Wort als Schlüssel eingegeben – sagen wir, der Name des Kunden –, und der Computer beginnt, anschließend sein Register zu durchforsten und zieht alle Informationen heraus, die mit dem Schlüsselwort im Zusammenhang stehen. Die Schlüsselwörter können sich auf alles beziehen, was innerhalb des Systems gespeichert ist, und es wäre beispielsweise einfach herauszufinden, welche Kunden aus einem bestimmten Gebiet, deren Name mit A beginnt, innerhalb der letzten sechs Monate eine ganz bestimmte Ware in einer ganz bestimmten Menge bestellt haben. Man gebe die passenden Schlüsselwörter ein, und der Computer versieht sie mit den entsprechenden Daten.

Alle im System gespeicherten Begriffe können vom Computer zu jeder Zeit mit hoher Genauigkeit und Geschwindigkeit überprüft werden, und es ist leicht zu sehen, wieviel routinemäßiges Registrieren, Sortieren und wieviel Schreiberei sich

erübrigt und wieviel Angestelltengehalt zusätzlich gespart würde.
Für Wortprozessoren gibt es im Büro eine weitere Verwendung: Man schreibt auf der Maschine einen Brief oder ein Manuskript, korrigiert hier und da einen Fehler, und dann ersteht der vollständige Text mit allen Zusätzen, passenden Zwischenräumen und auf den richtigen Zeilen automatisch neu.
Desgleichen müssen wir der Tatsache ins Auge sehen, daß der Wortprozessor Stenotypisten arbeitslos machen wird. Ohne die nächste Entwicklungsphase zu berühren (Wortprozessoren kommunizieren miteinander, ohne daß das Stadium, in welchem die Botschaften in Buchstaben übersetzt werden, durchlaufen werden muß; sie müssen dann in das schwerfällige Postsystem integriert werden) ist klar, daß das Computerwesen auf die alltägliche Büroarbeit in der bis 1982 reichenden Periode einen starken Einfluß haben wird.
Genauso nützlich werden Mikroprozessoren in anderen Berufsbereichen sein, inklusive der Medizin, Zahnmedizin und sogar des Lehrbereichs, wo man auf Informationsspeicherungs- und Zugriffsprobleme stößt. Diese Gebiete sind einander ähnlicher, als man gemeinhin annimmt. Sowohl Ärzte als auch Lehrer müssen sich einer langwierigen und teuren Berufsausbildung unterziehen, an deren Ende man erwartet, daß sie ihre Zeit und ihre Fertigkeiten unter einer großen Zahl von Menschen – Patienten oder Schülern – aufteilen. Es überrascht nicht, daß sie ihrer Aufgabe oft nur mangelhaft gerecht werden. Das Problem liegt darin, daß keine Gesellschaft auf dieser Erde genug Geld ausgibt oder ausgeben kann, um Ärzte und Lehrer in der erforderlichen Anzahl auszubilden, geschweige denn, auch gegen hohes Gehalt zu beschäftigen. Computer aber werden auf diesem Gebiet vieles verändern. Wenn zum Beispiel ein Patient im Sprechzimmer eines praktischen Arztes erscheint, wird sein oder ihr Name in den Terminal getippt, woraufhin sofort eine vollständige Anamnese erscheint, die auch über familiäre und soziale Hintergründe

informiert und Medikamente nennt, die der Betreffende nicht nehmen darf. Der Arzt tippt neue Einzelheiten ein, und der fast unbegrenzte Speicher des Computers nimmt sie auf und verarbeitet sie.

In Hospitälern und Kliniken werden Patienten von Computern durchleuchtet, bevor sie einen Arzt zu sehen bekommen. In den Schulen werden Computer – ursprünglich vorgesehen zu theoretischem und praktischem Anschauungsunterricht – als Lehrmittel Verbreitung finden; eine äußerst kostengünstige Umstellung des Unterrichts. Es klingt vielleicht merkwürdig, aber Befürchtungen, daß Patienten oder Schüler es übelnehmen würden, von einem medizinischen Computer untersucht oder von einem pädagogischen Computer unterrichtet zu werden, haben sich in Experimenten, die kürzlich in Schulen und Krankenhäusern durchgeführt wurden, als unbegründet erwiesen.

Auf die Faszination, die von computerisiertem Spielzeug ausgeht, habe ich bereits hingewiesen und unterstrichen, daß sich die Mikroprozessorenindustrie bereits stark für die kommerzielle Ausbeutung dieser Leidenschaft engagiert hat. Die ersten Ergebnisse dieses Engagements werden manch einem recht banal erscheinen: Puppen und Spielzeugsoldaten, die mit vom Computer hervorgebrachter Stimme ihre Besitzer ansprechen; Spielzeuge, die auf ein gesprochenes Kommando hin ein begrenztes Repertoire von Tätigkeiten in Gang setzen, abspulen oder anhalten; elektrische Eisenbahnen, die computergesteuert hin und her sausen usf. Dies alles repräsentiert aber nur einen Bruchteil des potentiellen Markts. Technischer Fortschritt und Marktexpansion werden dann erzielt, wenn es gelingt, durch Mikroprozessoren gesteuerten Spielen zum Erfolg zu verhelfen.

1976 hörte ich auf einer Fahrt durch Texas einen lokalen Radiosender. Dabei schnappte ich ein Interview auf, in dessen Verlauf ein Mann behauptete, er würde in Kürze einen computergesteuerten Schachspieler auf den Markt werfen. Der Interviewer äußerte sich skeptisch, hauptsächlich wohl, weil er sich nicht vorstellen konnte, daß ein Computer tatsächlich Schach spielt. Ich selbst zweifelte auch daran, nicht weil ich an diese Absicht nicht glauben, sondern weil ich nicht einsehen konnte, wie jemand in so kurzer Zeit ein gutes Schachprogramm in einen billigen Computer programmieren könne. Ich hatte schon etliche Jahre gegen Computer Schach gespielt, und obwohl ich im allgemeinen geschlagen wurde – ich bin ein unbedarfter und sorgloser Spieler –, waren mir die logistischen Schwierigkeiten, die gewaltige Programme in Betrieb zu setzen, und die umständliche Spielweise der Geräte immer etwas unheimlich. Aber ein gutes Jahr nachdem ich der Sendung voller Skepsis gelauscht hatte, war ein Schachspiel nach dem Mikroprinzip auf dem Markt, komplett mit Brett und erleuchteter Anzeigetafel, auf der die Züge des Computers angegeben wurden. Etwas später spielte ich selbst damit – und wurde geschlagen. Noch sind die Geräte recht teuer, aber auch hier ist eine starke Preisreduzierung schon abzusehen. Zudem nimmt die Spielstärke der Geräte zu, und es gibt bereits Ausführungen, die auch Vereinsspielern Niederlagen bereiten. Von einem Computer geschlagen zu werden ist eine befremdliche Erfahrung, und noch dazu eine, mit der sich in nicht allzu ferner Zeit sogar die führenden Schachspieler der Welt abfinden müssen.

Bei anderen Brettspielen für zwei Personen, Dame, Dame chinesisch (zwei bis sechs Spieler, gespielt wird an einem reichverzierten Brett mit Murmeln, die in sternförmig angeordnete Löcher gebracht werden müssen; Anm. d. Übers.) und selbst komplizierteren Spielen wie Go wird in Kürze ein Computer der Gegner sein. Den spektakulärsten Durchbruch werden die Spiele schaffen, die an einen Fernsehschirm angeschlossen sind.

Telespiele sind mehr als fünf Jahre im Handel. Da ihre Verbreitung stetig zunimmt, möchte ich kurz ihr Arbeitsprinzip erläutern. Jedes Telespiel, vom einfachsten bis hin zum komplizierten, funktioniert nach dem Prinzip, mit dessen Hilfe Computer Informationen an die Außenwelt geben. Bei den allerersten Computern erschienen Zahlen in einem Fenster, flammten Lampen in bestimmter Reihenfolge auf oder wurden Lochmuster in Karten oder Bänder gestanzt. Technische Weiterentwicklung ermöglichte es Ihnen, elektrische Schreibmaschinen oder Fernschreiberterminals zu steuern. Im Gegensatz zur eigentlichen Leistungsfähigkeit eines Computers waren diese mechanischen Methoden jedoch sehr langsam. Der nächste logische Schritt hieß also, die Computer so einzurichten, daß sie auf Kathodenstrahlröhren lumineszierende Punkte erzeugten; ein Verfahren, das man, geringfügig abgewandelt, auch bei der Bildwiedergabe des Fernsehens verwendet. Für das Fernsehen spielt natürlich weder bei Aufnahme noch bei Wiedergabe irgendeine »Intelligenz« oder Verarbeitungsfähigkeit die geringste Rolle; das Gerät ist nur ein Anzeigegerät, das sklavisch jene Signale auffängt und wiedergibt, die der Fernsehsender erzeugt. Dagegen produzieren jene Geräte, die für die Computerausgabe verwendet werden, eine Folge von Leuchtsymbolen, die von dem Computer selbst gesteuert werden.

Wenn der Computer also eine Kathodenstrahlröhre dergestalt steuern kann, daß sie Muster in Form von Buchstaben und Wörtern erzeugt, dann kann sie offensichtlich auch andere Muster hervorbringen – geometrische Figuren zum Beispiel. Bei den einfachsten Programmen und billigsten Darstellungsweisen sind die Figuren oder Muster im allgemeinen quadratische oder winklige leuchtende Flächen – wie jene Rechtecke und Quadrate, die »Schläger« und »Bälle« der ersten Tele-Tischtennisspiele bildeten. Diese Spiele werden allein von den Chips gesteuert, später, als man die Chips zu raffinierteren Schaltkreisen vereinen konnte, waren sie in der Lage, die Treffer automatisch anzuzeigen, akustische Effekte beizusteuern. Seit kurzem bewältigen sie sogar schwierigere Spieldynamik, etwa zusätzliche Figuren, unterschiedlichen Winkel und Geschwindigkeiten usw. Während ich dies schreibe, können recht komplizierte Kriegsstrategien durchgespielt werden – für die Simulation eines Kriegsschauplatzes scheint der Fernseher besonders geeignet zu sein. Dabei steuert der Mikroprozessor mit seiner Intelligenz die Bewegungen der Spielfiguren der einen Seite – Panzer, Bomber, Flugzeuge usw. –, während der Spieler darauf reagiert, indem er einen Steuerhebel oder ein Steuerrad bedient, um die Stellung seiner eigenen Spielsteine zu verändern und taktisch geschickt Geschosse abzufeuern. Treffer werden durch Lichtblitze und Geräuschuntermalung angezeigt. Am Ende nennt der Computer den Sieger. Bei anderen Variationen werden Revolverkämpfe zwischen Cowboys dargestellt, Planwagen und Kakteen dienen dabei zur Ablenkung der Kugeln. Oder es werden Autorennen simuliert, wobei man einen Wagen mit Hilfe eines Miniaturlenkrades über eine gewundene Piste steuert. Viele Spielhallen und sogar einige Kneipen unterhalten ihre Gäste schon mit solchen Spielen.

Der Phantasie der Hersteller sind keine Grenzen gesetzt; und das Publikum dankt ihnen den Freizeitspaß, indem es fleißig kauft. Derartiges Spielzeug übt eine alarmierende Fazination aus, die beinahe an Hörigkeit grenzt. Wenn man ihm erst einmal verfallen ist, kann es zu einer Art Droge werden: Man kommt nicht mehr davon los. Mein gegenwärtiges Lieblingsspiel simuliert den Landeversuch einer Raumkapsel auf dem Mond: Ein realistisches Bild der Mondlandschaft erscheint auf dem Bildschirm, Berge, Täler und Vulkangebiete zeichnen sich deutlich ab. In der linken oberen Ecke taucht eine schematisierte Raumkapsel auf, Bremsraketen leuchten, und schon beginnt sie ihren schrägen Abstieg auf die Mondoberfläche. Es gilt, eine weiche Landung zu bewerkstelligen. Die Richtung und Stärke des Schubs der Raketen wird gesteuert, indem man mit einem »Lichtzeiger« einen Satz von Kontrollinstrumenten berührt, die auf dem Bildschirm dargestellt sind. Der Lichtzeiger ist ein Gerät, das dem Computer Informationen signalisiert, indem es einen Elektronenimpuls abgibt, sobald man damit den Bildschirm berührt. Um den Schub zu steigern oder zu mindern, gleitet man mit dem Zeiger aufwärts oder abwärts über eine Leuchtskala. Um die Richtung

zu ändern, tippt man mit dem Zeiger auf eine Gruppe von Pfeilen; dies läßt die Kapsel sich in die gewünschte Richtung drehen. Es steht ein begrenzter Treibstoffvorrat zur Verfügung, dessen Stand auf einer Uhr angezeigt wird. Selbstverständlich ist auch die Zeit begrenzt, denn die Kapsel sinkt unaufhaltsam der Oberfläche entgegen. Die ersten Versuche sind elendig zum Scheitern verurteilt, die Kapsel kracht, Staubwolken aufwirbelnd, herunter; aber mit steigender Übung beginnt man die implizierten schwierigen Fertigkeiten zu beherrschen.
Wenn sich die Rakete bis auf weniger als tausend Meter nähert, verschwindet die ursprüngliche Totale, und man gibt Ihnen eine lebendige Wiedergabe des entsprechenden Gebiets der Mondoberfläche zum besten, komplett mit pockennarbigen Kratern, Gesteinsbrocken und den Trümmern der voraufgegangenen Abstürze (der Computer hat sie alle im Kopf!). Diese Nahaufnahme liefert die notwendigen Einzelheiten, um eine saubere, weiche Landung herbeizuführen. Langsam werden Sie besser (man ist, Wissenschaftler machen da keine Ausnahme, bereit, viel Zeit damit zu verbringen, um zu lernen, wie eine Rakete gelandet wird), und schließlich kommt der aufregende Augenblick, in dem Ihnen die erste weiche Landung glückt. Der Computer belohnt Sie mit einer Glückwunschbotschaft, und ein winziger Astronaut stapft aus der Kapsel und pflanzt eine kleine Fahne auf.
Aber das ist noch längst nicht alles. Bei zunehmender Geschicklichkeit und Vertrautheit beginnen Sie, neuartige Charakteristika auf der »Mondoberfläche« festzustellen. Zum Beispiel findet sich auf einem ebenen Streifen neben einem Haufen von Geröllbrocken und einem trügerischen Vulkan ein Hamburger-Stand von MacDonald's. Wahre Fans lernen nicht nur, diesen besonderen Teil der Mondlandschaft zu finden, wann immer sie wollen, sondern auch, wie man sein Raumschiff direkt neben der Bude landet und so zuschauen kann, wie der Astronaut aussteigt, darauf zugeht, zwei Cheeseburger und einen Big Mac »zum Mitnehmen« ordert und in

die Raumkapsel zurückgeht, die dann in einer Staubwolke abhebt.
Ich bin bei dieser phantastischen – es gibt wirklich kein anderes Wort dafür – Computersimulation so ins Detail gegangen, um eine Vorstellung davon zu vermitteln, wozu die heutige Generation solcher Spiele in der Lage ist, und um anzudeuten, was sich von kommenden Generationen erwarten läßt. Es ist nicht erforderlich, im einzelnen über andere vorhandene Spiele zu reden wie zum Beispiel Computer-Monopoly, wobei man mit einem Wagen durch eine gemalte Stadt mit den vom Monopolybrett her vertrauten Straßen und Versorgungseinrichtungen fährt. Ein weiteres Beispiel sind haarsträubende Schlachten im Weltraum, für die Raumschiffe und Personen aus »Krieg der Sterne« als Vorlage dienten.
Die wahre Bedeutung der Spiele ist wohl, daß sie heute bereits den Verstand vorbereiten auf leistungsfähige Unterrichtscomputer, die Mitte bis Ende der achtziger Jahre aufkommen werden.

KAPITEL 6
Politische, wirtschaftliche und soziale Konsequenzen

Im letzten Kapitel haben wir uns auf technologische Veränderungen konzentriert. Weil die Zeiträume, denen meine Voraussagen gelten, so nahe bevorstehen, sind diese Veränderungen relativ leicht zu kennzeichnen. Da es zwischen dem Durchbruch einer Technologie und den in ihrem Kielwasser folgenden Umwälzungen stets eine zeitliche Verzögerung von sehr unterschiedlicher Dauer gibt, ist es gefährlich, ein verläßliches Urteil abzugeben über die politischen, wirtschaftlichen und sozialen Folgen, die sich innerhalb eines so kurzen Zeitabschnitts einstellen werden. Um ein annähernd zutreffendes Bild von dem zu geben, was uns erwartet, wollen wir einige Bereiche herausgreifen, auf denen Veränderungen, gar Umwälzungen, jetzt schon abzusehen sind. Sechs Beispiele habe ich ausgewählt; ich mache indessen darauf aufmerksam, daß dies nicht unbedingt die empfindlichsten Gebiete sind, deren Gleichgewicht am stärksten bedroht ist. Erstens werden wir Zeugen des Wachstums einer umfänglichen neuen Industrie sein. In den siebziger Jahren wuchsen die Computerindustrien der westlichen Welt geradezu rasant. Die Mikroprozessoren beschleunigten diese Entwicklung so sehr, daß die Computerindustrie Anfang der achtziger Jahre zur führenden Industrie der Erde geworden sein wird. IBM, Pionier auf diesem Sektor, liegt immer noch an der Spitze. Die wirtschaftliche Macht von IBM ist phänomenal. Während ich dies schreibe, übersteigt zum Beispiel der gesamte Gegenwert ihres Auftragsbestands den Wert des zwischen 1950 und 1979 erzielten Absatzes. Während ich an diesem Buch schrieb, beobachtete ich, wie IBM die vom Magazin *Fortune* veröffentlichte Liste der größten Unternehmen der Welt hinaufkletterte und solche Giganten wie die Gulf Oil mühelos überrundete. Zur Zeit steht IBM auf Platz sieben, und wenn der Trend

anhält, wird sie bald General Motors von der Spitzenstellung verdrängt haben.
Die Vertreibung dieses omnipotenten Giganten vom Thron der kapitalistischen Macht wird sowohl symbolische als auch ökonomische Bedeutung haben, denn damit zeichnet sich das Ende der großen Zeit der Motorisierung ab. Sie begann mit Henry Fords Fabrik in Dearborn um 1920 herum, der Niedergang dieser Epoche kündigte sich mit der Ölkrise nach dem Sechstagekrieg an. Die Marketingpolitik der IBM war von Anfang an strikt auf die Gewährleistung von Wartungs- und Hilfsdiensten bei der Software ausgerichtet. Die immer schon für ihre Zuverlässigkeit und Leistungsfähigkeit bekannten IBM-Maschinen werden zu konkurrenzfähigen Preisen verkauft, jedoch mit der Auflage, daß die Kunden einen langfristigen Wartungsvertrag unterschreiben. Diese Geschäftspolitik, der wegen der technischen Qualität und der marktbeherrschenden Vorrangstellung der IBM-Maschinen nur wenige Käufer widerstehen können, führt zu starken Bindungen an das Unternehmen. Mit dieser Strategie ist IBM in der Vergangenheit sehr gut gefahren; denn so gelang es, die Konkurrenz auf die Plätze zu verweisen. Einige der Konkurrenten, so auch der gigantische Radiokonzern RCA, haben resigniert und sich völlig aus dem Computergeschäft zurückgezogen. Nur Honeywell, Sperry-Univac und ein paar andere mit einem Marktanteil von insgesamt etwa 20 Prozent gegenüber den erdrückenden 70 Prozent der IBM haben sich dem Kampf gestellt.
Neuerdings aber hat sich das Bild verändert. Nachdem IBM mit ihrer Politik der langfristigen Wartungsverträge an die Spitze der Computerindustrie gelangt war, ist das Unternehmen an Herstellung und Vertrieb großer Systeme – »Mainframes«, wie der Fachausdruck lautet – gebunden. Bislang jedenfalls hat sich IBM weder an der Produktion von Minicomputern noch von Mikroprozessoren in nennenswertem Maße beteiligt. Wenn dies so ist, dann mag der raketengleiche Aufstieg der IBM in naher Zukunft zum Stillstand kommen. Es gibt weitere Menetekel. Da die Computertechnologie in allen ihren

Phasen von der Hardware bis zur Software billiger geworden ist, sind kleinere Firmen in den Markt eingebrochen. Die berühmteste dieser Konkurrenzfirmen ist wohl der Amdahlkonzern. Von einem ehemaligen IBM-Konstrukteur gegründet, produziert er nun munter IBM-ähnliche Systeme zu weit niedrigeren Preisen.
Von ähnlicher Bedeutung ist die Tatsache, daß die auf dem Sektor der Minicomputer (das ist die unmittelbar vor den Mikroprozessoren stehende Computergeneration) erfolgreichste Gesellschaft, die Digital Equipment Corporation, die niemals mit dem großen Mainframe-Geschäft zu tun und der IBM diesen Marktausschnitt überlassen hatte, bis jetzt nicht in der Lage war, zu dem wachsenden Markt der »persönlichen« Computer Zugang zu finden. All dies mag sich wie Klatsch aus der Computerindustrie anhören, aber dahinter verbirgt sich ein wichtiger Faktor: Der technologische Fortschritt ist heute so dramatisch, daß sich die verschiedenen Gesellschaftsformen nicht immer rasch genug anpassen können. Hierfür gibt es historische Vorbilder – die Hochseereedereien, von denen keine fähig war, sich in den kommerziellen Luftverkehr einzuschalten, und die Automobilindustrie, der es nicht gelang, sich erfolgreich auf Flugzeugbau umzustellen. Der Unterschied zur Vergangenheit liegt darin, daß es heute nicht mehr darum geht, einen Übergang von einem Industriezweig zum anderen herzustellen, sondern innerhalb eines einzigen Industriebereichs von einer Phase zur nächsten überzuwechseln.
Wie immer dieser mörderische Machtkampf aber auch ausgehen mag, eins ist sicher: Computer und computerbezogene Elektronik sind dabei, zu *der* Industrie des kommenden Jahrzehnts zu werden. Dieser Wechsel bedroht viele große Industrien, etwa die Ölgesellschaften und Automobilhersteller, die so schnell wie möglich diversifizieren. General Motors zum Beispiel hat in Halbleiter investiert, und Exxon (Esso) hat geschwind die vielversprechende Mikroprozessorenfirma Zilog geschluckt. Branchenblätter wie *Computerweekly* spie-

geln diesen Trend in jeder Ausgabe wider. Wenn die übrige Geschäftswelt schließlich diese Botschaft empfängt, werden sich Auswirkungen auf dem Aktienmarkt nicht mehr vermeiden lassen.

Zum zweiten werden sich die Bürokratien zunehmend auf Computerplanung verlassen. Vor ein paar Jahren erschütterte eine Gruppe von Wissenschaftlern, Wirtschaftlern und Geopolitikern die westliche Welt durch die Veröffentlichung eines knappen Dokuments mit dem Titel »Die Grenzen des Wachstums«. Die Gruppe, die sich »Club of Rome« nennt, berichtete über die Ergebnisse des ersten Großversuchs mit der Computerplanung; diese Resultate lieferten der Presse über Monate hinweg Schlagzeilen. Die Argumentation der Gruppe war einfach: Wachstum, wie es für den westlichen Kapitalismus der letzten hundert Jahre typisch ist, kann nicht endlos weitergehen, ohne daß a) die Rohstoffe zur Neige gehen, b) die Erde überbevölkert wird, c) die Nahrungsmittel ausgehen und/oder d) die Biosphäre mit industriellen Schmutz- und Schadstoffen vergiftet wird.

Die Bedeutung dieser Veröffentlichung lag darin, daß sie ihre Erkenntnisse einem Computer zu verdanken hatte. Die Clubmitglieder hatten nichts anderes getan, als Daten über verschiedene Aspekte der gegenwärtigen Industriegesellschaft in einem Großrechner (Mainframe) einzufüttern und ihn so zu programmieren, daß er die Konsequenzen prognostizierte, vorausgesetzt, der gegenwärtige Trend hielte an. Für Kapitalisten von echtem Schrot und Korn waren die Voraussagen des Computers – das Wachstum müsse in Kürze zum Stehen kommen oder die westliche Zivilisation würde kollabieren – ein handfester Schock.

Die Argumente des Club of Rome sind außerordentlich interessant. Die Diskussion war unvermeidlich, denn rivalisierende Gruppen gaben ihre eigenen Informationspakete ihren eigenen Maschinen ein und kamen mit leicht voneinander variierenden Antworten heraus. Wie jedermann unterstrich, käme es allein darauf an, welche Art von Informationen man dem

Computer an erster Stelle einfüttere. Das ist wahr; das wirklich bedeutsame Charakteristikum des Versuchs des Club of Rome war indessen (obschon man darüber streiten kann, welche eingegebene Datensammlung die »richtige« ist), daß die Voraussagen des Computers, so unangenehm sie auch sein mögen, unbestritten sind. Sobald man diese Prämisse gelten läßt, kann kein Wirtschaftler, kein Politiker und kein anderes Individuum, wie deren Expertisen oder Reputation auch seien, die Schlüsse des Computers mehr in Frage stellen. Dies hat eine tiefere Bedeutung, als man auf den ersten Blick erkennt; denn erstmalig hat hier die ganze Welt das Urteil eines Computers anerkannt und darauf reagiert. Ob einem das nun gefällt oder nicht, ist egal; denn selbst der leidenschaftlichste Computergegner würde zugeben, daß ein Computer in Ermangelung von Emotionen, Ahnungen und Vorurteilen sich lediglich nach Fakten richtet und neutrale Ergebnisse hervorbringt. Der Computer tat natürlich nichts anderes, als mit Hilfe seiner spezifischen Fähigkeiten die Daten zu sortieren und daraus einen Extrakt zu bilden, allerdings mit einer Geschwindigkeit, die außerhalb der Möglichkeiten selbst eines ganzen Heeres von Statistikern lag. Der Versuch des Club of Rome hatte mehr als nur einseitige Wirkung – manche führen die einflußreiche aber ungewöhnlich fehlgeleitete »Small is beautiful«-Bewegung auf die Nachwehen der Debatte über die »Grenzen des Wachstums« zurück. Gegen Ende der kurzfristigen Periode jedoch werden solche Versuche die Eckpfeiler jeglicher bürokratischen Planung sein, stamme diese nun von Wirtschaftsimperien oder Regierungen. Dies ist eine bedeutsame Entwicklung, denn sie signalisiert die bevorstehende Emanzipation des Menschen von der Herrschaft der Regierungsausschüsse auf der einen und der des Molochs der Bürokratie auf der anderen Seite.

Ein weiteres signifikantes Charakteristikum der kurzfristigen Zukunft wird der Aufstieg Japans sein. Auf einer Londoner Konferenz Ende des Jahres 1977 wurde ich vom Vizepräsidenten einer der größten japanischen Computerfirmen zum Essen

eingeladen. In ausgezeichnetem Englisch legte er mir die industrielle Strategie seines Landes für die achtziger Jahre in allen Einzelheiten dar. Er hob hervor, daß Japan eine Bevölkerung von etwa hundert Millionen und nur wenige natürliche Ressourcen hat. Japan ist zur effizientesten und erfolgreichsten Wirtschaftsnation nach dem Krieg aufgestiegen. Dies geschah auf der Grundlage eines völligen Neubeginns mit nagelneuen Fabriken, ohne hemmendes industrielles Erbe. Weiterhin erkannten die Japaner scharfsinnig und gerüstet mit einer gehörigen Portion Chauvinismus, welcher Art die Weltmärkte in den fünfziger und sechziger Jahren vermutlich sein würden. Eines stand außer Zweifel, nämlich daß Japan ohne eine gewaltige, exportorientierte Industrie nicht in der Lage sein würde, seine Bevölkerung zu ernähren. England, so sagte er mir, sei aus dem Krieg hervorgegangen mit veralteten Fabriken, einer gravierenden industriellen Bindung an die Vergangenheit, einer deplazierten Einschätzung der Weltmärkte, und dem Irrglauben, irgendwie würde man im rauhen Meer der Ökonomie seetüchtig bleiben. Und ohne die taktlose Bemerkung, wie falsch wir Engländer und wie richtig die Japaner gelegen hätten, erklärte er, daß Japan nun dabei wäre, sich auf die nächste Phase der Zukunft einzustellen.
Die Ölkrise und die verschiedenen weltweiten politischen und wirtschaftlichen Gleichgewichtsstörungen bedeuteten, daß Japan in den kommenden Jahren unfähig wäre, seinen Lebensstandard zu halten, geschweige denn zu steigern; jedenfalls dann, wenn es sich auf so altertümliche Industrien verließe wie Auto-, Kamera-, Tonbandgeräteproduktion. Die Lösung sei simpel und eindeutig. Sein Land habe sich die Führung in der Computerindustrie der achtziger Jahre zu erkämpfen, und zwar so vielseitig, daß Japan mit seinen Produkten die weltweiten Bedürfnisse der nahen Zukunft befriedigen könne. Um dieses Ziel zu erreichen, pumpe die japanische Regierung in dem Jahrzehnt zwischen 1975 und 1985 im Rahmen eines Konsortiums mit Investoren aus der Industrie ungefähr siebzig Milliarden Dollar in die Computerindustrie, drei-

ßig Milliarden davon bis Ende 1979. Damit wäre der japanische Einsatz bereits zur Hälfte unter Dach. Ungefähr halb so viel wie jenes ungeheure Budget würde, nebenbei gesagt, ausgegeben werden für Computertraining und -unterrichtung – etwa drei Milliarden Dollar jährlich. Seit jenem denkwürdigen Lunch hatte ich kaum noch Zweifel, daß Japan die dominierende Computermacht der nächsten Zukunft sein wird. Dies war wohl genau der Eindruck, den mein Gastgeber bei mir zu hinterlassen wünschte.

Die ersten Konsequenzen der Computerrevolution werden in der kurzfristigen Zukunft spürbar sein. Die heftige Reaktion der Presse auf die jüngsten Informationen über die Wunder der Halbleiter-Technologie zeigte deutlich, daß man allerorten Massenarbeitslosigkeit befürchtet. Eine Flut von Schlagzeilen verbreitete Schrecken und Aufregung. In dieser Reaktion liegt ein Körnchen Realismus, denn ausgedehnte Computerisierung muß auf die Beschäftigungsstrukturen beträchtliche Auswirkungen haben. Aus zweierlei Gründen wird das Bild aber bei weitem nicht so düster sein, wie uns ausgemalt wird. Erstens werden sich die Beschäftigungsstrukturen zwar schnell ändern, aber nicht so jäh, wie es zum Beispiel in den zwanziger Jahren in Amerika bei Ausbruch der Depression oder in Deutschland mit dem Zusammenbruch der Mark der Fall war. Zweitens wird in diesem Zusammenhang das Wort »Arbeitslosigkeit« falsch gebraucht. Immer noch beschwört diese Schreckensvokabel das Bild von Männern mit Stoffmützen herauf, die auf einer verregneten Straße nach einem Schlag unentgeltlicher Suppe Schlange stehen. Die neue »Arbeitslosigkeit« wird einen ganz anderen Stellenwert haben. In einem späteren Kapitel werden wir dies eingehender erörtern.

Trotz alldem wird es zu wirtschaftlichen Konsequenzen kommen. Es ist klug, einen einzelnen Industriesektor oder ein einzelnes Beschäftigungsgebiet herauszugreifen, aber die Beispiele der Zeitungs- und Kraftfahrzeugindustrie drängen sich auf, die insbesondere in Großbritannien der Automatisierung vehementen Widerstand geleistet haben. Die Kraftfahrzeugindustrie befindet sich in einem zweifachen Dilemma, denn deren Produkte haben den Zenit des Booms schon überschritten, während die Druckindustrie nicht nur bedeutend überbesetzt ist, sondern gleichzeitig auch noch an antiquierten Produktions- und Distributionsmethoden festhält. Diese beiden Bereiche sind natürlich nicht allein betroffen. Zunehmende Computerisierung und industrielle Automatisierung werden auf Kosten der Arbeitsplätze gehen. Die ersten Auswirkungen sind schon zu spüren, obwohl betroffene krisenanfällige Arbeitsmärkte vom Staat oft subventioniert werden. Die Tage, an denen Regierungen eine solche Stützungspolitik treiben können, sind jedoch fast überall gezählt. Anfänglich wird der Schock zum Teil gemildert werden durch umfängliche Überschüsse und kräftige Überschußzahlungen, durch verstärkte frühzeitige Pensionierung und das Absorbieren möglichst vieler Jugendlicher durch vorberufliche Ausbildungs- oder Studienprogramme. Aber auch solche Maßnahmen versprechen nur für höchstens drei bis fünf Jahre Erfolg; danach wird es ein plötzliches und wahrscheinlich unsanftes Erwachen geben, denn die Strukturen des Arbeitslebens sind im Begriff, sich auf höchst radikale und unwiderrufliche Weise zu wandeln.

Zunächst wird man die Veränderung an der drastischen Verkürzung der Arbeitszeit merken: Dreißig-Stunden-Woche, Pensionierung mit fünfundfünfzig oder gar fünfzig und ein Jahresurlaub von mindestens sechs Wochen. Eine solche Entwicklung müßte freilich mit einer kritischen Überprüfung der sogenannten »Arbeitsmoral« einhergehen. Lassen wir für den Augenblick eine Diskussion darüber, wie die Menschen ihre zunehmende Freizeit nutzen werden, beiseite. Doch die Vorstellung, es sei moralisch verwerflich, nicht die ganze Zeit über hart zu arbeiten (»Müßigkeit ist aller Laster Anfang«), ist in unserer Kultur tief verwurzelt. Andere festverankerte Vorstellungen – zum Beispiel jene von der Überlegenheit des Mannes – sind in der Vergangenheit, das ist wahr, ausgemerzt worden, wenn auch nicht ohne verbissenen Kampf. Wichtiger ist jedoch, daß der Zeitrahmen, in dem diese Wandlungen stattfanden, geräumig genug war, um den Menschen und der Gesellschaft die Anpassung zu ermöglichen.

In der kurzfristigen Zukunft wird der Computer also eine große Herausforderung für die Gesellschaft sein. Deshalb ist es notwendig, daß unsere diffuse Vorstellung von einer computerisierten Welt klaren, eindeutigen Argumenten für oder wider diese Entwicklung weicht. Aus dem, was Zeitungen, Zeitschriften und Fernsehprogramme vermitteln, kann leicht der Eindruck entstehen, daß es bereits eine repräsentative Haltung zu diesem Thema gibt: Mißtrauen und Ablehnung. Dies ist eine irreführende Ansicht, wie jeder, der sich die Mühe macht, mit einer nennenswerten Zahl von Menschen zu sprechen, bestätigen wird. Die meisten Menschen haben kaum eine Vorstellung von dem, was Computer darstellen können oder könnten; sie nehmen lediglich verschwommen Stellung. Zu den üblichen Vorstellungen von den Wesenszügen der Computer zählen blitzende Lichter und Magnetbandspulen, die die Leute dem Fernsehvarieté *Six Million Dollar Man* entnommen haben, oder »intelligente« Computer wie der HAL in »2001« oder K9, der sprechende Hund in DR. WHO.

Die Dürftigkeit der Vorstellungen, die sich die meisten Leute von Computern machen, wird treffend durch die Tatsache demonstriert, daß sich jede Diskussion mit neunzigprozentiger Sicherheit um den Führerscheincomputer dreht, der, begleitet von einem Chor von Mißfallensäußerungen, jüngst im südlichen Wales installiert wurde, oder um eine jener zahlreichen Anekdoten um monströse Gas- oder Stromrechnungen.

In der kurzfristigen Zukunft wird solche Ignoranz ein Ende haben, und zwar hauptsächlich deswegen, weil der Durchschnittsmensch im Alltag zunehmend mit Computern konfrontiert wird. Dies mag der arbeitende Computer sein, in den Informationen eingegeben werden müssen, oder der private

Mikroprozessor, den ein elektronikbesessener Nachbar zu Hause montiert, oder die synthetische Stimme im Telefonhörer, die Informationen über Eisenbahnfahrpläne oder die Wettervorhersage durchgibt, möglicherweise auch der winzige Lehrcomputer, den Schüler benutzen. Es muß nicht ausdrücklich erwähnt werden, daß diesem neuen sozialen Bewußtsein große Veränderungen folgen werden. Zunächst wird ein großes Interesse am Computer als Lernmittel entstehen. Man wird ein Informationsbedürfnis empfinden und versuchen, dieses Bedürfnis – wo immer auch – zu befriedigen. Wer sich mit der neuen Technologie vertraut macht, wird Beschäftigungsmöglichkeiten in Hülle und Fülle finden; dagegen werden jene, die sich ihr verweigern, zunehmende Schwierigkeiten haben, sich in der Gesellschaft zu behaupten. Eine Polarisierung scheint also unausweichlich: Einige gesellschaftliche Gruppen werden auf einer Vielzahl von Beweggründen einen Anticomputer-Block bilden, andere – wiederum aus einer Mischung unterschiedlicher Motive – sich zu Procomputer-Gruppen formieren. Die Zeiten der Indifferenz und Ignoranz indessen werden unwiderruflich vorüber sein.
Der starke Reiz von Spielen und Gimmicks ist schwer zu erklären. Er ist jedoch charakteristisch für die spezifischen Probleme, mit denen wir in Kürze zu kämpfen haben werden. Nervenkitzel spielt dabei sicher eine wichtige Rolle, aber auch eine Faszination von der Technik, die uns bei Militärs bestens bekannt ist. Ich selbst war sowohl überrascht als auch irritiert, wie stark ich mich von derartigen Spielereien angezogen fühlte. Der Wunsch, im Spiel einen Aufgabenkomplex zu meistern, ist eindeutig eine wesentliche Triebfeder; die Möglichkeit des Spiels aber, fortwährend glaubwürdig manche Teilbereiche der eigenen Phantasie auf erregende Weise zu simulieren, ist ebenfalls ein gewichtiger Faktor. Und wenn Spiele wie der »Mondfahrer« nur die ersten »Simulationen des Lebens« mittels Computer sind, welche Steigerungen können wir dann von späteren Versionen erwarten? Das läßt sich als gute, aber auch als schlechte Entwicklung diagnostizieren. Auf den

ersten Blick kann man diesen Trend als Ersatz für die weitgehend passive Unterhaltung duch das Fernsehen betrachten. Begrüßenswerte Rückkehr zur Kreativität? Zweifel seien erlaubt, denn die langfristigen psychologischen Auswirkungen dieser Art von Spieltrieb sind noch unerforscht.

Die Ungewißheit auf einem parallelen Gebiet soll dazu dienen, diesen Punkt herauszuarbeiten. Als ich dieses Buch schrieb, waren die Pädagogen in eine heftige Debatte über den Gebrauch von Taschenrechnern durch Schulkinder verwickelt. Die Frage lautete: Schränkt der regelmäßige Gebrauch dieser Geräte die Fähigkeit eines Kindes, im Kopf oder schriftlich zu rechnen, merkbar ein? Die voreilige Antwort wird ja heißen, denn der Rechenvorgang bedingt Praxis und ständige Übung. Wer darauf verzichtet, kann die erforderlichen Fertigkeiten nicht entwickeln. Eine Anschlußfrage allerdings stellt sich, nämlich ob es denn wirklich von Bedeutung ist, wenn diese Fähigkeiten verkümmern? Die Rechner sind billig, zweckmäßig und rechnen bedeutend schneller als jeder Mensch. Warum soll man sich also Umstände machen und im Kopf mit gewaltigen Summen jonglieren?

An dieser Stelle aber wird es tatsächlich problematisch. Angenommen, die Gewohnheit, im Kopf zu rechnen, stirbt aus – wird dies notwendigerweise die mathematische Denkfähigkeit beeinträchtigen? Könnte nicht das Gegenteil richtig sein? Es ist möglich, daß natürliche und »intuitive« mathematische Fähigkeiten im Augenblick, vielleicht sogar gravierend, behindert werden durch das formale Erlernen trivialer Rechenregeln. Zum Leidwesen der Psychologie, Pädagogik, der Lehrer und Schüler muß man zugeben, daß es auf diese Frage keine Antwort gibt. Wir gehen seit längerem einen Weg, der auf die mathematischen Fähigkeiten des Menschen sehr weitreichende, positive oder negative, Auswirkungen haben könnte, und wir haben nicht nur keine Antworten auf manche der kritischen Fragen, die gestellt werden müssen, sondern wir haben auch noch nicht einmal angefangen, diese Fragen exakt zu formulieren. Zwischenzeitlich geht die Ver-

breitung von privaten Rechnern – und anderen Computerspielzeugen – weiter voran, und da die heutige Generation von Schulkindern gegen Ende dieser Ära erwachsen sein wird, müssen wir abwarten, welcher Meinung die Zukunft Recht gibt.
Mit diesen kurzen Ausblicken in die kurzfristige Zukunft gehen wir mit einer verständlichen Mischung aus Verzagtheit, Aufregung und Ungewißheit zur Betrachtung der mittleren Periode, der Jahre zwischen 1983 und 1990, über.

VIERTER TEIL
Die mittelfristige Zukunft 1983-1990

KAPITEL 7
Exponentielles

Zu Beginn der achtziger Jahre wird die Computerrevolution voll im Gange sein, und selbst jene, die von der Entwicklung der Technologie am weitesten entfernt sind, werden sich deren Fortschritte bewußt machen müssen. Wir werden jedoch kaum Zeit haben, uns rechtzeitig auf die neuen Gegebenheiten einzustellen. Was uns erwartet, können wir nur ahnen. Obwohl die Zukunft der Computertechnologie viele Überraschungen birgt, läßt sich mit aller Wahrscheinlichkeit eine Vorhersage machen: Die Technologie datenverarbeitender Geräte wird die lineare Phase in etwa zehn Jahren verlassen haben und in den exponentiellen Abschnitt der Wachstumskurve treten. Das ist wichtig, denn bei linearem Wachstum bleibt die Zunahme der Veränderungen konstant, folglich läßt sich die Zukunft leichter voraussagen. Bei exponentiellem Wachstum dagegen beschleunigt sich der Zuwachs beständig. Man nennt das dann beispielsweise Wachstum nach dem Exponenten 2. Grafisch dargestellt, ergibt er eine Kurve, die relativ flach ansetzt, jedoch bald zunehmend steiler aufwärts strebt. Um ein Beispiel zu nennen: Man nehme ein Blatt Papier von durchschnittlicher Stärke und falte es fünfzigmal übereinander. Wie dick wird das Papier nach Abschluß Ihres Versuchs sein? Denken Sie daran, daß Sie die Stärke des Papiers fünfzigmal verdoppeln; Sie können deshalb getrost von dessen Höhe sprechen.

Wer mit solchen Zahlenspielen nicht vertraut ist, wird das gefalzte Papier vielleicht auf ein paar Zoll Stärke schätzen. Mutige reden von einigen Fuß, während ganz kühne Geister die Höhe der Nelson-Säule oder gar das Empire State Building in Betracht ziehen. Es gehört schon ein gewisses Abstraktionsvermögen dazu, die Höhe des Papierbergs mit der des Mount Everest gleichzusetzen. Aber auch das ist noch weit gefehlt. Der Papierstapel würde weit über den Mount Everest hinauswachsen, aus der Atmosphäre hinaus bis hinter den Mond, bis er über die Umlaufbahn des Planeten Mars den Asteroidengürtel erreicht. Der Mensch hat keine konkreten Erfahrungen mit dem Exponentiellen. In unserem kurzen Leben begegnen wir normalerweise nur linearer Veränderung; obschon das Universum voller exponentieller Veränderungen ist, sind diese für uns entweder ohne Belang oder unvorstellbar. Die meisten Explosionen, angefangen bei Handgranaten über Wasserstoffbomben bis hin zu den Neuheiten der Waffenindustrie, haben kurzfristig exponentielle Komponenten. Daß wir Probleme wie drohende weltweite Nahrungsmittelverknappung, Bevölkerungswachstum und Verschmutzung der Atmosphäre nicht zu lösen vermögen, sind hervorragende Beispiele für unsere Unfähigkeit, die Folgen exponentiellen Wachstums vorauszusehen.

Dies ist ein wichtiger Gesichtspunkt, denn die Computertechnologie geht in eine exponentielle Wachstumsperiode über, der wahrscheinlich soziale und ökonomische Umwälzungen – zumindest für eine kurze Zeit – mit genau demselben verstandesmäßig nicht faßbaren Tempo folgen werden. Der erste, der dies zur Sprache brachte, war Alvin Toffler, der in seinem 1970 erschienenen Buch »Future Shock« darauf hinwies, daß sich die Welt auf eine Epoche der Veränderungen zubewegt, die die vorhandenen Institutionen bis an ihre Grenzen strapazieren und die psychologische Belastbarkeit über den Zerreißpunkt hinaus überdehnen würden. »Future Shock« wurde als sensationslüstern kritisiert, wenn man es aber jetzt nach vielen Jahren noch einmal liest, wird deutlich, daß Toffler das Ausmaß sogar noch unterschätzt hat, mit welchem die Dinge in Bewegung geraten sind. Sein Buch zeigt scharfsinnig die unmittelbar bevorstehenden technologischen Entwicklungen auf, bezieht sich jedoch an keiner Stelle auf den spektakulärsten Faktor in diesem dramatischen Geschehen: den Mikroprozessor, den es zur Zeit, als Toffler sein Buch schrieb, noch gar nicht gab. Ein Beweis dafür, welche unabwägbaren Folgen eine einzige technologische Erfindung nach sich ziehen kann.

KAPITEL 8
Das Ende des gedruckten Wortes

Die Biologen haben versucht, die entscheidenden Unterschiede zwischen dem Menschen als Spezies und anderen Tieren, insbesondere den höheren Primaten, zu definieren. Ein Unterfangen, das oft unterschätzt wird, denn viele der anscheinend typischen Verhaltensweisen – aufrechte Haltung, Herstellung und Gebrauch von Werkzeug, ein hoher Grad sozialer Organisation, ja selbst der Gebrauch der Sprache, wenn man letzte Studien über Schimpansen, die die amerikanische Zeichensprache benutzen, gelten läßt – erweisen sich als nicht ausschließlich dem Menschen zu eigen. In einer Hinsicht jedoch unterscheidet sich der Mensch qualitativ von allen anderen Tieren: durch den Gebrauch der Schriftsprache.
Die Erfindung der Schrift war die revolutionärste aller menschlichen Erfindungen, denn mit einem Male befreite sie das Individuum und seine beschränkte Kultur von den Ketten, mit denen sie an eine endliche Region des Raumes und einen begrenzten Abschnitt der Zeit gefesselt waren. Mit Hilfe der Schrift konnte ein Mensch Gedanken oder Fakten einem oder mehreren anderen Menschen mitteilen. Einmal schriftlich festgehalten, waren diese Fakten jederzeit zugänglich. Die Bedeutung der permanenten Datenspeicherung ist der wesentliche und vielleicht einzige Grund, weshalb der Mensch die absolut dominierende Kreatur der Erde ist. Alle nichtmenschlichen Tiere nehmen bei ihrem Tode angelerntes Wissen und ihre Erfahrungen mit. Diese gigantische Vorwärtsentwicklung, die in den menschlichen Gesellschaften in den vergangenen zehntausend Jahren stattgefunden haben, liegen in der Fähigkeit begründet, Informationen aufzuzeichnen und für die Nachwelt zu erhalten.
Dem System der Schriftsprache und vergleichbaren Möglichkeiten der Mitteilung haben wir also viel zu verdanken, den-

noch haben sie ihre Grenzen. Da die Informationsflut auf der Erde stetig zunimmt – man schätzt, daß die Wissenschaft allein pro Jahr an die sechs Millionen neue Fakten hervorbringt –, wird es folglich immer komplizierter, die Informationen zu speichern. Bücher und Dokumente lassen sich bis zu einem gewissen Grade ordnen und bibliographieren. Aber eben nur bis zu einem gewissen Grade, denn von einem bestimmten Umfang an wird dieses Verfahren unwirtschaftlich. In vielen Bereichen sind die Kosten für die Unterbringung schriftlicher Aufzeichnungen, von denen die Organisation abhängig ist, so hoch geworden, daß sie die Löhne und Gehälter derjenigen, die mit ihnen umgehen, also der Angestellten und des Verwaltungspersonals, übersteigen. Desgleichen wird der Datenabruf zunehmend schwieriger. In den Anfangstagen der Buchführung reichte ein einfaches, von A bis Z gegliedertes Ablagesystem aus.

Wie so viele andere Probleme unserer modernen Gesellschaft wurde auch dieses von der Science-fiction-Literatur treffend antizipiert. Einer dieser Geschichten ist zu entnehmen, daß trotz der Verwendung von Mikrofilm und anderen datenkomprimierenden Vorrichtungen für die Datenspeicherung neunzig Prozent der Erdoberfläche überlassen werden mußten, die Erdbewohner mußten sich auf winzigem Lebensraum zusammendrängen. Gewaltige künstliche Satelliten, und später auch der Mond, wurden als Ablageräume in Anspruch genommen. Jahrhunderte verstreichen; die Informationen nehmen erbarmungslos zu, desgleichen die Speicherungsprobleme, bis schließlich alle Planeten des Sonnensystems vollgestopft sind mit Aktenspeichern. Die Geschichte schließt mit einer Expedition in interstellare Räume, die nicht etwa wissenschaftlicher Forschung dient, sondern der Suche nach neuen Welten als Abladeplatz für die irdischen Aufzeichnungen und Unterlagen. Am Ende ihrer Reise jedoch stößt die Expedition auf eine fremde Raumflotte, die in identischer Mission sozusagen aus der Gegenrichtung kommt. Wie fast jede Science-fiction-Geschichte, so übertreibt und verzerrt zwar auch diese. Sie gibt aber nichtsdestoweniger einen eindrucksvollen Hinweis auf das, was uns bevorstehen kann. Jede Informationenspeicherungstechnik, die auf geschriebener oder gedruckter Begriffswiedergabe beruht, hat einen kritischen Punkt, nämlich die Größe der einzelnen Dateneinheiten. Buchstaben und Wörter dürfen nicht zu klein sein, sonst kann man sie zwar abrufen, aber nicht mehr lesen.

Solange dies die einzig gültige Methode der Datenregistrierung bleibt, werden die Papier-, Druck-, Distributions- und Lagerkosten ein immerwährendes Problem bleiben. Auch die Informationsspeicherung mittels Mikroprozessoren wird der Menschheit nicht aus ihrem Dilemma helfen. Dennoch scheint schon heute eines festzustehen: Das Buch, so wie wir es kennen und unsere Vorfahren es schufen und pflegten, wird in naher Zukunft langsam, aber sicher anderen Kommunikationsformen weichen.

Das Buch ist eines der Kulturgüter der Menschen. Man sollte also nicht oberflächlich von dessen Niedergang und endlichem Verschwinden aus unserer Zivilisation reden. Dennoch sind seine Tage aus verschiedenen Gründen gezählt. Bücher und Computer haben ein wichtiges Merkmal gemein – beide dienen der Speicherung von Informationen –, und anhand von mindestens drei Charakteristika ist der Computer dem Buch so haushoch überlegen, daß sich jeder Vergleich erübrigt.

Beziehen wir uns zunächst auf die Größe der elementaren Dateneinheit. Im Falle des Buches ist diese das gedruckte Wort bzw. die gedruckte Zahl, deren Breite bzw. Höhe sich etwa zwischen zwei und fünf Millimetern bewegt. Die Dateneinheit des Computers ist jedoch eine elektronische Schaltung, deren Dimensionen man in Hundertstel-, ja Tausendstelmillimeter ausdrücken muß. Selbst mit bereits vorhandenen Mikroprozessortechniken können literarische Informationen mindestens im Verhältnis 10000:1 komprimiert werden, und zu gegebener Zeit wird man den gesamten Inhalt eines Buches auf einem einzelnen Silizium-Chip unterbringen können. Das aber ist erst der Anfang. Wenn die Techniken der

Datenkomprimierung ihre gegenwärtige Entwicklung fortsetzen, wird es gegen Ende der achtziger Jahre möglich sein, den Inhalt sehr dicker Bücher, vielleicht sogar ganzer Buchreihen, auf einem Mikrochip und eine komplette Bibliothek in dem ungefähren Volumen eines heutigen Paperbacks zu speichern.

Vor dem Aufkommen des Buchdrucks war jedes Buch ein Einzelstück; ein Schreiber schrieb ein gesondert fertiggestelltes Original ab, und die Kosten mußten zu der Zeit in Beziehung gesetzt werden, die er für die Übertragung benötigte. Während das Schriftsetzen ein relativ kunstfertiges und mühsames Geschäft war, drückte die automatische Faksimileherstellung die Kosten der Bücher und machte das in ihnen enthaltene Wissen einem breiteren Publikum zugänglich. Diese Informationslawine blieb natürlich nicht ohne gravierende Folgen: Die etablierten Religionen und die sozialen Werte des Mittelalters wurden in Frage gestellt; die intellektuelle Erhebung der Renaissance und die industriellen und wissenschaftlichen Umwälzungen des achtzehnten und neunzehnten Jahrhunderts sind ebenfalls auf die Erfindung des Buchdrucks zurückzuführen.

Das Wesentliche an Büchern ist eben, daß sie im Vergleich zu handgeschriebenen Manuskripten billig und deshalb von fast jedermann zu kaufen sind. Chips aber sind noch billiger, und zwar in einem Maße, das die preisliche Differenz zwischen handgeschriebenen und gedruckten Manuskripten geradezu lächerlich erscheinen läßt. Die Anfangskosten, die durch das Komprimieren eines Buches in die Gestalt eines Chips entstehen, werden zweifellos nicht niedriger als die gegenwärtigen Satzkosten sein, von dem Augenblick an aber spricht die Kosten/Nutzenrechnung eindeutig für den Computer. Wohl wahr, ein Buch mit Millionenauflage kann auf einem attraktiven Preisniveau gehalten werden – man kann den neuesten Harold Robbins als Taschenbuch für weniger als zehn Mark bekommen –, der größte Teil dieser Summe entfällt jedoch auf die nicht reduzierbaren Rohstoff- und Verteilungskosten und die Gewinne der Buchhändler. Gegen Ende der achtziger Jahre könnte ein computerisiertes Gegenstück für rund fünfzig Pfennig zu haben sein, denn die Rohstoff- und Verteilungskosten werden im Zuge der Miniaturisierung sensationell reduziert.

Der vertreibende Buchhandel wird also seinem allmählichen Niedergang ins Auge sehen müssen, denn wenn Computerbücher dutzendweise in kleinen Umschlägen mit der Post versandt oder zu einem späteren Zeitpunkt gar per Draht oder Mikrowellen spontan übermittelt werden können, scheint es unausweichlich, daß Direktverkäufe vom Verleger an den Kunden das Buchgeschäft beherrschen werden. Die Gewinne am einzelnen Titel werden sinken, die Kosten einer einzelnen Arbeit aber werden so niedrig sein, daß viele Menschen in der Lage sind, jedes publizierte Werk zu kaufen, statt ihrem Geldbeutel entsprechend eine beschränkte Anzahl von Büchern auszuwählen, mit einem Wort: wesentlich breitere Bevölkerungsschichten könnten beliebig viel »Informationen« kaufen.

Der dritte Erfolgsfaktor der Computer schien ursprünglich nicht zugunsten der neuen Technologie ins Gewicht zu fallen. Bücher herkömmlicher Art speichern nicht nur Informationen, sie sind auch von jedermann zu benutzen, der Lesen gelernt hat. Man nimmt das »Speichergerät« in die Hand, klappt den Deckel auf und findet dann, zu Wörtern codiert, die gesuchte Information, ein ebenso bequemer, ästhetisch befriedigender Vorgang. Der Chip oder das Computerbuch ist jedoch ein Stückchen Silizium, das die in Maschinencode verschlüsselten Informationen birgt, im Grunde genommen eine Reihe von Zustandsbeschreibungen nach dem binären Prinzip. Sie lassen sich mit bloßem Auge nicht entziffern, und selbst unter einem Hochleistungsmikroskop würde man nur die winzigen Transistoren sehen, die ihre elektronischen Signale festhalten. Deshalb braucht man ein Übertragungsgerät, um ein elektronisches Buch lesen zu können – ein Gerät, welches die Anordnung der Transistoren abtastet, deren Codes interpretiert und in eine beliebige Sprache umsetzt.

Die Datenausgabeterminals der späten achtziger Jahre werden ungefähr die Größe eines durchschnittlichen Buchformats haben, auch wird man davon nur einen einzigen brauchen. Die Größe der Bildschirme, auf denen der Text erscheint, werden den individuellen Bedürfnissen entsprechend schwanken. Die Geschwindigkeit der Textwiedergabe mit automatischem »Umblättern« wird variabel sein. Desgleichen ließen sich mehrfarbige Wiedergabe und eine Vielzahl unterschiedlicher Schriftbilder einstellen, wohingegen sich die Schrift für Kinder, Schwachsichtige und diejenigen, die gerade lesen lernen, in großen Buchstaben projizieren ließe. Diese Entwicklungen sind nicht etwa utopische Träumereien. Vom Computer geschaffene »Bücher« dieser Art, bei denen, anstelle von bedruckten Seiten, Fernsehgeräte als Medium verwendet werden, kann man schon heute bauen, und die ersten kommerziellen Ausführungen dürften zu Beginn der achtziger Jahre auf dem Markt sein. Wie bei aller Technologie, die in Massenproduktion herstellbar ist, werden auch hier die Preise drastisch sinken und die Produkte sich deshalb vom Luxusartikel zum allgemeinen Konsumgut entwickeln.

Bibliophile werden nun den Einwand erheben, daß elektronische Bücher, obwohl sie billig und bequem benutzbar wären, keine der Eigenschaften besitzen, die das herkömmliche Buch befriedigt; die ästhetische Gestaltung eines Einbands beispielsweise oder das schöne Bild einer bestimmten Schrift. Aber vergessen wir nicht, daß auch dieser Punkt eine Frage der Gewöhnung ist. Die Industrie wird Mittel und Wege finden, die Chips so attraktiv herzustellen, daß auch eingefleischte Bücherfreunde ihren anfänglichen Widerstand überwinden.

Bislang haben wir über das Buch als Unterhaltungs- und Informationsmedium gesprochen, und insofern unterscheiden sich die »Bücher« der achtziger Jahre im Prinzip nicht von den heutigen. In einer Beziehung aber sind sie anders, und genau hier wird die Revolution des elektronischen Buches ihre stärksten Auswirkungen haben.

Das Buch, so wie wir es kennen, ist im wesentlichen ein passiver Gegenstand; es übermittelt nur Informationen von einem Verstand (dem des Verfassers) zu einem anderen (dem des Lesers). Das Buch der achtziger Jahre aber wird diese passive Rolle überwinden. Wörterbücher, um das einfachste Beispiel zu nennen, werden auf Abruf ganze Bündel ergänzender Informationen ausspucken. Man tippt in das Lesegerät ein Wort oder einen Satz ein, der das Problemfeld beschreibt, und der Computer wird antworten, nachdem er wahrscheinlich mit ein oder zwei Fragen Inhalt und Zielrichtung der gewünschten Information untersucht hat. Angrenzende Bereiche und zweckdienliche Hintergrundinformation werden also gleich mitgeliefert. Viele Enzyklopädien und »Studienkurse« versuchen gegenwärtig, solche Leitfäden an die Hand zu geben, sie sind aber nur sinnvoll, wenn der Anwender sie zu benutzen versteht und genau weiß, welche Information er begehrt. Die »gescheiten« Enzyklopädien der späten achtziger Jahre werden das Nachforschen selbst übernehmen, für jeden, der Zugang zu irgendeiner der in ihnen enthaltenen komplexen Informationsstrukturen braucht, werden sie buchstäblich als Studienpartner tätig werden.
Was wir in einem früheren Kapitel als »Fähigkeit zur Textverarbeitung« bezeichnet haben, wird für die Zukunftsversion des Buches erstmalig auf künstliche Intelligenz bauen. Dazu allerdings muß das Gebiet der Computersoftware noch entscheidend weiterentwickelt werden. Ehe ein Wörterbuch gewissermaßen »seinen Inhalt kennt« – und genau das wird man von ihm verlangen –, muß es wissen, an welchen Stellen seines Speichers die verschiedenen Wörter angesiedelt sind, und es muß Begriffe miteinander in Verbindung bringen können. Nehmen wir an, man wollte ein Paket wichtiger Informationen über Luftverschmutzung abrufen: Das Gerät muß »wissen«, daß Informationen über industrielle Abfallprodukte, Ölressourcen, rauchlose Brennstoffe, über die Schwierigkeiten einer Gesetzgebung zugunsten »sauberer Luft«, Solarenergie usw. von Belang sind, dagegen müssen vereinzelte

Informationen über andere Arten von Verschmutzung übergangen werden.
Die Überprüfung und Einordnung der Begriffe ist für einen Menschen relativ einfach, für Computer indessen angesichts ihrer gegenwärtig noch recht dürftigen Intelligenz zu schwierig. Auch wird man Computer nicht so ohne weiteres mit Programmen ausstatten können, die sie zu solchen Operationen befähigen. Computerwissenschaftler, die sich zur Zeit mit dem Gebiet der Maschinen- oder künstlichen Intelligenz befassen, setzen jedoch ihren ganzen Ehrgeiz darein, die Arbeit der Geräte in der beschriebenen Weise zu verselbständigen. Eine wahrhaft abenteuerliche Perspektive! Bei Unterricht und Ausbildung könnte das dynamische Buch eine atemberaubende Rolle spielen, so daß Industrie und Handel nicht länger auf die Nutzung derart gravierender Vorteile verzichten wollen. In einer kapitalistischen Welt gewinnen die manchmal fast zur Bedeutungslosigkeit herabgewürdigten Kräfte des Marktes; soweit wäre auch die Finanzierung der künstlichen Intelligenz gewährleistet. Die Computer der Zukunft werden Freiheiten schaffen, aber auch Freiheiten einschränken. Keine Industrie und keine Verwaltung wird sich der alles niederwalzenden Macht auf Dauer widersetzen können. Der Computer wird sich Übergriffe auf das Leben des Individuums leisten, die bislang in demokratischen Staaten unantastbar zu sein schienen.

KAPITEL 9
Das Absterben der Berufe

Ein entscheidendes Merkmal der zweiten Phase der Computerrevolution wird der langsame Rückgang der etablierten Berufe sein. Dies wird die Öffentlichkeit vielleicht mehr beeindrucken als die Auswirkungen im Bereich der hoch und mittelmäßig qualifizierten Arbeit, und das, obschon die Vorstellung von jäher Arbeitslosigkeit in der Industriearbeiterschaft in den Mittelpunkt der Diskussion rückt.

Die Anfälligkeit der Berufe hängt von ihrer Gebundenheit an spezifische Fachkenntnisse ab. Auf fast allen Ebenen wird der Computer einschneidende Strukturveränderungen vornehmen. Er wird Krankheitssymptome, die gegenwärtig noch der Auswertung von Ärzten unterliegen, ebenso analysieren, wie die Arbeit von Finanzbeamten und Buchhaltern. Auch das erschreckend verwirrende Justizgefüge wird bald ohne die Hilfe von Computern nicht mehr auskommen und die Arbeitsplätze vieler Juristen gefährden. Es ist wichtig, die soziale Funktion der genannten Berufe nicht zu unterschätzen und sich genau zu überlegen, was es bedeutet, wenn gravierende Teile dieser Arbeit von Computern übernommen werden.

Es ist nicht verwunderlich, daß Angehörige privilegierter Berufe, zu denen sie nur durch eine langjährige und kostspielige Ausbildung befähigt sind, ihr Wissen und ihre Privilegien nach außen abschotten. Sie können ihren Status nämlich nur so lange wahren, wie der Öffentlichkeit die Interna eines Berufsbildes vorenthalten werden.

Für diesen Mechanismus gab es in der Vergangenheit zahlreiche Beispiele. Früher wurde die Kunst des Lesens und Schreibens von der Mehrheit der Menschen den großen Geheimnissen des Daseins zugerechnet. Personen, die diese Kunst beherrschten, konnten für ihre Dienste ein gutes Entgelt verlangen. Die Kleriker etwa, einst als einzigartige moralische und geistige Instanz kritiklos verehrt, konnten sich aufgrund ihres Herrschaftswissens einen außerordentlichen Lebensstandard leisten. Der Leser mag nun einwenden, daß der Unterschied zwischen den Fähigkeiten zu lesen und zu schreiben und denen, ein wissenschaftliches Urteil zu fällen oder eine medizinische Diagnose anzufertigen, ein beträchtlicher sei. Der Unterschied ist jedoch recht relativ, denn obwohl es für die meisten von uns heute selbstverständlich ist, lesen und schreiben zu können, haben wir vor spezifischer Fachausbildung noch immer einen übertriebenen Respekt. Letztendlich sind auch die Grundlagen moderner, qualifizierter Berufe nichts weiter als Informationen, die jeder durchschnittlich intelligente Mensch sich aneignen und verarbeiten kann, wenn man ihn nur die Denkschemata des betreffenden Gebiets lehrt. Dies läßt sich kaum besser demonstrieren, als am Beispiel des Gesprächs zwischen Arzt und Patient, ein Thema, das die Computerfachleute seit fast zehn Jahren zu erforschen suchen.

Der Laie hält die Fragen, die ein Arzt dem Patienten beim ersten Besuch stellt, für ungewöhnlich gescheit; es entsteht der Eindruck, der Arzt nähere sich seinem Ziel mit dem Laien nicht zugänglicher Fachkenntnis. Aufgrund der gesammelten Informationen stellt der Arzt seine »Diagnose« – eine Eingrenzung, an welcher der vielen möglichen Krankheiten der Patient leidet –, und dann wählt er aus einer scheinbar unermeßlichen Auswahl von Heilmitteln jenes, das mit größter Wahrscheinlichkeit zur Heilung führt. In den meisten Fällen erholt sich der Patient, und die eindrucksvoll komplizierte medikamentöse Therapie hat sich wieder einmal selbst bestätigt. Dies alles mag dem Laien erstaunlich erscheinen, aber bei näherem Hinsehen entpuppt sich die hehre Wissenschaft als weit weniger anspruchsvoll. Die Eingangsfragen zur Krankengeschichte (Anamnese sagen die Mediziner) lassen sich leicht formalisieren, und die vorläufige Diagnose – zum Beispiel der Verdacht auf ein Magengeschwür – und die Entschei-

dung über weitere Untersuchung und Behandlung – die Empfehlungen einer Röntgenaufnahme, eine besondere Diät usw. – folgt in der Mehrzahl der Fälle mehr oder weniger aus der automatischen Auswertung der Daten.
Es wurden bereits Computerprogramme erstellt, die bei einer Vielzahl von alltäglichen Beschwerden zufriedenstellende Krankengeschichten schreiben, einfache Empfehlungen zu anschließenden Untersuchungen geben und sogar provisorische Diagnosen stellen. Sie tun all dies so gekonnt, daß die Mehrheit der befragten Patienten den Computer dem Arzt vorzieht. Ein deutlicher Beweis dafür ist, daß viele Patienten dem Computer ihre Geheimnisse offener anvertauen als der Respektsperson im weißen Kittel. In einem Glasgower Krankenhaus wurden einige Patienten mit Verdacht auf Alkoholismus mittels eines speziell ausgearbeiteten Computerprogramms befragt; dem Computer gegenüber gaben sie fünfzig Prozent mehr Alkoholkonsum zu, als sie dem gut ausgebildeten Beratungspersonal der Klinik eingestanden hatten. Bei anderen Versuchen packten Patienten in psycho-sexuellen Beratungsstellen einem Computer gegenüber fast eifrig ihre Probleme aus – vor Psychiatern dagegen, die schließlich gelernt hatten, Schwellenängste abzubauen, zeigten dieselben Patienten starke Hemmungen. Diese Beispiele treffen natürlich nur für den medizinischen Bereich zu, sie zeigen aber, daß die Barrieren der Mystifikation, mit denen sich manche Berufe umgeben, zu wanken beginnen. Viele Computerfachleute und Ärzte sind heute schon davon überzeugt, daß in den achtziger Jahren weite Bereiche der medizinischen Praxis ihre Geheimnisse dem Computer überlassen werden.
Zunächst einmal wird man in Krankenhäusern all jene Routinebefragungen, Röntgendiagnosen und Anweisungen zur Medikamentation an Computer delegieren, die am Anfang jeder Therapie stehen. Desgleichen wird es einen Transfer der Patienten-Akten geben: fort von den ineffizienten und teuren Ordnern und Heftern – dem Verhängnis jeder Krankenhausverwaltung – und hin zur Systematisierung durch Zentralcom-

puter. Auf diese Weise sind wichtige Daten jederzeit abrufbar. Befürchtungen, daß Unbefugte Mißbrauch mit einer solchen Datenbank treiben könnten, sind weitgehend unbegründet, denn Computeraufzeichnungen lassen sich mit einfachen Codesystemen und von Computern durchgeführten Kontrollen leicht gegen neugierige Blicke abschirmen.

Die Angst vor einer reinen »Apparatemedizin« ist zwar verständlich, aber dennoch unbegründet. Zunehmende Computerisierung wird den Patienten mehr Kontakt mit dem Arzt bringen, der nicht mehr viel Zeit benötigt, Informationen zu erfragen oder aus seiner Kartei herauszusuchen. Freiraum für Wichtigeres, nämlich für das für jede Therapie entscheidende persönliche Gespräch, wird so geschaffen. Auch werden Betrachtungen und Diagnosen durch den Computer niemals dazu führen, daß das Elektronenhirn wichtige Entscheidungen fällt. Eingesetzt wird der Computer lediglich für zeitraubende medizinische Routinearbeiten. Er entlastet den Arzt, mehr nicht. Die Horrorvision, daß eines fernen Tages Operationen nicht mehr von Chirurgen, sondern von Computern durchgeführt werden, bleibt ein Regieeinfall zweitklassiger Science-fiction-Regisseure. Dennoch sollen diese Argumente die Tendenz zur Technisierung der Medizin nicht verharmlosen. Effizienz und Kostenreduzierung sind reizvoll und haben das Selbstverständnis der Ärzte schon auf bedenkliche Weise verändert.

Ähnliches gilt für den Bereich der Justiz, der dem Laien noch verwirrender und undurchsichtiger erscheinen mag. Auch hier wird der Computer Routinearbeiten erledigen. Rechtsprechung orientiert sich an Präzedenzfällen, die oft sehr weit zurückliegen, also an Informationen, für deren Verarbeitung der Computer geradezu prädestiniert ist.

In welchem Umfang juristische Arbeit in den achtziger Jahren von Computern übernommen wird, hängt davon ab, inwieweit es gelingt, Begriffe der Rechtsprechung in Computerterminologie zu übersetzen. Vermutlich wird der stärkste Impuls in diese Richtung von großen Unternehmen ausgehen, die daran interessiert sind, ihre interne Bürokratie wenigstens in dieser Hinsicht zu vereinfachen.

So merkwürdig es klingt, gewisse Parallelen zwischen Medizin und Recht lassen sich nicht verleugnen. So wie es in der Medizin Spezialisten – etwa die Chirurgen – geben wird, deren Arbeitsplätze vom Vormarsch der Computer nicht im mindesten bedroht sind, so ist es kaum vorstellbar, daß Computer den Berufsstand der Anwälte ernsthaft gefährden können. Weder kann ein Computer die handwerkliche Geschicklichkeit und Berufserfahrung des Chirurgen ersetzen noch das psychologische Einfühlungsvermögen und die rethorische Brillanz eines Rechtsanwalts.

Ein weiterer Beruf, dem große gesellschaftliche Anerkennung gezollt wird, ist der Lehrberuf – obwohl er niemals den sozialen Status oder die wirtschaftliche Stellung der Medizin oder Jurisprudenz erreicht hat. Auch hier zeigen sich deutliche Parallelen zu den beiden anderen Berufen. Viele Berufe erfordern eine lange und kostspielige Ausbildung. Leider ist damit aber noch nicht gewährleistet, daß eine hochqualifizierte Fachkraft ihr Wissen so effizient einsetzen kann, wie es theoretisch möglich sein sollte. Noch der beste Arzt oder Rechtsanwalt muß sich mit so vielen Banalitäten abgeben, daß er selten dazu kommt, seinem Können entsprechend zu arbeiten. Individuelle medizinische Betreuung und Schulunterricht, der jeden Schüler motiviert, sind eindeutig wünschenswerte Ziele. Sie sind jedoch auch in der reichsten Gesellschaft nicht zu finanzieren. Was sich bisher nur Reiche und Mächtige leisten konnten, wird aber schon in nächster Zeit allen Bürgern offenstehen: personenbezogene ärztliche Behandlung und Lehrprogramme, die den Talenten des einzelnen entgegenkommen.

Trotz dieser reizvollen Perspektive wird es problematisch sein, Computer in das Erziehungswesen einzuführen. Zum einen nämlich weiß man immer noch nicht, welches die besten Lehrmethoden sind. Wir wissen nicht einmal, wie der Mensch überhaupt lernt oder woran es liegt, daß man das eine besser aufnimmt als das andere. Man weiß, daß die Motivation eine gewisse Rolle spielt, und nimmt an, daß Intelligenz von Bedeutung ist. Lob und Tadel beeinflussen das Lernverhalten ebenfalls, wenn auch nicht in dem Maße, wie uns manche Leute glauben machen wollen. Soziale Interaktion, also die Haltungen gegenüber den Lehrern, anderen Schülern, den Schulen usw., kann das Lernen fördern oder hemmen. Wir müssen indessen einräumen, daß die Menschheit sich jahrtausendelang mehr oder weniger vergeblich darum bemüht hat zu definieren, was der Lehrer eigentlich tut, wenn er lehrt, und wie der Schüler lernt, wenn er unterrichtet wird. Nur wenn wir diese Vorgänge verstanden haben, kann es eine Wissenschaft von Lehre und Erziehung geben, die diesen Namen wirklich verdient.

Zum anderen ist die Bereitschaft der Fachleute, ihr lückenhaftes Wissen vor sich selbst und vor anderen zuzugeben, nur äußerst gering. Es war dieser Mythos von der Erforschbarkeit psychologischer Lernvorgänge, der zu den katastrophalen Experimenten mit Lehrmaschinen, programmierten Lehrbüchern und dergleichen führte, der in den späten fünfziger und frühen sechziger Jahren die Pädagogen in Verwirrung stürzte.

Lehrmaschinen (dabei handelte es sich natürlich nicht um Computer) haben sich niemals richtig durchsetzen können, nach kurzer Zeit werden sie wieder abgeschafft. In den Kellern mancher Schulen verstauben sie zwischen veralteten Lehrbüchern und ganzen Sortimenten von nichtmetrischen Meßgeräten. Im allgemeinen handelte es sich dabei um Kästen, die etwa so groß wie ein Fernsehgerät sind, elektrisch steuerbare Projektoren, die mit Diapositiven arbeiten. Bei »fortschrittlicheren« Konstruktionen wurde die Dia-Trommel durch Filmstreifen ersetzt, die sich mit Einzelbildschaltung abspielen ließen, für kurze Sequenzen aber auch so, daß man den Eindruck normaler Bewegungsabläufe gewann. In manchen Fällen kam eine Tonspur hinzu. Der Schüler saß vor dieser Apparatur und antwortete auf Fragen, die auf dem Bild-

schirm erschienen. Aus einer beschränkten Anzahl von Knöpfen konnte er den »richtigen« tasten.
Diese Maschinen waren nach Entwürfen B.F. Skinners, eines Harvard-Psychologen, konstruiert. Skinner hatte die Bedeutung von Belohnungen und Strafe vorwiegend am Verhalten von Ratten getestet, die mit Futter dressiert wurden.
Nach jeder richtigen Entscheidung konnten die Schüler von einem Dia etwas Ermutigendes ablesen: »Gut gemacht! Du hast ganz recht!« Hatten sie etwas falsch gemacht, stand auf dem Dia etwa »Nein, das ist nicht richtig. Du hast das und das nicht berücksichtigt. Drück jetzt den Retour-Knopf und versuch es noch einmal.« Nach Drücken des Retour-Knopfes wurde man erneut mit der vorigen, zur Entscheidung stehenden Situation konfrontiert, dieses Mal aber war die »richtige« Entscheidung leicht auszumachen, und man konnte zur nächsten Phase des Programms übergehen. Am Ende der »Unterrichtsstunde« zählte die Maschine das Ergebnis nach einem Punktsystem aus.
Selbst bei einiger Unvoreingenommenheit gegenüber derartigen Verfahren, kann es nicht verwundern, daß sie letztendlich erfolglos blieben. Man hatte die »dynamische« Komponente der Programme einfach überschätzt. Zugegeben, in jedem Stadium des Ablaufs hatte der Schüler die Wahl, manchmal zwischen drei oder mehr Möglichkeiten, dies aber war kaum genug, »Zufallstreffer« auszuschließen. So konnten auch ungebildete oder weniger intelligente Schüler Ergebnisse erzielen, die ihrem Leistungsstand in keiner Weise entsprachen. Tastete der Schüler obendrein ein falsches Stichwort, wurde er wieder und immer wieder mit denselben Worten auf seinen Mißerfolg hingewiesen, eine Tatsache, die alle, die solche Maschinen je benutzten, regelrecht hassen lernten. Die Maschinen schlossen individuelle Förderung aus und nahmen vielen Schülern die Motivation. Darüber hinaus waren sie wegen ihrer empfindlichen Einzelheiten wie Tonbandgeräte und Diaprojektoren weder robust genug, die häufig unsachgemäße Bedienung zu überstehen, noch billig. Programmierte

Lehrbücher waren zwar bei weitem nicht so teuer, weniger empfindlich und einfach zu handhaben, aber weder konnten sie rein inhaltlich den Lernprozeß dynamisieren, noch motivierten sie die Schüler stärker als andere Lehrmittel.

Rückblickend ist es immer leicht, die Schwächen einer Methode aufzudecken. Kaum einer will sich dann erinnern, warum man sie ursprünglich so attraktiv fand, auch wenn viele Verlage und andere Hersteller audiovisueller Programme in der ersten Begeisterung vergeblich große Geldummen investierten. Zwei fundamentale Fehleinschätzungen sind dafür verantwortlich: daß wir etwas über die Prinzipien eines guten Unterrichts wüßten und daß diese Prinzipien im wesentlichen einfach zu erkennen und deshalb in eine Maschine leicht einzuspeisen wären.

Es gibt einen dritten Grund, weshalb CAI oder CAL, wie man computerunterstützte Lehrprogramme abkürzt, nur langsame Fortschritte machten. Wenn man die Entwicklungsgeschwindigkeit der Computertechnologie und -verbreitung voraussagen will, ist diese Tatsache von großer Bedeutung. Bis heute ist es nämlich recht unwahrscheinlich, daß der Markt für automatische Lehrmittel nennenswerte Profite abwirft. In der kapitalistischen Welt können sich jedoch nur Waren behaupten, die große Gewinne erwarten lassen. Dies gilt schon für das Vorstadium der Forschung. Bislang also hatte die Förderung computerisierter Lehrprogramme kaum eine Chance. Die Standpunkte beginnen sich jedoch zu wandeln.

Allerorten setzt sich nämlich die Erkenntnis durch, daß nationaler Wohlstand in hohem Maße von den Bildungsstandards der Bevölkerung abhängt. Etwa im Jahre 1975 übertrafen zum ersten Male die weltweit zusammengerechneten Etats für Bildungsprogramme entsprechende Verteidigungs- und Militärhaushalte, eine Tendenz, die in der Öffentlichkeit mit Überraschung aufgenommen wurde. Wie man eine solche Verschiebung interpretieren kann, ist Frage des politischen Standpunkts. Vielleicht ist es nicht nur Wunschdenken, wenn man glaubt, daß die Politiker hier und da vernünftig werden und versuchen, den Frieden zu sichern, indem sie Unwissenheit überwinden helfen. Immer mehr Geld wird jetzt in Erziehungssysteme gepumpt, und so bleibt offen, warum nicht schon heute eine erziehungsorientierte Industrie existiert. Zwar werden Milliarden für Bau und Unterhaltung von Schulen und Universitäten ausgegeben, abermals Milliarden für die Ausbildung von Lehrern, Dozenten und Professoren, doch davon wird der Löwenanteil aller finanziellen Zuwendungen auch schon aufgefressen. Bücher und andere Lehrmittel kommen zu kurz, von der Investition in pädagogische Forschung – der wohl wichtigsten Seite des Erziehungsproblems – ganz zu schweigen.

Bislang war der einzig profitable Zweig der Lehrmittelindustrie die Lehrbuchpublikation und ihr verwandte Bereiche, gefolgt von Bleistift- und Radiergummiproduktion. Die Einschränkung »bislang« soll uns daran erinnern, daß ein großer Prozentsatz der Schüler in Amerika und Europa heute Taschenrechner besitzt. Sie schwimmen auf der ersten Welle einer neuen Palette von Produkten, die im Laufe der achtziger Jahre das Erziehungssystem verändern und gleichzeitig eine neue Industrie schaffen wird. Die Taschenrechner sind wichtige Indikatoren für die Entwicklungsrichtung; und das Tempo, in dem sie die westlichen Schulen erobert haben, zeigt deutlich, was uns schon die nächste Zukunft bringen wird. Man sollte sich allerdings nicht darüber täuschen, daß der Reiz der Taschenrechner vornehmlich in ihrer Spielzeugfunktion zu suchen ist.

Zweifellos nämlich wird es schon bald individuelle Lehrcomputer geben, die nicht größer sind als ein durchschnittlicher Taschenrechner und eben auch nicht teurer. Der Prototyp dieser Geräte (sie tragen vorläufig den Namen MINNIE und wurden vom National Physical Laboratory in England entwickelt) ist der Beschreibung wert, denn er ist gewissermaßen repräsentativ für nachfolgende Computergenerationen auf diesem Sektor. Auf den ersten Blick sieht MINNIE wie ein normaler Taschenrechner aus, sie hat auch etwa das gleiche Gewicht.

Bei näherem Hinsehen entdeckt man jedoch mehr Tasten als bei einer typischen Vier-Spezies-Maschine: nicht nur für die Ziffern von 0–9 und jeden Buchstaben des Alphabets, sondern auch für »Zwischenraum«, »Löschen« und weitere Funktionen jeweils eine Taste, bei deren Betätigung die entsprechende Zahl oder der entsprechende Buchstabe auf der Anzeigetafel erscheint. Schaltet man das Gerät ein, wird man zunächst »begrüßt«, etwa wie folgt: HALLO, ICH HEISSE MINNIE. ICH BIN EIN ENGLISCH-FRANZÖSISCHES WÖRTERBUCH, KANN ABER AUCH IHRE FRANZÖSISCHKENNTNISSE TESTEN. WAS IST IHNEN LIEBER, WÖRTERBUCH ODER TEST? Entscheidet man sich für ersteres, tippt man den Buchstaben D ein; daraufhin wird man gebeten, sich für Französisch-Englisch oder Englisch-Französisch zu entscheiden. Für jedes Wort, das man anschließend eingibt, liefert MINNIE die passende Übersetzung. Den Wortschatz überprüft MINNIE, indem sie Wörter aneinanderreiht, die übersetzt werden müssen. Die Maschine gibt an, ob man es richtig oder falsch gemacht hat. Nach drei erfolglosen Versuchen bringt sie von selbst die korrekte Übersetzung. Ist die Übung zu Ende, wirft die Maschine das erzielte Ergebnis aus.

Die älteste Version besaß ein nur relativ kleines Vokabular – einige Hundert Wörter. Sie arbeitete mit einem Mikroprozessor, dessen Speicherkapazität etwa zwei Kilobytes betrug. Dennoch waren die meisten Schüler der Ansicht, daß das Gerät ihr Französisch (bzw. jede andere Sprache, für die MINNIE programmiert war), tatsächlich verbessert habe. Diese winzigen Speicher sind jedoch für die Lernhilfen der achtziger Jahre nicht repräsentativ. Chips mit einer Kapazität von über hundert Kilobytes – das entspricht Tausenden von englischen Wörtern – werden bereits hergestellt, noch größere Speicher sind im Entwicklungsstadium. Mitte der achtziger Jahre werden ganze Wörterbücher in Geräten wie MINNIE Platz haben, und gegen Ende dieses Jahrzehnts werden die Chips dieser winzigen Computer nicht nur eine, sondern mehrere Sprachen in ihrem Repertoire haben.

Für den Gebrauch im sprachlichen Bereich lassen sich solche Geräte am einfachsten programmieren, und bald werden Taschencomputer als Dolmetscher oder Hilfe zum Vokabeln lernen in den Aktenmappen reisender Geschäftsleute zu finden sein. Da die Produktion wächst und die Preise dementsprechend sinken, werden auch Lehrer und Schüler die Geräte in der Tasche haben. Von den Grundbausteinen her unterscheiden sich Lehrcomputer nicht wesentlich von Taschenrechnern – eine größere Tastatur und eine aufwendigere Anzeigetafel sind die einzigen kleinen Veränderungen. Sobald sich die Entwicklung dieser Geräte kommerziell wirklich lohnt, werden sie erst millionen-, dann milliardenfach produziert werden. Dieser Gesichtspunkt ist wichtig, denn aufgrund der niedrigen Herstellungskosten für diese Spielzeuge wird bald jeder Schüler dessen Hilfe in Anspruch nehmen. Lehrer und Erzieher sollten diese Tatsache mit Gelassenheit tragen, denn eins ist gewiß: Jeder Versuch, die Produktion und Verbreitung dieser Geräte zu unterbinden, ist zum Scheitern verurteilt. Kein angeblich noch so vernünftiges Argument wird die Produzenten daran hindern, einen derart profitablen Markt abzuschöpfen; und kaum ein Schüler wird darauf verzichten, ein solches »Statussymbol« in der Tasche zu tragen.
Man ist versucht, fehlgeschlagene Experimente mit audiovisuellem Lehrgerät Anfang der sechziger Jahre zum Vergleich heranzuziehen und sich zu fragen, warum eigentlich die Nachfolgegeneration ein anderes Schicksal erwartet. Ist nicht eine Lehrmaschine im Grunde genommen genau wie jede andere und wird der Vorteil der Größenreduzierung nicht weit übertrieben? Die Frage ist zwar berechtigt, zeugt aber von falscher Einschätzung dessen, was Computer wirklich zu leisten vermögen. Die Leistungskapazität der Computer ist so gestiegen, daß sie heute sogar von Fachleuten oft falsch beurteilt wird. Kürzlich wollte ich beispielsweise für einen Mikroprozessor unter Verwendung von Maschinencode ein Programm schreiben. Maschinencode ist die Computersprache,

ein Kommunikationssystem, das aus Nullen und Einsen besteht. Höherentwickelte Programmiersprachen, etwa FORTRAN oder BASIC, verwenden englische Wörter und Sätze; mit ihnen läßt sich viel schneller und leichter arbeiten, der kleine Mikroprozessor aber, den ich benutzte, verstand keine dieser Sprachen, und so blieb mir nichts anderes übrig, als mit ihm in der Sprache zu reden, die er verstehen konnte: Reihen und abermals Reihen von Nullen und Einsen.

Mein Mikroprozessor sollte so programmiert werden, daß er den Ablauf einer Mondlandung simulierte. Nach einigen Stunden komplizierter Tüftelei hatte ich schließlich Erfolg. Während ich noch daran arbeitete, war mir das Programm als zu umfänglich erschienen, und intuitiv glaubte ich, das Fassungsvermögen des winzigen Computerspeichers zu sprengen. Dieses Gefühl war so stark, daß ich mittendrin unterbrach, um besorgt ein paar Berechnungen anzustellen. Ich wollte wissen, wie weit ich die Speicherkapazität bereits ausgelastet hatte. Als ich feststellte, daß mein außerordentlich kompliziertes Programm nur einen kaum feststellbaren Bruchteil, nämlich gerade eine der zwanzig oder dreißig leistungsfähigen Speichereinheiten des Systems in Anspruch genommen hatte, war ich zutiefst überrascht. Mich erfaßte ein Gefühl, als hätte ich hinter einer Bergkuppe einen sanften Abhang erwartet und stünde statt dessen am Abgrund des Grand Canyon. Die Programmieraufgabe hatte mir einen nachgerade graphischen Maßstab in die Hand gegeben, um die wahre Kapazität des Systems zu ermessen. Was, so fragte ich mich, wäre geschehen, wenn ich das Volumen eines wirklich leistungsfähigen Systems und nicht das eines billigen Mikroprozessors »ausgelotet« hätte. Ich fürchte, daß es über die Fähigkeiten des menschlichen Verstandes geht, derartige Größenordnungen zu begreifen. Nun verstand ich plötzlich, warum selbst Operator und Programmierer nur selten einen Begriff von den wahren Leistungsfähigkeiten der ihnen anvertrauten Maschinen bekommen. Um wieviel weniger kann man ein zutreffendes Urteil von Laien erwarten. Die alten Lehrmaschinen waren elektromechanische Apparate, die zwar relativ leicht zu konstruieren, jedoch äußerst schwer in Massenprodukten herzustellen sind. Und wenn erst einmal ein bestimmtes Preisniveau erreicht ist, bringt eine Produktionssteigerung nicht viel, um die Stückkosten zu senken. Lehrcomputer sind dagegen vollelektronisch ausgerüstet; sie haben keine beweglichen Teile – außer den Elektronen – und lassen sich leicht in großen Mengen produzieren. Sie kosten nur wenig mehr als die Rohstoffe, aus denen sie bestehen, und besitzen den großen Vorteil beinahe absoluter Zuverlässigkeit.

Der Computer verfügt über eine einzigartige funktionelle Flexibilität. Systeme nach Art der MINNIE lassen sich als Wörterbücher verwenden, als mathematische wie sprachliche Übungshilfen, als individuelle Informationssysteme und Spielpartner. Ihr Wert indessen liegt nicht so sehr darin, *was* sie lehren, sondern darin, *wie sie die Sache anpacken.* Moderne Computer, seien sie nun groß oder klein, können so gut wie jede Aufgabe bewältigen, eingeschränkt nur vom Umfang der Programme, die für das Gerät geschrieben werden.

Lehrcomputer werden dabei weitgehend ihren roboterartigen Charakter verlieren. Damit meine ich, daß sie ihre Antworten einer großen Vielzahl von Möglichkeiten anpassen und so fast den Eindruck vermitteln werden, so etwas wie persönliches Interesse an den Bedürfnissen des Schülers zu haben. Ihre Kommunikationsbereitschaft läßt sich strukturieren. Anstatt zum Beispiel eine begrenzte Anzahl von Knöpfen nach Art des Multiple Choice-Systems zu drücken, muß man seine Antworten in das System auf mehr oder weniger offene Weise einschreiben. Der Computer wird nicht etwa deutlich schematisierte Antworten auf einen Bildschirm werfen, sondern Wort- und Satzreihen bilden, die dem Verlauf der Unterhaltung angepaßt sind. Eine typische Computerunterhaltung könnte etwa wie folgt vor sich gehen:

Computer: *Hallo, hatten wir schon mal miteinander zu tun? Wie heißt du?*
Anwender: *Pete.*
Computer: *Pete. Bist du Pete Smith?*
Anwender: *Ja, richtig!*
Computer: *Grüß dich, Pete. Letzten Donnerstag haben wir uns gemeinsam mit französischer Übersetzung befaßt. Wie ich sehe, kamen wir bis Lektion sieben, und du hast alles richtig verstanden. Was ist dir lieber? Sollen wir den Stoff der letzten Lektion noch einmal kurz wiederholen oder wollen wir weitergehen?*
Anwender: *Laß uns weitermachen.*
Computer: *Ist gut, Pete. Was bedeutet das Wort »jardin«?*
Anwender: *Garten.*
Computer: *Gut. Welches Geschlecht hat jardin?*
Anwender: *Weiblich?*
Computer: *Das würde dann la jardin heißen. Klingt das vernünftig?*
Anwender: *Also männlich.*
Computer: *Ich glaube, du hast geraten; es ist trotzdem richtig. Jardin ist ein typisches maskulines Wort. Es hat kein End-e, und »in« ist eine typisch maskuline Endung. Was ist mit »vin«? Was bedeutet es und welches Geschlecht hat es?*
Anwender: *Vin bedeutet Wein und ist männlich.*
Computer: *Richtig. Jetzt folgendes. Wie würde man »Reich mir den Wein« auf französisch sagen? Was meinst du?*
Anwender: *Passer-moi le vin.*
Computer: *Du meinst passer? Bist du sicher, daß man das so schreibt?*
Anwender: *Passez?*
Computer: *Ja, Pete, das ist schon besser. Aber noch etwas war falsch. Man sagt nicht »le vin«, sondern »du vin«. Weißt du warum?*

Anwender: *Nein.*
Computer: *Nun, im Falle...*

Das geschilderte Gespräch vermittelt einen guten Eindruck davon, wie man sich gegen Mitte bis Ende der achtziger Jahre mit einem Lehrcomputer unterhalten kann, der auf individuellen Unterricht programmiert wurde. Auch veranschaulicht eine solche Unterhaltung gut, daß der intellektuelle Informationsaustausch mit einem Computer viel leichter ist als mit den altmodischen Lehrmaschinen. Der Computer ist fähig, eine Gruppe von gewöhnlichen Wörtern und Sätzen zu identifizieren und zu »verstehen«, um dies Wort im weitesten Sinne zu gebrauchen. So kann er scheinbar sinnvoll antworten. In Wirklichkeit ist das echte Verständnis des Computers natürlich ziemlich beschränkt. Da er jedoch hervorragend Zusammenhänge herstellen kann, läßt sich der Mensch leicht über den Charakter der Kommunikation täuschen. Selbst wenn man das Programm zwei- oder dreimal durchlaufen läßt und jedesmal exakt dieselben Antworten gibt, ist es möglich, den Computer so zu programmieren, daß man nur selten zweimal wörtlich dieselbe Aussage erhält. Diese Fähigkeit zu scheinbar flexibler Unterhaltung vermittelt dem Menschen den Eindruck, er unterhalte sich mit einem Wesen, das mit beträchtlicher Intelligenz ausgestattet ist. Dieser Eindruck bleibt auch dann erhalten, wenn man mehr über das Arbeitsprinzip des Computers weiß und sich das Wesen seiner »Intelligenzimitation« erklären kann. Menschen neigen nun einmal dazu, die Genese einer Leistung weniger zu beachten, als deren Effizienz.

Natürlich kann man das Computerprogramm auch verwirren, nämlich wenn man einander Widersprechendes eingibt oder einige Grundregeln der Programmgestaltung außer acht läßt. Fragt der Computer beispielsweise, wie »vin« auf englisch heißt, und man anstelle von »wine« irgendeine unsinnige Antwort wie »cricket match« eingibt, wird er nicht erkennen, daß die Aussage dümmer ist als »fine« oder etwas anderes, phonetisch Verwandtes. Diese Unfähigkeit, Absurdes als solches auch einzuordnen, macht schon mögliche Fehlerquellen deutlich, die sich allerdings überwinden ließen, wenn man das Gerät raffinierter programmiert. Wie Lehrer und Schüler sehr wohl wissen, läßt sich die Unterrichtsstrategie des intelligentesten und wohlmeinendsten Menschen zunichte machen, wenn die Schüler sich weigern, die Spielregeln zu akzeptieren. Menschen, die die enorme Fähigkeit des Computer nutzen wollen, werden in ihm jedoch einen unendlich geduldigen Lehrer finden.

Einer der stärksten Zweige der neuen Industrie, die sich um das computerunterstützte Lernen entwickeln wird, wird die Verbesserung der riesigen Programmfolgen sein, welche die Anwendungsbereiche der Computer vergrößern und ihnen eine echte Lehrbefähigung geben werden. Hierin liegt schließlich der Schlüssel zum Verständnis nicht nur der Zukunft der Lehrcomputer, sondern auch eines großen Teils der zukünftigen Auswirkungen der Computer auf die Gesellschaft. Die Erkenntnis, daß miniaturisierte, superbillige, höchst zuverlässige Computertechnologie Märkte von verblüffender Ausdehnung öffnen wird, zunächst in westlichen Gesellschaften, später in der Dritten Welt, muß zu einem erbarmungslosen Kampf um die profitabelsten Marktgebiete führen. Und einer der größten unerschlossenen Märkte der Welt ist der für Computer auf dem Unterrichts- und Bildungssektor.

Skeptiker werden hier alle verfügbaren Argumente sammeln und als Quintessenz derer hervorheben, daß es einerseits darum geht, eine zur persönlichen Unterrichtung geeignete, interaktionsfähige Technologie zu entwickeln und andererseits – was viel schwieriger ist – die besten Lehrmethoden festzulegen und in Erfahrung zu bringen, wie effizient diese Methoden in der Praxis sein werden. Dieses Argument ist so gravierend, daß möglicherweise Verkäufe von Lehrcomputern größeren Stils eine Illusion bleiben, solange diese Probleme nicht – zumindest teilweise – gelöst sind. Allerdings werden zu Beginn der achtziger Jahre kommerzielle Unternehmen enorme Geldsummen investieren, um das Wesen des Lernvorgangs zu analysieren und auch demzufolge wirksame Lehrprogramme entwickeln. Es geht ihnen, wie schon mehrmals gesagt, nicht etwa um Idealismus, sondern darum, faszinierende Marktchancen wahrzunehmen. Dennoch wird spätestens Ende der achtziger Jahre auch die pädagogische Forschung von diesen Investitionen profitieren und mithin eine Erziehungswissenschaft schaffen, die das Wesen der Lernens erstmalig wirklich versteht.

Es ist nun einmal so, daß Textfolgen, die auf taschenrechnergroßen Anzeigetafeln erscheinen, nur die einfachste Lehrfunktion erfüllen können, aber die Computer rücken an vielen Fronten vor. Tragbare Computer lassen sich bereits an Fernsehgeräte anschließen, dies gestattet vielfarbige Darstellung und sogar das Erzeugen und Handhaben graphischen Materials – ausgeklügelte Spielarten jener Spiele, über die wir in voraufgegangenen Kapiteln sprachen. Sie lassen sich mit anderen Computern koppeln und geben die Möglichkeit zur »Gruppenarbeit«. Gesprochene Textausgaben in synthetischer Sprache sind bereits recht kostengünstig herzustellen. Computer, die die menschliche Stimme erkennen und gesprochene Wörter und Sätze korrigieren und Aufmerksamkeit auf Aussprache und Betonung lenken können, werden wahrscheinlich nicht vor Ende des nach engerer Einteilung mittelfristigen Abschnitts zur Verfügung stehen, sie werden aber kommen. Wirklich interaktionsfähige Computer, die Kommunikation im didaktischen oder auch im intellektuellen Sinn beherrschen, wird es erst in den neunziger Jahren oder womöglich noch später geben. Hier wird die Entwicklung der menschlichen Intelligenz eine Rolle spielen, von der wir noch zu reden haben.

Vielschichtige Probleme werden von Entwicklungen dieser Art aufgeworfen. Wer zum Beispiel wird die Maßstäbe festsetzen, nach denen die Lehrcomputer arbeiten? Steht reichlich Zeit zur Verfügung, könnte es zu einer Art kooperativem Mechanismus zwischen Regierung, Kulturbehörden und den herstellenden Unternehmen kommen, so daß Vorstellungen und Lehrstrategien von konservativen Kräften wie Komitees und anderen »auf Sicherheit bedachten« Organisationen gefiltert werden. Am Ende dieses Prozesses käme ein langsamer, langweiliger, gleichwohl erzieherisch »unbedenklicher«, vom Computer verwirklichter Lehrplan heraus. Zeit wird jedoch nicht unbegrenzt verfügbar sein, eine Tatsache, die die Betroffenen nicht unbedingt in Panik versetzen muß.

Lehrmethoden haben sich in Jahrtausenden vergleichsweise wenig geändert; nur die Zahl der Lernenden einerseits und der Lehrenden andererseits sind erheblich gestiegen. Die heftigen pädagogischen Debatten der letzten fünfzehn Jahre waren oft ein Streit um des Kaisers Bart.

Lehrcomputer aller Art werden sich allerdings von Ort zu Ort und abhängig von Bevölkerungsstrukturen unterschiedlich durchsetzen. Die Erfahrungen mit Taschenrechnern geben hierfür einige Anhaltspunkte. Viele Kinder besitzen ein solches Gerät, dem aber in vielen Fällen aber nur die Bedeutung eines Statussymbols zukommt. Nachdem im Klassenraum oder auf dem Spielplatz damit geprahlt wurde, geraten die Rechner in Vergessenheit, bis sie eines Tages im Papierkorb landen. Es gibt jedoch Kinder, die aus Vergnügen und Neugierde die Unzahl seiner Möglichkeiten erforschen und auf diese Weise wichtige mathematische Grundsätze intuitiv erfassen. Mathematiklehrer können zum Lernverhalten dieser Gruppe Erstaunliches aussagen. Schulen, in denen mit Computern gearbeitet und experimentiert wird, tragen in diesem Sinne zu einer Analyse des Lernverhaltens natürlich stärker bei. In solchen Methoden liegt allerdings auch eine Gefahr, nämlich daß die »geschickten Programmierer« all jene verachten, die die Geheimnisse des Computers als Herausforderung nicht angenommen haben. Noch deutlichere Konflikte werden heraufbeschworen, wenn die ersten Lehrcomputer auf den Markt kommen. Manche Kinder werden sich mit Feuereifer daraufstürzen, während andere sich der Chance, die Lehrcomputer ihnen geben, konsequent verweigern werden. Wir

stehen also vor einer Entwicklung mit einschneidenden sozialen Folgeerscheinungen. Dem ist offensichtlich schwer zu entkommen: Es wird immer Menschen geben, die ihre Chance wahrnehmen, und andere, die sie entweder aus Unwissenheit oder wegen mangelnder Motivation zurückweisen. »Glücklicherweise« wird die Industrie keine Anstrengung scheuen, um *jedem* Kind einen Lehrcomputer zu verkaufen. So werden die Manager großer Computerfirmen Programme in Auftrag geben, die jedes Kind mit Leichtigkeit bedienen kann, sich allerdings dennoch nicht davon abhalten lassen, für besonders motivierte Schüler dementsprechende Extraprogramme anzufertigen.
In europäischen, amerikanischen und japanischen Forschungslabors widmet man sich dieser Aufgabe schon seit längerem. Erste Versuchsmodelle werden zu Beginn der achtziger Jahre auf den Markt kommen. Scheint es wirklich unglaubwürdig, daß in einem winzigen Päckchen von der Größe eines Taschenrechners das gesamte Sachgebiet des Lehrberufs enthalten sein könnte? Man vergegenwärtige sich, wie wenig ein Schulanfänger nach zehnjähriger herkömmlicher Unterrichtung an Wissen vorzuweisen hat, und schon erscheint die Qualifikation des Computers als Lehrer glaubwürdiger. Ob man es nun begrüßt oder verdammt, die Zeiten der Lehrbücher sowie der Bücher insgesamt scheinen sich unwiderruflich ihrem Ende zu nähern.

KAPITEL 10
Kapital und Kriminalität

Geld als anonymes Zahlungsmittel entstand zu einer Zeit, in der die Arbeitsteiligkeit so vorangeschritten war, daß sie vom Warentausch als Entgelt nicht mehr abgedeckt werden konnte: Einer bearbeitete den Acker und produzierte Gemüse, ein anderer jagte das Wild und produzierte Fleisch. Später entstanden »Dienstleistungsberufe« wie Werkzeugmacher und Schmied. Zu diesem Zeitpunkt war der einfache Tausch nicht mehr durchführbar. Der Handel begann, sich eines sowohl mobilen als auch allgemein neutralen Zahlungsmittels zu bedienen. In erster Linie handelte es sich um Metalle. Metall als Tauschmittel ist auch heute noch üblich, wenn es auch nicht mehr das dominierende Währungsmittel ist. Papierne Banknoten, die zu Beginn des zwanzigsten Jahrhunderts ins Spiel gebracht wurden, um dem Wachstum und der zunehmenden Komplexität der Weltwirtschaft gewachsen zu sein, sind heute der weitaus wichtigste Bestandteil im Zahlungsverkehr. Geld indessen, ob in Form von Münzen, Banknoten oder Schecks, ist lediglich eine Art Ausweis dafür, daß sein Besitzer über ein jeweils entsprechendes Vermögen verfügt. Und sei es, daß sein Arbeitgeber ihm das Entgelt für Dienstleistungen schuldet, den Lohn. Geld an sich hat so gut wie keinen wirtschaftlichen Wert. Deshalb stehen der Banknote insbesondere, aber auch anderen Zahlungsmitteln, die bislang ausschließlich dokumentarisch Bedeutung hatten, deren erste Auswirkungen bereits spürbar werden, dramatische Ereignisse bevor.

Es ist kein Zufall, daß die größten Kreditinstitute der Welt zu den ersten gehörten, die die wirtschaftlichen Vorteile der Computerisierung herausfanden. Das Startzeichen war der Übergang der Banken zur Anerkennung maschinenlesbarer Schecks, mit deren Hilfe man Information über Geldverkehr bequem in Computer speisen konnte. Hierdurch wurde der Rahmen für dessen weitergehende Verwendung abgesteckt. Mit dem Erscheinen der Kreditkarten erfolgte ein weiterer Schritt zur Ersetzung des gegenständlichen Geldes durch elektronisches. Diese handlichen Dinger – sie sollten natürlich eigentlich Debetkarten heißen – sind die ersten Nägel für den Sarg, in dem das traditionelle Zahlungsmittel Geld demnächst begraben werden wird. Kreditkarten sind zur Zeit nichts weiter als Schuldversprechungen, die die Kreditwürdigkeit des einzelnen belegen und mit Hilfe derer alle finanziellen Transaktionen registriert werden, die der Inhaber vornimmt. Zur Zeit werden diese so abgewickelt, daß ein Angestellter am Ort des Erwerbs einer Ware oder Dienstleistung mit Hilfe einer speziellen Maschine einen Verkaufsbeleg abstempelt, der später an einen Zentralcomputer weitergeleitet wird. In der nächsten Phase (wahrscheinlich in der mittelfristigen Zukunft) wird die Karte in einen Computerterminal eingegeben werden, der sie abtastet, um sich zu vergewissern, daß sie nicht gestohlen wurde und ihr Besitzer kreditwürdig ist. Wenn diese beiden Bedingungen erfüllt sind, belastet der Terminal augenblicklich das von einem Zentralcomputer geführte Konto des Karteninhabers.

Das direkte Abtasten der Karten durch einen Computer und die automatische Übertragung von Guthaben wirft einige Probleme auf. Dennoch werden die Banken diese Methode des Datenträgeraustauschs dem gegenwärtigen schwerfälligen System vorziehen, weil es bedeutend genauer, einfacher und effizienter ist. Wie wir bereits sagten, stellen Kreditkarten den ersten Schritt in Richtung auf die Abschaffung des Bargeldes und der Schecks dar, und jedermann, der die Vorteile dieses Zahlungsmittels bereits in Anspruch nimmt, wird gut verstehen, daß eine weitere Perfektionierung dieses Systems unvermeidbar ist. Es sind jedoch nicht nur Banken, die aus dem Aufkommen elektronischen Geldes ihren Nutzen ziehen.

Die Nachteile des Hart- und Papiergeldes werden auch schon anderweitig deutlich. Seit einigen Jahren weigern sich in manchen Teilen der Vereinigten Staaten die Tankstellen, nach achtzehn Uhr noch Bargeld anzunehmen. Auf diese Weise soll niemand zu einem Raubüberfall ermuntert werden. In unserer sozial aus den Fugen geratenen Konsumgesellschaft ist selbst ein dünnes Dollarnotenbündel oft Anlaß genug für einen Mord, anders dagegen verhält es sich mit Kreditkartenquittungen. Es liegt im Wesen des Bargeldes, universell transferierbar zu sein; deshalb kann sein ursprünglicher Besitzer nur unter größten Schwierigkeiten festgestellt werden. Die Kreditmittel der Zukunft werden anderer Art sein, und da sie die heute vorhandenen Zahlungsmittel ersetzen werden, ist es klar, daß die Quote der Gelddiebstähle wahrscheinlich drastisch sinken wird.

Zunächst werden Lohngeld- und Bankraub in dem Maße, wie das transferierbare Bargeld weniger wird, gehörig an Attraktivität verlieren. Immer mehr Firmen werden die Bezüge ihrer Beschäftigten direkt auf deren Konten überweisen, und immer mehr Menschen werden bei der Mehrzahl ihrer Einkäufe zunächst zu Schecks, später zu Kreditkarten greifen. Viele Geschäftsleute der westlichen Welt erledigen den größten Teil ihrer Einkäufe bereits heute auf diese Weise, dennoch wird dieses Verfahren bislang nur von einer Minderheit benutzt. Es ist durchaus denkbar, daß sich professionelle Diebe nun auf die wenigen Geschäfte konzentrieren, die sich aus dem einen oder anderen Grunde noch immer auf das traditionelle Zahlungsmittel Banknote verlassen. Mithin werden sich Gelddiebstähle bei diesen Unternehmen derart häufen, daß auch konservative Geschäftsleute zu bargeldlosem Zahlungsverkehr übergehen müssen. Der Zunft der Kriminellen ist diese Entwicklung nicht verborgen geblieben. In vielen amerikanischen Städten haben die Gangster ihr Interesse an wohlhabend aussehenden Passanten, deren Brieftaschen wahrscheinlich nur unbrauchbare Kreditkarten enthalten, längst verloren und sich den offensichtlich weniger Wohlhabenden zugewandt, bei denen sie paradoxerweise eher davon ausgehen können, daß sie Bargeld bei sich tragen.

Kreditkarten lassen sich zweifellos leicht stehlen, und ein gerissener Dieb kann sie zu sehr viel Bargeld machen. Doch ist das Risiko bei einem solchen Diebstahl ungleich größer. Die neuesten Karten tragen auf ihrer Rückseite das Farbfoto des Inhabers, das einen Betrug erheblich erschwert. Gegen Mitte oder Ende der achtziger Jahre aber werden die meisten Karten zur Kontrolle in einem Computerterminal abgetastet werden. Kreditkartendiebstahl wird dann ein derart riskantes Unterfangen sein, daß auch der Kühnste davon Abstand nimmt.

Für Diebe brechen also harte Zeiten an, auch wenn sie sich vielleicht vorübergehend der Erpressung oder der Entwendung von Sachwerten zuwenden. Auch notorische Steuerhinterzieher werden es schwer haben. Das elektronische Kapital verschafft den Behörden problemlosen Zugang zu geschäftlichen Transaktionen jeder Art. Wie bei der Lohnsteuer praktiziert, wird man nun auch Einkommensteuern sowie Steuern anderer Art automatisch abziehen können. Steuerbetrug wird also bald der Vergangenheit angehören. Die Ersetzung des Papiergeldes durch dessen elektronisches Gegenstück wird allerdings schrittweise vonstatten gehen, und das organisierte Verbrechen wird sich für eine Weile an den verbleibenden Bargeldbeständen vergreifen.

Für den Gelegenheitsverbrecher spitzt sich die Lage erst recht zu. Da gestohlene Kreditkarten wertlos sind und auch Bares immer seltener aufzutreiben sein wird, muß er sich auf Diebstahl von Uhren und Schmuck, Hausrat, Kraftfahrzeugen usw. spezialisieren. Auch dies wird nur eine Übergangsphase sein, denn die gestohlenen Gegenstände sind wertlos für den Dieb, wenn er sie nicht gegen Bargeld verkauft. Dies wird aber schon in nächster Zukunft kaum noch in Umlauf sein. Vielleicht verlegt sich die kriminelle Bruderschaft auf eine Art interne »illegale Währung«, also auf Verbotenes, wenngleich heiß Begehrtes. Drogen der verschiedensten Art oder gestohlene Kunstwerke etwa könnten das neutrale Zahlungsmittel Bargeld ersetzen.

Das Absinken in Bagatellkriminalität und Diebstahl wird für die Polizei sicherlich weniger Arbeit bedeuten. Die Zeiten aber bis zum völligen Verschwinden des Bargeldes werden von perfektioniertem Eigentumsschutz geprägt sein. Ausgeklügelte Gebäudesicherungssysteme, die meisten zumindest teilweise computergesteuert, wird man allerorten installieren, alle Anrufe auf Videoband festhalten, komplizierte, mikroprozessorgesteuerte Sensoren werden das Eigentum überwachen und Bilder der Täter an die Polizei oder Wachgesellschaften übermitteln. Solche Sicherungssysteme werden selbst von den tüchtigsten und routiniertesten Berufsverbrechern nicht zu überwinden sein. Im Gegensatz zu ihren elektromechanischen Vorläufern – elektronische »Augen«, die Alarmglocken auslösten etc. – werden die Mikroalarmanlagen eine Vielzahl von Wirkungsprinzipien kennen und als selbständige Einheiten an allen möglichen Stellen innerhalb des Hauses zum Tragen kommen, so daß das Ausschalten einer Einheit keinen Einfluß auf die Wirksamkeit der anderen hat. Wie immer in der Geschichte werden die weniger privilegierten Gruppen der Gesellschaft zunächst die Leidtragenden sein, denn sie können sich teure Schutzsysteme kaum leisten.
Da bei Ärmeren weniger zu holen ist als bei Reichen, wird die Zahl der Überfälle zunehmen, eine Tatsache, der die Polizei mit gezielten Aktionen in bislang unbekanntem Maße entgegenwirken muß.
Wenden wir uns von der Eigentumskriminalität den Delikten im Straßenverkehr zu: Aufgrund der weltweiten Energieverknappung werden die Regierungen das Fahren aus privaten Gründen per Gesetz energisch einschränken. Gegen Ende der achtziger Jahre wird jedermann erstaunt sein, wieviel Zeit er zehn Jahre zuvor noch in der Gegend herumfuhr. Auch wird jedes Auto über eingebaute Sicherheitsvorrichtungen verfügen. Während ich dies schreibe, führen die größten Automobilfirmen der Erde – teilweise geheim – Tests mit »kollisionssicheren« Fahrzeugen durch. Eine faszinierende Version: Autos mit eingebauten Mikroprozessoren, die »Gefahr« in

Gestalt von zu dicht auffahrenden oder sich auf andere Weise gefährlich verhaltenden Fahrzeugen rechtzeitig anzeigen. Die Chip-großen Sensoren werden so billig sein, daß man sie bei den Gesamtproduktionskosten getrost vernachlässigen kann.

Gegen Ende der achtziger Jahre könnten diese Sensoren zur Standard-, ja vielleicht sogar zwingend vorgeschriebenen Ausstattung aller Autos gehören. Das gleiche gilt für andere der Sicherheit dienenden Überwachungsgeräte wie zum Beispiel Mikroprozessoren, die den Zustand der Reifen, die Bremskraft, den Spurengleichlauf usw. kontrollieren. Diese Geräte könnten sogar in der Lage sein, das Zündsystem des Motors zu unterbrechen, wenn sie die Information erhalten, daß irgendein mechanisches System des Wagens sich in einem gefährlichen Zustand befindet. Was einst als Witz die Runde machte – ein Auto, das sich zu fahren weigert, wenn der Fahrer zuviel Alkohol getrunken hat –, könnte in den späten achtziger Jahren der einzige Wagentyp sein, der für den Straßenverkehr noch zugelassen ist. Ein weiterer Faktor, der zur Verringerung der Verkehrsdelikte beitragen wird, hängt mit substantieller Veränderung der Arbeitsstrukturen zusammen.

Obschon die Gesetzeshüter und Ordnungskräfte mit Verbrechen klassischen Musters weniger Arbeit haben werden, müssen sie sich darauf vorbereiten, sogenannter Störungen der öffentlichen Ordnung Herr zu werden. Dazu wird es aller Wahrscheinlichkeit nach kommen, weil die Gesellschaft in dieser Periode einschneidenden Wandlungen unterworfen ist, und weil die alten Institutionen, die den sozialen Zusammenhalt aufrechterhielten, ihre bindende Kraft verlieren. Einen ersten Vorgeschmack dieses Wandels haben die heutigen Gesellschaften bereits gekostet. Ein wesentlicher Faktor ist zweifellos der Zusammenbruch traditioneller Werte der Vergangenheit – orthodoxer Glaube, die Demokratievorstellungen des neunzehnten Jahrhunderts, nationaler Idealismus, die, wenn auch theoretische Unversehrbarkeit des Rechts, die

Festschreibung der gesellschaftlichen Klassen –, ohne daß nicht mehr gültige Werte durch andere ersetzt worden wären. Da das Tempo des Wandels zunimmt und zu immer größeren Rissen im sozialen Gefüge führt, muß man der Unausweichlichkeit eines Konflikts zwischen den sozialen Elementen ins Auge sehen.

Die Möglichkeiten, mit Hilfe eines Computers Verbrechen zu begehen – zum Beispiel, wenn raffinierte Gauner mit Programmierkenntnissen einen Computer dahin bringen, daß er von einem Konto auf ein anderes Geld überweist –, wurden noch jüngst anhand zahlreicher Fälle aus der Praxis erörtert; zwar lassen sich kaum absolut sichere Computersysteme konstruieren, aber sie können auf lange Sicht weit besser gegen Mißbrauch geschützt werden als jeder Banktresor. Wem es gelingt, unbefugt Computerdaten abzurufen, der kann die »gestohlenen« Informationen natürlich zur Erpressung nutzen. Dennoch sei noch einmal betont, daß es viel leichter ist, einen stählernden Aktenschrank oder einen Spind aufzubrechen, als jene zahlreichen Sicherheitskontrollen zu überwinden, die zu allen modernen Computern gehören.

Der Reiz, Verbrechen mit Hilfe des Computers zu begehen, liegt in der Möglichkeit, von fern über das öffentliche Telefonnetz oder einen privaten Datenbankanschluß an den Computer heranzukommen. Der Täter brauchte am Tatort nie zu erscheinen und könnte die Fahndung so erheblich erschweren.

Ein Talent des Kriminellen ist seine Phantasie. Deshalb ist es wahrscheinlich, daß sich in entsprechenden Kreisen die Abhängigkeit der Polizei von Datenverarbeitungsgeräten schnell herumsprechen wird. Von da bis zur gezielten Störung des polizeilichen Computernetzes ist es nur ein Schritt. Spektakuläre Erfolge werden nicht ausbleiben. Insbesondere dann, wenn ein Sicherungssystem noch nicht vollständig ausgebaut ist, kann ein Verbrecher mit ein wenig Erfindungsgabe das gesamte Polizeinetz mit Fehlinformationen desorientieren, ja sogar Gegenmaßnahmen einleiten. Noch häufiger werden

Delinquenten versuchen, Unliebsames aus Polizeiakten zu »radieren« oder irreführende Informationen einzutragen.

Andere Gruppen, die der politischen Kriminalität zuzurechnen sind, geben weit mehr Anlaß zur Sorge: Terroristen, extremistische politische Splitterparteien und, zu einem späteren Zeitpunkt, aktivistische Anti-Computer-Gruppen. Letzteren werden sich mit einiger Wahrscheinlichkeit auch abtrünnige Computerfachleute anschließen, die über exzellente Kenntnisse der Materie verfügen. Aber auch die politischen Gruppierungen, wahrscheinlich am stärksten vertreten, werden über Radikalisierung zu einem großen Teil aus der Furcht vor den gesellschaftlichen Folgen der Computertechnologie ziehen.

Umwälzungen solch gravierender Art werfen immer bedeutende Fragen auf. Dazu gehört die Problematik der persönlichen Freiheit und der Rechte des Individuums gegenüber den mächtigen Regierungs- und Staatsbürokratien. Diese Probleme stellen sich stets in Zeiten sozialer Bedrohung. Wenn sie in eine bestimmte Verteidigungssituation gedrängt wird, greift selbst die toleranteste und liberalste, bürgerlichen Freiheiten am stärksten verpflichtete Gesellschaft zu Waffen, die ihren Idealen eigentlich widersprechen sollten. Ein gefährliches Werkzeug in diesem Kampf sind die Computer selbst, insbesondere die billigen Chips zum individuellen Gebrauch. Diese »Wunderwaffen« können nicht nur jedes Individuum auf das genaueste identifizieren, sondern es nötigenfalls auch überall und zu jeder Zeit mittels einer Vielzahl von speziellen Sensoren anpeilen. Diese Grundlage für die Aufenthaltsermittlung des einzelnen wird natürlich rechtlich viel schwieriger durchzusetzen sein, als irgendwelches elektronisches Spielzeug, mit dem man Daten über Bekannte speichern kann. Dennoch ist zu befürchten, daß fast jede Regierung skrupellos genug sein wird, sich im sogenannten Notfall über rechtsstaatliche Bedenken hinwegzusetzen.

Mit zunehmender Einschränkung stumpft das Rechtsempfinden ab. Ich gebe nur ein Beispiel von vielen: Vor zehn Jahren wären Flugreisende von der Vorstellung entsetzt gewesen, sich einer gründlichen Leibesvisitation zu unterziehen sowie ihr Gepäck durchleuchten und fotografieren zu lassen und bis zum Besteigen des Flugzeugs unter ständiger elektronischer Überwachung zu bleiben. Dies alles läßt man inzwischen über sich ergehen, ohne große Einwände zu erheben.

So werden Organisationen, die sich die Verteidigung bürgerlicher Freiheiten zum Ziel gesetzt haben, zwar energisch, aber vergeblich gegen alle bürokratischen Beeinträchtigungen protestieren. Die »Law and Order«-Lobby dagegen wird all jene auf ihrer Seite haben, die demokratische Machtkämpfe schon immer für überflüssig hielten. Diese Fraktion – nur Idealisten können das bezweifeln – wird den Sieg davontragen, zumal sie noch von zwei wichtigen Faktoren unterstützt wird.

Zum einen nämlich ist es ein unbestreitbarer Vorteil, ein winziges, für individuellen Bedarf programmiertes Chip zu besitzen, welches eine Vielzahl von Funktionen beherrscht. Gegen Ende der achtziger Jahre wird es so gut wie unmöglich sein, öffentliche (und private) Dienstleistungen in Anspruch zu nehmen, ohne ein elektronisches Identifikationsmittel zu besitzen, das Geldbeträge zu Gunsten oder Lasten des eigenen Kontos bewegen kann. Die universellen Fähigkeiten der Chips werden im Sturm die Vorbehalte jener Leute hinwegfegen, die dem bargeldlosen Geschäftsvertreter immer kritisch gegenüberstanden. Es wird oft gefragt, wie man nur wirklich kleine Beträge mit einer Kreditkarte bezahlen kann. Die Antwort lautet, daß die Kreditkarte nur ein Glied in jener Kette von Hilfsmitteln ist, die individuelle Kreditwürdigkeit belegen sollen. Endlich wird sie wahrscheinlich in eines jener verblüffenden Geräte eingebaut sein, die man am Handgelenk tragen kann. Diese Geräte erfüllen eine Vielzahl von Aufgaben, die Angabe der Tageszeit ist nur eine davon. Sie werden in der Lage sein, ihre Besitzer anhand gewisser Faktorenkombinationen zu identifizieren; die Steuerung erfolgt über empfindliche Sensoren – sie reagieren zum Beispiel auf Blutdruck, Puls, elektrischen Hautwiderstand –, so daß die Geräte den Dienst verweigern, wenn sie von einer fremden Person getragen werden. Sie könnten sogar Signale senden, so daß sie im Falle eines Diebstahls genau zu orten wären. Nicht nur aus diesem, sondern auch aus anderen schon genannten Gründen wird dies allerdings die sinnloseste aller Gesetzesübertretungen sein. Zum anderen hat sich ein wichtiger meinungsbildender Teil der Bevölkerung damit abgefunden, daß persönliche Daten gespeichert werden, um die Zahlungsmoral und -fähigkeit eines Kreditkarteninhabers sicherzustellen. Wer häufig geschäftlich ins Ausland reist, weiß, wie genau der Zentralcomputer über alle Ortsveränderungen und neuen Salden Bescheid weiß. Jeder Geschäftsabschluß, jede Hotelbuchung, jede Mahlzeit, jede Zeche – alles wird in elektronische Signale umgesetzt und in den scheinbar allwissenden Computer eingespeist. Jeder, der irgendwie mit Kreditkarten zu tun hat – und die meisten Menschen geben deren unbestreitbare Vorteile zu –, hat sich bereits mit der Entwicklung des universellen persönlichen Identifizierungsgeräts einverstanden erklärt, denn wenn er das System versteht und keine Bedenken grundsätzlicher Art hat, weiß er auch, daß die Entwicklung erst in ihren Kinderschuhen steckt.

Während in vielen Teilbereichen unsere so selbstverständlich hingenommene Umwelt alles Vertraute verlieren wird, bahnt sich eine weitere große Umwälzung an. Auch hier geht es wieder um die Verarbeitung von Informationen mit Hilfe der Elektronik, doch steht im Vordergrund die Art, wie in der Welt der achtziger Jahre Informationen nicht nur verarbeitet, sondern verbreitet werden.

KAPITEL 11
Arbeit und Roboter

Die Basiseinheiten der Informationsspeicherung werden in Kürze so winzig sein, daß ganze Bücher oder gar Bibliotheken in Gestalt eines winzigen Chips zur Verfügung stehen. Der Durchschnittsbürger wird in der Lage sein, gewaltige Mengen von Büchern aller Art und andere Informationen nicht nur bezahlen, sondern auch zu Hause unterzubringen. Aber Preis und Platzersparnis sind nur zwei Vorteile der elektronischen Datenverarbeitung. Der dritte liegt in dem Tempo und der Leichtigkeit, mit der elektronisch codierte Informationen von einem Ort zum anderen transportiert werden können. Der mühsame Vorgang der Briefbeförderung von einem Teil der Welt zum anderen zeigt deutlich die Grenzen der herkömmlichen Methoden, Informationen zu übermitteln.

Zunächst einmal muß der Brief geschrieben werden. Viele Seiten sind zu füllen, wenn alle Fakten berücksichtigt werden sollen. Danach wird er in einen Umschlag gesteckt und zu einer Sammelstelle – im Normalfall ist das der Briefkasten – gebracht. Von dort holt ihn jemand ab, der, von einer Zentralstelle kommend, wahrscheinlich mit dem Auto, einen Sammelpunkt nach dem anderen anfährt und danach wieder an seinen Ausgangspunkt zurückkehrt. Dann wird der Brief von jemand anderem gemeinsam mit Tausenden von anderen Briefen sortiert, in einen besonderen Korb geworfen, diesem wieder entnommen und an einen weiteren Sortierplatz gebracht, um schließlich mit mindestens zwei verschiedenen Transportmitteln zum Empfangsort zu gelangen. Hier läuft der ganze Vorgang noch einmal in umgekehrter Reihenfolge ab. Zu guter Letzt wird der Brief in irgend jemandes Postkasten geworfen, geöffnet und schließlich gelesen. Daß dieser monströse Ablauf von Handlungen immer noch schnell genug ist, um einen Brief in nur drei Tagen von Europa nach Amerika zu befördern, ist ein gutes Beispiel dafür, wie der Mensch effiziente Kooperation lernen kann.

In den achtziger Jahren wird dieses System weithin ersetzt werden durch die elektronische Nachrichtenübermittlung, von der zur Zeit schon in geringem Umfang Gebrauch gemacht wird. Der Vorgang ist vergleichsweise einfach. Der Brief wird in einen Textprozessor – eine Schreibmaschine mit eingebautem Mikroprozessor – eingetippt und dort gemeinsam mit anderen eingegebenen Daten etc. so lange festgehalten, bis der Benutzer des Geräts angibt, wohin der Speicherinhalt übermittelt werden soll. Der Textprozessor seinerseits ist mit anderen Textprozessoren entweder über einen privaten Direktanschluß oder über einen Mikrowellensender gekoppelt. Der Absender braucht seinem Gerät nur die genaue Adresse anzugeben, und Sekunden später befindet sich der Brief im angesprochenen Mikroprozessor und kann dort jederzeit auf eine Mattscheibe geworfen oder von einer Maschine ausgedruckt werden. Diese elektronische Nachrichtenübermittlung hat deutliche Vorteile, allerdings auch ihre Schattenseiten. Ein Nachteil ist etwa, daß man nur innerhalb des entsprechenden Netzes miteinander korrespondieren kann; nur jemand, der über einen Textprozessor verfügt, kann jemanden erreichen, der seinerseits ein solches Gerät benutzt. Gegen Mitte der achtziger Jahre werden indessen alle größeren Firmen Textprozessoren benutzen, und diesem Beispiel müssen, dem Gesetz der Macht gehorchend, alle anderen folgen. Es läßt sich voraussagen, daß noch vor Ende dieses Jahrzehnts eine Unternehmung ohne textverarbeitende, kommunizierende Schreibgeräte etwa so wettbewerbsfähig sein wird wie jemand, der heute im Geschäftsleben ohne Telefon auszukommen glaubt.

Es ist ein weiteres Problem, daß die meisten der heutigen elektronischen Netze, Telefonkabel und Funkkanäle nur eine beschränkte Kapazität haben und mit wirklich starker Inanspruchnahme überlastet sind. Dieses Problem läßt sich auf vielerlei Weise lösen, und die führenden Telekommunikations- und Datenverarbeitungsorganisationen der Erde arbeiten zur Zeit an Lösungsmethoden. Infolgedessen glauben viele Leute, daß es gegen Ende der achtziger Jahre bzw. zu Beginn des nächsten Jahrzehnts die unbeschränkte elektronische Nachrichtenübermittlung geben wird.

Ein Lösungsweg wäre die Bereitstellung zusätzlicher Kanäle durch Inanspruchnahme der gewaltigen Möglichkeiten von Fernmeldesatelliten. Einer der größten Nachteile der Satelliten liegt im Augenblick in deren relativ hohen Konstruktions- und Startkosten. Die kapitalistische Wirtschaftsordnung spielt auch hier eine große Rolle, denn wenn der Bedarf an Satelliten steigt, wird man auch Wege finden, sie billiger herzustellen. Die elektronischen Bauteile und Mikroprozessoren, die wesentliche Bestandteile aller Satelliten sind, werden heute bereits in Massenproduktion hergestellt, und die NASA macht kein Geheimnis daraus, daß man von der Space Shuttle erwartet, bei ihren Rundflügen, die 1980 planmäßig beginnen sollten, eine große Anzahl von Fernmeldesatelliten mitzunehmen und zu erstaunlich niedrigen Kosten in den Weltraum zu bringen. Einige dieser Satelliten sind bereits für Gegengespräche vorgesehen. Dabei handelt es sich um nichts geringeres als das Zweiweg-Armbandradio (bzw. -fernsehgerät), das der Pionierarbeit Dick Tracys zu verdanken ist.

Wenn man darüber diskutiert, mit welcher Leichtigkeit und Geschwindigkeit wir Informationen um die Welt werden schicken können, neigt man dazu, alles auf das Postsystem zu beziehen. Die größten Auswirkungen jedoch wird die elektronische Telekommunikation auf das Geschäftsleben insgesamt haben, insbesondere auf die Mobilität der Beschäftigten. In jeder Stadt steigen jeden Morgen Scharen von Menschen in ihren Wagen oder in ein öffentliches Verkehrsmittel und treten eine strapaziöse Fahrt zum Arbeitsplatz an. Aller Wahrscheinlichkeit nach verbringen sie den produktiven Teil des Tages mit Gesprächen mit anderen Menschen oder indem sie beschriftetes Papier entgegennehmen, dieses lesen und deuten und ihrerseits Papier beschreiben und an Dritte weitergeben.

All dies ist ein Teil des Musters, nach dem das moderne Geschäftsleben abläuft. Im Laufe dieses Jahrzehnts wird sich dieses Arbeitssystem aber grundlegend ändern. Kommunizierende Textprozessoren werden Personal, das sich mit der Verarbeitung schriftlicher Informationen befaßt, aus Industrie und Handel verdrängen. Zunächst wird es die Registratoren treffen, sodann diejenigen, die den Schriftverkehr und die alltäglichen Buchungen bearbeiten, dann folgen die Schreibkräfte (Textprozessoren unterlaufen keine Fehler). Aber auch in den mittleren Etagen der Büros werden Leute ihre Arbeitsplätze verlieren.

Erneut ist man versucht, umzukehren und sich zu fragen, ob es die Sache wert ist, derart komplexe Systeme solchen gewaltigen Umwälzungen zu unterwerfen. Die Antwort lautet, daß wir aller Wahrscheinlichkeit nach nicht die Wahl haben werden. Sobald Computer in einer Gesellschaft erst einmal Fuß gefaßt haben, sind ihre Vorzüge so überzeugend, daß jeder, auch der moralische, Widerstand nutzlos ist. Nach den erbarmungslosen Gesetzen der modernen Wirtschaft kann sich kein Unternehmen der einzigartigen Effizienz der Computer verweigern, es sei denn, die Firma weiht sich dem betriebswirtschaftlichen Untergang.

In der mittelfristigen Zukunft wird es aus diesem Grunde zu einer ersten deutlich spürbaren Verlagerung in Richtung Dezentralisation des Geschäftslebens kommen. Die Bedeutung der Stadtbüros mit ihrem Getümmel von aufgeregten Menschen, die sich über das altertümliche Medium Papier und geschriebenes Wort gegenseitig unnötige Mitteilungen machen, wird schnell schwinden. Immer häufiger wird man Büro und Wohnung kombinieren, und das öffentliche Verkehrssystem wird gigantischen Datenkommunikationsnetzen, der Geschäftswagen dem neuesten Video-Konferenzsystem weichen. Zum erstenmal, seitdem der Mensch sich als Gemeinschaftswesen verstand und seinesgleichen zu immer größeren Arbeits- und Kommunikationseinheiten zusammenzuschließen begann, wird ein gegenläufiger Trend entstehen.

Die Städte werden sich leeren, und teure Bürogebäude werden ungenutzt herumstehen. Jahrhundertelang war der Mensch an den Gedanken gewöhnt, der Arbeit nachgehen zu müssen; an der Schwelle des nächsten Jahrzehnts wird die Arbeit – was man dann darunter versteht – auf den Menschen zukommen.

Wir brauchen keine zehn Jahre mehr zu warten, um die Auswirkungen der Computerisierung auf die einfacheren Berufe zu erleben. Noch bieten diese Berufe innerhalb der westlichen Gesellschaftsordnung die meisten Arbeitsplätze; sie bilden ein zusammenhängendes Ganzes, das von Tätigkeiten, die eine lange Ausbildungszeit und ausgedehnte praktische Erfahrungen voraussetzen – zum Beispiel die Bedienung bestimmter Werkzeugmaschinen –, bis hin zu solchen Arbeiten reicht, bei denen, wie etwa im Straßenbau, Muskelkraft und körperliche Ausdauer gefragt sind. Der Computer wird am stärksten und schnellsten die hoch- und durchschnittlich qualifizierten Berufsbereiche beeinflussen, während die körperliche Arbeit bis auf weiteres relativ unberührt bleibt. Hierfür gibt es eine Vielzahl von Gründen, der bei weitem wichtigste betrifft die sich entwickelnde Roboterwissenschaft und -technologie.

Wer schon einmal ein Science-fiction-Heft gelesen oder einen vergleichbaren Film gesehen hat, wird zugeben, daß der Roboter als Typ eindeutig festgelegt ist: Er wird ohne nennenswerte Variationen gezeigt als ein recht großes, aus Metall schnittig zusammengefügtes männliches Wesen. Er hat Rollen oder Räder an den Beinen, Arme mit klobigen Klauen und Augen im Gesicht. Aus seinem Mund tönt es blechern, und seine Nase scheint nur Dekoration zu sein. Die kriegerische Version dieses Typs hat Arme mit eingebauten Schußwaffen und Augen, die Todesstrahlen aussenden. Im Prinzip stellt man sich also einen Mann vor, der aus einem Metallbaukasten zusammengebastelt wurde. Diese Vorstellung hält sich hartnäckig, was beweist, welche einfältigen Ansichten sich die Leute über Roboter und deren Rolle in der Zukunft gebildet haben. Der hier beschriebene Allzweckroboter mit Men-

schengestalt, der sich auch menschlich verhält, wäre eine aufwendige, gleichwohl absolut sinnlose Konstruktion.
Kürzlich baute eine amerikanische Firma einen mobilen, sprechenden Allzweckroboter, der angeblich gesprochene Befehle verstehen und zumindest vorgeblich auf den Markt gebracht werden sollte. Die Nachricht von diesem merkwürdigen Ding ging wie ein Lauffeuer um die ganze Welt, bis Presse und Fernsehen endlich bemerkten, daß die ganze Geschichte nichts weiter als ein Schwindel war. Der »Roboter«, der wie üblich Menschengestalt hatte, war in Wirklichkeit eine Blechkiste auf Rädern, die insgeheim und von fern von einem durchtriebenen Zeitgenossen mit Hilfe einer Fernsteuerungsanlage für Modellflugzeuge gelenkt wurde. Das ganze Ding konnte genauso viel verstehen bzw. ebenso gut selbständig handeln wie die einzelnen Schrauben, Muttern und Aluminiumbleche, aus denen es bestand. Niemand weiß, was die Hersteller mit dieser Übung bezwecken wollten, es sei denn, ein paar exzentrische Millionäre wollten sich einen gewaltigen Scherz erlauben. Wer von Roboter- bzw. Computerwissenschaft auch nur eine leise Ahnung hatte, konnte allein aufgrund dessen, wie das Ding beschrieben war, schon sagen, daß da etwas nicht stimmen konnte. Nach dem heutigen technologischen Stand – und auch nach dem zu erwartenden Stand der achtziger Jahre – läßt sich ein solches Gerät für den genannten Preis von 20000 Dollar nicht bauen und verkaufen. Nicht einmal für einen Betrag von 20 Millionen wäre das möglich.
Die Beweggründe der Konstrukteure bleiben rätselhaft, die ganze Farce verdeutlicht jedoch, welch irrige Vorstellungen sich auch intelligente und gebildete Leute von Computern immer noch machen. Dies wurde mir eindeutig bestätigt, als mir ein international angesehener amerikanischer Journalist erzählte, er sei von den angepriesenen Fähigkeiten dieses »Roboters« überzeugt, denn er selbst habe an einer Party teilgenommen, auf der unser Roboter von einem zum anderen ging und Getränke reichte und sich beiläufig an der Unterhaltung beteiligte. Ich konnte sagen, was ich wollte, keines mei-

ner Argumente, keine mit Bedauern geäußerte Zusicherung, daß die Wissenschaft von den Robotern einfach keine solchen dramatischen Fortschritte gemacht haben könnte, waren in der Lage, ihn von seinem Glauben abzubringen. Jahrzehntelanger Genuß von Science-fiction-Büchern und -Filmen hatten ihn dahin gebracht, ohne mit der Wimper zu zucken die Maschinenmenschen zu akzeptieren.

Wenn ein Roboter aber kein Mensch aus Metall oder Plastik ist, der für die Erledigung aller Arbeiten vom Geschirrspülen bis hin zum nächtlichen Hinauslassen der Katze programmiert wurde, was ist er denn dann? Der Name Roboter wurde allgemein bekannt durch Karel Capeks berühmtes Schauspiel R. U. R. (Rossums universelle Roboter), das er zu Beginn der zwanziger Jahre schrieb. Die in Rede stehenden Roboter (eigentlich handelte es sich um Androiden, denn es waren biologische Systeme von Menschengestalt, die Rossum in seinem Labor synthetisch hergestellt hatte) handelten sklavenhaft nach Art der Zombies und übernahmen schließlich die Weltherrschaft. Später allerdings wurden sie »menschlich«, als sie nämlich ihre Fähigkeit, einander zu »lieben« entdeckten. Das Stück, mit dem der Autor nach Art Shaws deutlich eine Metapher schaffen wollte, hat heute mehr historischen als ästhetischen Wert. Capek, ein tschechischer Emigrant, dessen Visionen stark an Kafka erinnern, entschied sich für den Begriff »Roboter«, weil er im allgemeinen deutschen Sprachgebrauch ein Synonym für Sklavenarbeit ist.* Das Stück ist lesenswert, und sei es nur, weil darin eine Reihe von elementaren Fragen bezüglich des Roboterwesens und der Maschinenintelligenz aufgeworfen werden, insbesondere, ob durch Bau (oder Zerstörung) von menschenähnlichen, denkenden oder gar »fühlenden« Maschinen moralische Kriterien berührt werden. Die gleichen Probleme wurden von Mary Shelley mit beachtenswertem Weitblick in »Frankenstein« angeschnitten.

* (Dies wird vom Autor unterstellt; es handelt sich jedoch um ein Wort, das dem Tschechischen entnommen ist. Anm. d. Übers.)

Computerwissenschaftler und -ingenieure verstehen unter Robotern heute Geräte, die in der Lage sind, automatisch mancherlei Arbeiten zu verrichten, die normalerweise vom Menschen ausgeführt werden. Man geht selten davon aus, daß Roboter für die Erledigung von mehr als einer ganz bestimmten Aufgabe geeignet sind; in keinem Falle aber von »Allzweckrobotern« nach Art von Rossums Androiden. Manche Wissenschaftler weisen gar die Verwendung des Begriffs »Roboter« ganz und gar zurück und behaupten (wie auch in der letzten Auflage der ENZYCLOPAEDIA BRITANNICA nachzulesen), daß die Trennungslinie zwischen einem Roboter und einer unablässig denselben Arbeitsgang – zum Beispiel das Verkorken von Flaschen – wiederholenden Maschine zu unscharf ist, um einen besonderen Terminus zu rechtfertigen. In Wirklichkeit ist diese Linie jedoch nicht so verschwommen wie diese Behauptung. Im wesentlichen lassen sich Maschinen in drei verschiedene Kategorien einteilen: einfache Maschinen, programmierbare Maschinen und Roboter.

Einfache Maschinen sind, unabhängig von ihrem Zweck, nichts weiter als gewaltige mechanische Muskeln, sie werden entweder von einem Menschen bedient oder sind so entworfen und konstruiert worden, daß sie endlos wiederholte Arbeitsgänge ausführen können. In diese Kategorie fallen hydraulische Bagger, Dampfmaschinen und Kraftwagen.

Programmierbare Maschinen sind komplizierter. Sie lassen sich innerhalb eines eingegrenzten Aufgabenrahmens für die Durchführung jeder beliebigen Einzelaufgabe programmieren, im Falle anspruchsvollerer Maschinen sogar für die folgerichtige Erledigung einer ganzen Aufgabenreihe. Solche Maschinen erfreuen sich erst seit jüngster Zeit allgemeiner Verbreitung, obwohl manche der frühesten Ausführungen etwa zur selben Zeit erfunden wurden, wie die ersten einfachen Maschinen. Jacquards Webstuhl war eine programmierbare Maschine, gleichzeitig auch eine der ersten wirklichen Maschinen.

Ein Roboter unterscheidet sich deutlich von solchen Maschinen. Auch er ist zur Erledigung einer Vielfalt von Aufgaben oder ganzer Aufgabensequenzen fähig, welche Aufgabe jedoch zu einem ganz bestimmten Zeitpunkt angegangen wird, ist nicht durch ein vorgefertigtes Programm festgelegt, sondern durch von außen eingegebene Informationen, die für die gerade behandelte Aufgabe von Belang sind. Die Informationen, die ein Roboter aufnimmt, werden jedoch nicht als Steuersignale von einem Menschen eingegeben, sondern von Sensoren eingespeist, die mit dem Gerät direkt verbunden sind. Eine einfache oder eine programmierbare Maschine ist in der Lage, eine ganz komplexe Aufgabe zu lösen, sie fahren damit jedoch unaufhörlich fort, bis jemand eingreift und sie abstellt. Ein Roboter andererseits wird Veränderungen seiner Umgebung wahrnehmen und sein Verhalten entsprechend anpassen.

Lassen Sie uns diesen Punkt näher erläutern. Es gibt eine Möglichkeit zu prüfen, ob es sich um einen Roboter handelt, die ich den »Test mit Carmichaels Hut« nennen möchte. Der klassische englische Film über industrielle Verflechtungen und Automation »I'm All Right Jack« enthält eine Szene, in der Ian Carmichael eine automatische Bonbonfabrik besichtigt. Stücke einer widerwärtig süßen Toffeesorte laufen auf einem Band in einen Tunnel, in dem sie mit Schokolade überzogen werden und eine Kirsche aufgesetzt bekommen. Angeekelt weicht Carmichael zurück und legt versehentlich seinen Bowler auf das Förderband. Der Hut wird durch den Tunnel geschleust und kommt auf der anderen Seite mit einem Schokoladenüberzug und säuberlich mit Kirschen belegt wieder heraus.

Diese falsche Reaktion ließe sich bei einer einfachen Maschine werten, denn das Gerät erkannte nicht, daß es einen Hut anstelle eines Toffeebrockens vor sich hatte. Auf der anderen Seite beweisen der anmutige Überzug der gesamten Oberfläche des Huts und die ästhetische Anordnung der Kirschen, daß das System intelligenter war als angenommen. Warum wurde nicht nur jene Fläche des Huts mit Schokolade überzogen, die etwa der Größe eines Toffees entsprach? Wieso war das Gerät in der Lage, die kunstvoll gewölbte Oberfläche des Huts gleichmäßig zu überziehen? Woher wußte die Maschine, wo die Kirschen hingehören – und aus welchem Grunde entschied sie sich, den Hut mit mehr als einer Kirsche zu versehen? Die Schlußfolgerung ist zwingend, daß die Maschine mit einem Größenprüfgerät und einem Gerät, das Gestalt und Form registrierte, ausgestattet war und auch gewisse »ästhetische Vorstellungen« besaß. Diese Charakteristika machen die Anlage zu einem nach heutigen Maßstäben recht tüchtigen Roboter.

Roboter treffen Entscheidungen, mögen es nun einfache oder komplizierte sein. Die Maschine kann gewissermaßen bestimmte Merkmale der Außenwelt erfassen. Noch heute gibt es keinen Roboter, der das Problem mit Carmichaels Hut so elegant lösen könnte, wie in dem Film geschildert. Moderne Roboter in der Industrie können nur ansatzweise Formen unterscheiden; sie beschränken sich darauf, die Stellen festzulegen, wo spezielle Arbeiten vorgenommen werden sollen. Wie es etwa die inzwischen namhaften Industrieroboter vom Typ UNIMATE tun, die Autos und Maschinenteile exakt aneinanderschweißen.

Zur Zeit werden Roboter für Arbeiten eingesetzt, die der Mensch für unangenehm oder für gefährlich hält – die Reparatur von Geräten unter Wasser, etwa bei großer Hitze oder beim Ausströmen giftiger Gase. Zwar hat man zu Versuchszwecken einige Ausnahmen gemacht, aber das eigentliche Ziel der Roboterforschung hieß: Wie konstruiert man in den siebziger Jahren Maschinen, die dort arbeiten können, wo es für den Menschen unmöglich oder gesundheitsschädlich ist. Hier leistet der Roboter eine Arbeit, die sonst unterbleiben müßte, und seine hohen Produktionskosten sind daher sicherlich gerechtfertigt. So lange wie ein großer Computer »alter Art« zur Steuerung eines jeden Roboters erforderlich ist, sind Herstellung und Unterhaltung sehr teuer. Deshalb werden Roboter für jene Tätigkeiten heute noch nicht eingesetzt, die

von gelernten und angelernten Arbeitern ausgeführt werden können.
Dies wird sich aber ändern, wenn der Computer statt einiger Tausend nur noch einige Mark kostet und so klein im Format ist, daß er in das eigentliche Arbeitsgerät mühelos eingebaut werden kann. Solche Entwicklungen zeichnen sich in Japan, Osteuropa, in manchen Teilen der Vereinigten Staaten und in Großbritannien schon ab. Ein erster Hinweis dafür, daß Roboter in naher Zukunft leicht zu bedienen sein und ein aufsehenerregend günstiges Kosten-/Nutzenverhältnis vorweisen werden. Gegen Ende dieses Jahrzehnts werden Roboter plötzlich in jene Aufgabenbereiche vordringen, die bislang von beruflich hochqualifizierten Menschen bewältigt wurden. Dazu gehört die Steuerung und Überwachung von Maschinen in den Fabriken. Jedes Land bzw. jede Industrie, der es nicht gelingt, mit diesen Entwicklungen Schritt zu halten, wird alsbald in Schwierigkeiten geraten. Denn Roboter sparen Löhne und Gehälter, und viele Waren auf dem Weltmarkt werden einem dramatischen Preissturz unterliegen.
Wem dies unrealistisch erscheint, der sollte sich die beiden erfolgreichsten Nachkriegs-Volkswirtschaften – die Deutschlands und die Japans – vor Augen führen. Beide Länder standen nach dem Krieg vor dem wirtschaftlichen Nichts und waren gezwungen, in den vierziger Jahren ihre Industrien völlig neu aufzubauen. Es wurden Fabriken gebaut, die den wirtschaftlichen Bedingungen der Zeit geradezu ideal entsprachen, während England und, wenn auch weniger stark, Amerika ihren veralteten und relativ ineffizienten Technologien verhaftet blieben. So traten die Kriegsverlierer Japan und die Bundesrepublik ihren wirtschaftlichen Siegeszug an. Dieses Ungleichgewicht, das zur Stärke der Deutschen Mark und des Yen führte, beruhte indessen auf nur kleinen Vorsprüngen bei der Automatisierung. Auch wurde in Japan und der Bundesrepublik schon früh Menschenarbeit von Maschinen ersetzt. Aber auch in diesen beiden Ländern galt der maschinelle Anteil an der Arbeitslast zum großen Teil dem Ersatz oder

der Verstärkung der Muskelkraft, nicht etwa geistiger Arbeit, und solange das so bleibt, hat die Automation nur einen Bruchteil des industriellen Sektors durchdrungen. Das Aufkommen billiger Roboter aber wird eine viel tiefere Durchdringung der arbeitsintensiven Industrien ermöglichen.

Von der fortschreitenden Automation blieben bis auf den heutigen Tag jene Verrichtungen weitestgehend verschont, die der Steuerung und Kontrolle einer Maschine durch den Menschen gelten. Hierin offenbart sich eine Partnerschaft besonderer Art: Die Maschine erledigt jenen Teil der Arbeit, der Stärke oder Ausdauer des Menschen übersteigt, der Mensch dagegen nimmt den Teil der Aufgabe wahr, den die Maschine nicht leisten kann. Der Mensch bedient vielleicht eine Werkzeugmaschine, um aus einer unterschiedlich starken Metallplatte ein kompliziertes Muster herauszustanzen, fährt ein mächtiges Tunnelvortriebsgerät oder prüft, ob eine Reihe von Fertigungsprodukten der geforderten Norm entsprechen. In all diesen Fällen führt die Maschine eine Arbeit aus, und der Mensch überprüft das Resultat, trifft eine Entscheidung und stellt die Maschine entweder neu ein oder ändert den gesamten Arbeitsablauf, so daß die nächste Phase der Aufgabe in Angriff genommen werden kann.

Ungeachtet der Komplexität dieser Arbeitsgänge an sich und der komplizierten Partnerschaft zwischen Mensch und Maschine handelt es sich bei der Begutachtung der Produkte und der Entscheidungsfindung häufig um relativ banale Vorgänge, die im Prinzip einer Maschine leicht zu übertragen wären. Nehmen wir beispielsweise das Präzisionsschweißen: das System müßte ausgestattet sein mit a) einem sensitiven Gerät, das die Fläche erkennen kann, die geschweißt oder geschnitten werden soll, b) einer Programmfolge, um die gewünschten Muster oder Formen erkennen zu können, die die Maschine stanzen soll, c) einem folgerichtigen Prüfungsablauf, der das von den Sensoren Ertastete den Rekognoszierungsprogrammen gegenüberstellt und beurteilt, ob eine zufriedenstellende Übereinstimmung besteht und d) einem

»Medium«, mit dessen Hilfe das Prüfungsprogramm die zu schweißende oder brennende Oberfläche korrigieren und steuern kann. Zu Versuchszwecken gibt es seit Jahrzehnten schon Computer, die zu alldem fähig sind. Man kam über das Versuchsstadium jedoch nicht hinaus, weil die riesenhaften Geräte zu teuer, zu schwerfällig und zu unzuverlässig waren und – last not least – weil sie zuviel Platz in Anspruch nahmen.

Durch einen Mikroprozessor aber wird dies alles anders. Kybernetische Systeme werden nicht länger riesengroß, unzuverlässig und teuer sein. Sie werden kleiner sein als ein menschliches Gehirn, weitaus verläßlicher, unermüdlicher – und extrem billig zu warten und zu betreiben.

Gegen Ende der laufenden Dekade werden Roboter überall in der Industrie den Menschen von seinem Arbeitsplatz vertrieben haben. Die Emanzipation des Menschen von der Notwendigkeit, für seinen Lebensunterhalt zu arbeiten, wird dann in eine neue Phase getreten sein.

Es ist interessant und nicht ohne Ironie, daß die Bedeutung der Computerrevolution in jenen Berufen am größten sein wird, wo normalerweise eine qualifizierte Ausbildung und große Erfahrung verlangt wurde und von denen man einst am wenigsten erwartete, daß ihnen die Automation Konkurrenz machen könnte. Umgekehrt werden jene Tätigkeiten, denen heute nur niedriger ökonomischer und sozialer Rang beigemessen wird – Arbeiten wie Ein- und Auspacken, Säubern und einfache Instandhaltungsarbeiten, Kraftzeugfahren und Postbeförderung – wahrscheinlich relativ unangefochten bleiben. Doch eines Tages werden die Computer unser gesamtes soziales Gefüge derart auf den Kopf gestellt haben, daß ein wesentlicher Teil des menschlichen Daseins, die Berufstätigkeit, der Vergangenheit angehören wird.

Für die meisten von uns ist die Vorstellung von einer Gesellschaft, in der zunehmende Bereiche der Arbeitswelt Computern und computergesteuerten Maschinen überlassen werden, sowohl abstrakt als auch bedrohlich. Vielleicht ist die ganze

Problematik weniger furchterregend, wenn man unterstellt, daß all die in den letzten beiden Jahrzehnten dieses Jahrhunderts noch zu erwartenden Veränderungen nur die Fortsetzung eines beständigen Trends zu mehr Wohlstand sind, der einhergeht mit der ständig abnehmenden Notwendigkeit menschlicher Arbeit. In primitiven Gesellschaften herrschte so bittere Armut, daß alle Mitglieder einer Gruppe – Männer, Frauen, Alte und Junge – ihr Leben lang arbeiten mußten, um Nahrung zu finden und zu überleben. Mit fortschreitender Technologie und Wissenschaft wurde der Mensch seiner Umgebung zunehmend besser Herr, seine Arbeitslast wurde geringer, und der Wohlstand seiner Gesellschaft stieg. Abgesehen von einigen bemerkenswerten Ausnahmen hat sich dieser Trend gemächlich fortgesetzt.

Allein im letzten Jahrhundert kam es zu Veränderungen großen Umfangs, die kurz dargelegt werden müssen. Nehmen wir einen Bergmann aus dem letzten Viertel des neunzehnten Jahrhunderts. Sechs Tage in der Woche arbeitete er täglich zwölf bis vierzehn Stunden unter härtesten Bedingungen und verdiente gerade genug, um seine Familie vor dem Verhungern zu bewahren. Wäre dieser Mann in der Lage gewesen, sich vorzustellen, in welchem »Paradies« sein Berufskollege im Jahre 1980 leben würde? Der Bergmann von heute arbeitet immer noch hart und unter nicht gerade beneidenswerten Bedingungen, aber er genießt einen Lebensstandard, um den ihn selbst die wohlhabende Mittelklasse des viktorianischen Zeitalters beneidet hätte: eine warme, trockene Wohnung, reichlich zu essen, zweckmäßige und geschmackvolle Kleidung und andere wesentliche Dinge des täglichen Bedarfs. Er kann seine Kinder auf eine gute Schule schicken, ein eigenes Auto fahren, die Wohnung mit elektronischen Geräten nach dem letzten Stand ausrüsten und Urlaub in einem Hotel am Mittelmeer machen. Ich will hier keineswegs gönnerhaft predigen, wie sehr die Bergleute mit ihrem Schicksal zufrieden sein sollten, sondern lediglich herausstreichen, wie weit der Lebensstil zweier nur durch ein Jahrhundert technologischen

Fortschritts getrennter, sozial identischer Gruppen hinsichtlich ihres Wohlstands auseinanderklafft.
Diese Veränderungen sind wünschenswert und wir haben uns an sie gewöhnt. Sie sind jedoch bemerkenswert, und jedesmal, wenn wir daran denken, sollten wir uns wundern – etwa so, wie sich ein Bergmann des Jahres 1879 wunderte, wenn er plötzlich in die heutige Zeit versetzt würde. Aber das vielleicht Erstaunlichste von allem ist, daß wir keinen Grund haben, an der Fortsetzung dieses Trends zu zweifeln. Die Geschichte der wirtschaftlichen Entwicklung der Menschheit verdeutlicht auf anschauliche Weise, daß sich der Mensch bei steigender Produktivität für immer weniger Arbeit immer mehr leisten konnte. Im Laufe von etwa hundert Jahren ist der Sechzehn-Stunden-Tag dem Acht-Stunden-Tag gewichen. In den nächsten zehn oder zwanzig Jahren wird daraus ein Fünf- oder gar Vier-Stunden-Tag werden. Und da wir die Aufgabe, für Wohlstand zu sorgen, den Computern übertragen, wird die Arbeitszeit weiter verkürzt werden und schließlich der Null-Stunden-Tag kommen. Dieser Trend mag gewissen Schwankungen unterworfen sein, seine Richtung jedoch steht endgültig fest.
Eins der Hauptprobleme jedoch, mit denen der Mensch in der mittelfristigen Zukunft konfrontiert ist, besteht darin, die ungeheuren Umwälzungen psychisch und sozial zu verkraften. Die Erörterung dieses kritischen Punkts sollte deutlich machen, daß uns die Computerrevolution vor die Wahl zwischen einem Paradies oder einem Katastrophengebiet stellt. Der alles entscheidende Umbruch könnte mittelfristig stattfinden, wahrscheinlich jedoch werden wir ihn in den neunziger Jahren erleben. Angesichts der Problemfelder, die uns für die achtziger Jahre erwarten, mag sich manch einer unbehaglich fühlen. Die Welt ist ja wirklich schon kompliziert genug, und diese Komplikationen haben wir ausschließlich selbst verursacht. Zur Förderung einer wachsenden und zunehmend wohlhabender werdenden Zivilisation haben wir gnadenlos Wissenschaft und Technik eingesetzt. Das Ergebnis war eine

noch komplexere Welt, die immer weitere Rückgriffe auf moderne Technologien verlangte, die ihrerseits die Welt weiter kompliziert.
Gibt es einen Ausweg aus diesem Teufelskreis? Vielleicht, aber nur, wenn wir einen außerordentlich kühnen Schritt wagen, dessen Folgen schwer zu ermessen sind. Damit ist gemeint, daß wir des Dilemmas nur Herr werden, wenn wir dem Computer erlauben, seine immense Leistungsfähigkeit in unsere Dienste zu stellen.

FÜNFTER TEIL

Intermezzo: Über intelligente Maschinen

KAPITEL 12
Das Wesen der Intelligenz

Bislang habe ich unter entsprechenden Vorbehalten und Erläuterungen im Zusammenhang mit Computern, Computerprogrammen und – gelegentlich – Maschinen das Wort »Intelligenz« benutzt, ohne es jedoch zu definieren. Definitionen, selbst die der besten Wörterbücher wie dem THE SHORTER OXFORD, sind immer eine fragwürdige Sache. Das komplette OXFORD ENGLISH DICTIONARY (es hat stolze dreizehn Bände, ist äußerst unhandlich und läßt sich wahrscheinlich erst dann erträglich bequem benutzen, wenn sein Inhalt auf einem Chip zusammengefaßt ist) bietet uns als Erklärung »die Fähigkeit zu verstehen, Intellekt« an. Was aber heißt »verstehen« oder »Intellekt«? Auf Seite 3493 wird »verstehen« definiert als »das Erfassen des Sinns oder der Bedeutung von...«, als »mit Verständnis urteilen« oder »begreifen und vernünftig urteilen«. Sind wir nun schlauer? Nein, schlagen wir also die Seite 1455 auf. Dort wird »Intellekt« definiert als »die Fähigkeit... des Verstandes oder des Geistes, zu wissen und vernünftig zu denken (ausgenommen Sinneswahrnehmungen und gelegentlich Vorstellungen); Kraft des Denkens; Verstehen«. Selten, so weiter: »benutzt in Verbindung mit niederen Tieren«. Bei allem Respekt vor dem Diktionär, die Definition der genannten Begriffe scheint die Herausgeber überfordert zu haben. Noch größere Verwirrung herrscht im Kopf des Durchschnittsmenschen, wie sich leicht beweisen läßt, wenn man jemand bittet, eines dieser Wörter zu erklären. Gelegentlich wird behauptet, »Intellekt« habe irgend etwas mit Bewußtsein zu tun, mit Lernen, Denken oder gar mit Intuition, was letzteres auch immer bedeuten mag. Besteht man auf mehr Genauigkeit, kommt unvermeidlich der Begriff Intelligenz wieder ins Spiel. Offenbar dreht sich im »Bewußtsein« der meisten Menschen diesbezüglich alles im Kreis.

Stillschweigend wird stets unterstellt, daß Intelligenz etwas sei, worüber alle Menschen verfügen, und sie deshalb ein Kennzeichen höherer Lebewesen sein könnte. Eine Auseinandersetzung, die der philosophischen Debatte darüber gleicht, ob Tiere als Geschöpfe Gottes eine Seele hätten. Wie auch immer die Diskussion ausgegangen wäre, sie hätte keinerlei praktische Konsequenzen gehabt. Erst mit den ersten zaghaften Deutungsursachen der Psychologie gegen Mitte des neunzehnten Jahrhunderts wurde der Begriff der Intelligenz einer genaueren Prüfung unterzogen, und es dauerte bis zum Ersten Weltkrieg, ehe man begann, ihn strenger zu analysieren.

Der Anlaß war ein eher trauriger: Die US Army war genötigt, ihre umfänglichen Notrekrutierungen anhand irgendeines Befähigungskriteriums vorzunehmen und einen Bewertungsmaßstab für die angeborenen »Geisteskräfte« des einzelnen Soldaten aufzustellen. So entwarfen die Militärpsychologen reihenweise schriftliche Tests nach dem Multiple Choise-Verfahren, die eigentlich nur eine Methode darstellten, den Bildungshintergrund zu ermitteln. Die heutigen Tests beruhen auf der Annahme, daß alle Menschen im gewissen Umfange angeborene geistige Fähigkeiten besitzen; sie bemühen sich, kulturelle Faktoren zu eliminieren und streben an, etwas zu bewerten, das sich am besten mit »geistiger Beweglichkeit« umschreiben läßt.

Wir wollen hier nicht diskutieren, wie nützlich oder gültig solche Tests sind. Die Behauptung, daß man Intelligenz als die Fähigkeit definiert, die sich durch einen Intelligenztest messen läßt, gehört zu den Standardwitzen unter Psychologen. Ich habe diesen Punkt nur angeschnitten, um zu fragen, ob wir, wenn von Intelligenz die Rede ist, wirklich von dem sprechen, was bei einem solchen Test gemessen wird. Vergessen wir die Gültigkeit von IQ-Tests für eine Weile und fragen wir uns, ob die Fähigkeit, Beziehungen zwischen Objekten und Strukturen wahrzunehmen, Probleme von wechselnder Komplexität zu lösen und neue Wege bei geistigen Ratespielen zu entdekken, wirklich zu den intellektuellen Aktivitäten gezählt wer-

den kann. Ich glaube, alle werden mir beipflichten, daß es sich hierbei wenigstens um einige relevante Faktoren handelt, obschon es durchaus andere geben mag. So weit, so gut.
Befreit man sich von der Vorstellung, solche Fähigkeiten ließen sich nur mit Hilfe von Papier und Bleistift testen, wird man bald erkennen, daß diese Fertigkeiten größtenteils zum täglichen Leben aller Menschen und eben auch vieler Tiere gehören. Die nichtmenschlichen Primaten – Schimpansen und dergleichen – können mit Sicherheit die Beziehungen zwischen verschiedenen Objekten erfassen und können sich ihnen anpassen; dasselbe gilt für Haustiere wie Hunde und Katzen. Wenn man nicht eine unvernünftig starre Haltung einnehmen und erklären will, daß Intelligenz ein Attribut des menschlichen Gehirns oder Verstandes *allein* ist und ex definitione nirgendwo sonst gegeben sein kann (ein Standpunkt, der nur unter größten Schwierigkeiten zu verteidigen wäre), dann ist Intelligenz bis zu einem gewissen Grade zumindest bei höheren Tiergattungen vorhanden.
Hier stellen sich nun zwei Fragen. Wenn wir unterstellen, daß Primaten, Hunde, Katzen und sogar Ratten über Intelligenz verfügen, wo muß dann auf der stammesgeschichtlichen Entwicklungsleiter der Trennungsstrich gezogen werden? Sind Stachelschweine beispielsweise intelligent? Sie sind es. Aber wie steht es mit Bienen? Oder Ohrwürmern? Wie verhält es sich mit der Intelligenz von Maschinen? Schon seit geraumer Zeit sind Computer in der Lage, Beziehungen zwischen unterschiedlichen Objektkategorien herzustellen (wenn auch zugestandenermaßen auf recht mühselige Weise). Auch können sie bestimmte Problemstellungen lösen. So ist man aufs neue gezwungen, den Gedanken an eine Maschinenintelligenz zu akzeptieren, es sei denn, man wolle Intelligenz so definieren, daß sie nur biologischen Systemen, nicht aber aus elektronischen Komponenten gefertigten Gegenständen eigen sein könne. An dieser Stelle der Argumentationskette stellen die meisten Leute die Frage, die jeder Computerwissenschaftler fürchten gelernt hat: »Aber die Intelligenz einer Maschine,

wenn man das Wort schon gebrauchen *muß*, ist rein automatisch. Eine Maschine kann doch sicherlich nur das tun, wozu sie vorab programmiert wurde?« Die Antwort hierauf ist unerwartet einfach: Dasselbe gilt für Mensch und Tier.

Höhere Tiere haben, wie schon gesagt, die Fähigkeit, Probleme zu lösen und Beziehungen zu erkennen; und daraus folgerten wir, daß sie mit einem gewissen Maß an Intelligenz ausgestattet sein müssen. Nun sind »Problemlösung« und »Erkennen von Beziehungen« lediglich Ausdrücke, die der Mensch gebraucht, um verschiedene Verhaltensmuster zu beschreiben. Sie lassen sich auch unter dem Begriff »Anpassung an Veränderungen der Umwelt« subsumieren. Und an dieser Stelle gelangen wir zu der elementarsten und sicher auch radikalsten Definition von Intelligenz, die sich finden läßt. Intelligenz ist die Fähigkeit eines Systems, sich äußeren Veränderungen entsprechend anzupassen. Je anpassungsfähiger – je vielseitiger seine Anpassungskräfte –, desto intelligenter ist es.

Diese Definition ist zweckmäßig, weil sie entmystifiziert und folgerichtig angewendet werden kann. Wie die meisten weitgefaßten Definitionen erklärt auch sie keineswegs näher, wie ein Begriff zu beschreiben sei. Sie ist sinnvoll, wenn es zu entscheiden gilt, ob Tiere, die aus einem Labyrinth herausfinden, intelligent sind oder nicht. Sie versagt jedoch, wenn wir die Intelligenz eines Menschen messen wollen, der Kreuzworträtsel löst oder etwa Bücher über Computer schreibt. Um zu sehen, wie eine solche Definition ausgeweitet werden kann, um den komplizierten Teilaspekten der Intelligenz gerecht zu werden, müssen wir zunächst die wichtigsten Faktoren herausgreifen, die sich ein Lebewesen vielseitig und flexibel seiner Umgebung anpassen lassen. Nach meiner Rechnung gibt es dafür insgesamt sechs entscheidende Faktoren.

Sinnliche Wahrnehmung (Datenerfassung)

Der Begriff »sinnliche Wahrnehmung« hat in der Psychologie und Physiologie eine feste Bedeutung und impliziert die Aufnahme von Informationen aus der Umwelt durch gewisse Organismen. Dazu gehört die Funktion des Auges, wenn die Netzhaut aufprallende Photonen »einfängt«; das Ohr, wenn dessen innere Struktur im Einklang mit Druckwellen in Schwingungen gerät; die Geruchsmechanismen in den Nasengängen, wo spezielle Zellen das Vorhandensein freischwebender Chemikalien aufspüren usw. Nach dieser Definition verfügen Mensch und Tier über die Fähigkeiten sinnlicher Wahrnehmungen. Selbst die niedersten Geschöpfe wie Amöben, die gerade aus einer einzigen mehr oder weniger homogenen Zelle bestehen, reagieren auf Veränderungen in ihrer Umgebung, fliehen vor einem bestimmten Reiz und bewegen sich auf andere Stimuli zu. Aber genau um diese Frage geht es hier: Werden Informationen empfangen oder Stimuli?

Man stelle sich einen Spielzeugsoldaten vor, der auf der Erde steht. Er wird von einer Kugel aus einer Spielzeugkanone getroffen und fällt um. Kann man etwa sagen, er habe so die Fähigkeit zu sinnlicher Wahrnehmung demonstriert? Natürlich reagiert der Soldat auf Veränderungen der Umwelt oder Stimuli, aber nur auf absolut passive Weise. Es gibt nur zweierlei, das ihm zu tun bleibt, er kann stehenbleiben oder umfallen. Wird er nicht berührt, bleibt er bis in alle Ewigkeit stehen, wenn ihn irgend etwas mit hinreichender Kraft trifft, dann fällt er um. Dies gilt in jedem Falle, ob ihn nun etwas für ihn »Schlechtes« wie die Kanonenkugel trifft oder etwas »Gutes«, sagen wir vielleicht, der Strahl aus einer Farbsprühdose, der ihn vor Korrosion schützt. Ganz offenbar »fühlt« der Soldat die Umgebung nicht, außer im am weitesten hergeholten Wortsinne, und dies liegt eigentlich daran, daß er zwischen Stimuli nicht differenziert. Die Amöbe dagegen ist schon flexibler. Der Bereich ihrer Reaktionsmöglichkeiten ist sehr eingeschränkt – »geh darauf zu« und »bleib davon weg« –, dennoch hat sie einen gewissen Spielraum aufgrund von vorhandenen Mechanismen, die erfassen, welche der entsprechenden Stimuli »angenehm« oder »unangenehm« zur Zeit in ihrer Umgebung vorherrschen. Hier unterscheidet sich das lebende Wesen vom toten Gegenstand: Es kann sich Veränderungen seiner Umgebung anpassen. Nun wollen wir unsere Amöbe, also ein Lebewesen, beispielsweise auswechseln gegen eine mechanische Schildkröte.

Die mechanische Schildkröte war ein interessantes Spielzeug, das der exzentrische englische Neurophysiologe Grey Walter erfunden hat. Sie bestand aus einer Metallschachtel auf Rädern, die entfernt an eine Schildkröte erinnerte, und war an ihrer Vorderseite, die man mit etwas gutem Willen ihren Kopf hätte nennen können, mit einer Reihe von lichtempfindlichen Fotozellen versehen. Die Schildkröte war so konstruiert, daß der Motor, sobald Licht auf die Fotozellen fiel, rückwärts zu laufen begann – sie vom Licht fortzog –, und zwar so lange, bis die Lichtstärke so weit abgenommen hatte, daß die Fotozellen nicht mehr aktiviert wurden. Dann blieb die Schildkröte stehen, wiederum so lange, bis ihr stärkeres Licht entgegenkam, woraufhin sie sich erneut zurückzog. Spätere Versionen dieser Schildkröte führten schon ein viel abwechslungsreicheres »Leben«. Wenn ihre Batterien fast leer waren, veranlaßte eine eingebaute Schaltung sie dazu, sich in die dunkelsten Ecken des Raumes zu begeben, wo Grey Walter Ladegeräte hingestellt hatte, an die sich die Schildkröten selbst anschließen konnten. Waren sie wieder aufgeladen, pflegten sie sich in eine gewissermaßen neutrale Ecke des Raumes zurückzuziehen und so weiter, ad infinitum. Die Schildkröten waren leicht zu bauen. Dennoch warf ihre Existenz, Walters Absichten entsprechend, eine bedeutsame Frage auf, nämlich ob sie fühlende Wesen seien. Nach jeder in der Biologie gängigen Definition waren sie es paradoxerweise tatsächlich, denn, so primitiv sie auch waren, waren sie doch mit Geräten ausgestattet, die zwischen hell und dunkel unterscheiden konnten. Das allerdings können auch Radargeräte, Radioteleskope und dergleichen; sie alle sind jedoch nur Empfänger, die mit Bildschirmgeräten zusammengeschaltet sind und Informationen erhalten. Dagegen verfügen die mechanischen Schildkröten (und die lebenden Amöben) über eine weitere entscheidende

Funktion. Im Gegensatz zu den Radargeräten stellen sie nicht nur das Vorhandensein oder Fehlen eines bestimmten Stimulus fest, sondern reagieren darauf auf angemessene Weise.
Aber woher »wissen« sie, welche Stimuli zu meiden, welche zu suchen sind? Dies bringt uns zum zweiten konstitutiven Element der Intelligenz, der Datenspeicherung.
Dieser Begriff bedeutet, daß lebende Systeme Information speichern und dazu nutzen, ihre Anpassungsfähigkeit zu steigern. Sowohl die Amöbe als auch die mechanische Schildkröte unterscheiden sich von dem Spielzeugsoldaten dadurch, daß sie auf ihre Umgebung eingehen. Obwohl die Systeme Amöbe und Schildkröte dem Spielzeugsoldaten überlegen sind, unterliegen sie immer noch gewaltigen Einschränkungen. Zwar können sie zwischen verschiedenen Umweltbedingungen unterscheiden und darauf entsprechend eingehen oder eben auch nicht reagieren; aber dies ist alles, was sie tun können. Ihre Reaktionen sind festgelegt, nicht wandlungsfähig. Jede bedeutsame Veränderung der Umgebung – das Verschwinden des weißen und dessen Ersetzung durch rotes Licht oder gar durch Geräusche – würde ihre Möglichkeiten zur Entscheidungsfindung eindeutig übersteigen. Es ist völlig gleichgültig, wie lange sie diesen neuen Bedingungen ausgesetzt sind, sie werden völlig unfähig und untauglich bleiben, bis die ursprüngliche Hell/Dunkel-Alternative wieder eintritt.
Die Mehrzahl der Lebewesen jedoch besitzt die Fähigkeit, ihr Verhalten durch Erfahrung zu ändern. Etwas genauer ausgedrückt, handelt es sich hierbei um das, was wir unter lernen verstehen. Ist diese Lernfähigkeit auf Maschinen übertragbar?
Die Schildkröte, die »weiß«, daß ihre Batterien in den dunklen Ecken des Raumes aufgeladen werden, und dorthin nur geht, wenn ihre Batterien beinahe leer sind, ist ein intelligentes System einfachster Art. Sie kann »Entscheidungen« treffen und hat die Wahl zwischen drei Handlungsabläufen: Sie kann aus dem hellen Licht laufen, was sie immer dann tut, wenn sie davon getroffen wird; sie kann sich in eine dunkle

Ecke begeben, was sie tut, wenn ihr Batteriestrom zur Neige geht, oder sie kann sich im Halbdunkel aufhalten, womit sie den Rest der Zeit verbringt. Die inneren Mechanismen des Systems lassen sich als ein einfacher Programmsatz oder als Steuermechanismen umschreiben, von denen jeder einzelne in Tätigkeit gesetzt wird durch einen der drei Reizkomplexe: helles Licht, niedrige Batterieladung oder das Fehlen sowohl des hellen Lichts als auch des Stimulus bei niedriger Ladung. Gehen wir jedoch einmal von der Annahme aus, die Batterieladegeräte würden plötzlich in strahlende Helligkeit getaucht statt sich weiterhin in absoluter Dunkelheit zu befinden. Die Schildkröte, die dafür konstruiert ist, das helle Licht zu fliehen, wird von den Ladegeräten fortlaufen, zum Stillstand kommen und »sterben«, weil ihre Reaktionsmuster vor den veränderten Umweltbedingungen versagen.

Die Schildkröte ließe sich so umpolen, daß Licht nunmehr den Impuls »hin« statt »fort« gibt, und alles stünde zum Besten, bis die Umgebung sich wieder umgekehrt verhält. Man könnte die Schildkröte auch verbessern und ihr zweckmäßigere Verhaltensregeln einprogrammieren. Etwa folgende: »Bleib vom Licht weg, es sei denn, deine Batterien gehen zu Ende, und in den dunklen Ecken lassen sich keine Ladegeräte finden. Wenn die Batterien fast leer und in den dunklen Ecken keine Ladegeräte sind, geh ins Licht und sieh nach, ob dort welche sind.« Ein weiterer Satz wenn/dann-Instruktionen ließe sich leicht einbauen und würde der Schildkröte das Überleben in gänzlich instabilen Lichtverhältnissen gestatten. Weit kompliziertere Instruktionen müßten aber entwickelt werden, um sie zu befähigen, mit mehr als nur diesen elementarsten Änderungen der Lichtverhältnisse fertig zu werden. Was wir hier beschrieben haben, wäre dennoch so etwas wie ein Quantensprung zu einer Schildkröte mit beinahe instinktiven Qualitäten. Durch entsprechende Programmierung könnte ihr »Leben« unendlich viel abwechslungsreicher gestaltet werden, vorausgesetzt, daß a) sie mit einer leistungsfähigen Reihe von Sensoren ausgestattet wäre, die ein breites Informationsspektrum erfassen, b) genügend Raum zur Verfügung stünde, um alle aus der sich permanent ändernden Umwelt stammenden Informationen zu speichern und c) daß die Schildkröte in ihrem Innern einen hinreichend leistungsfähigen Computer besäße, um die gewaltigen Mengen der eingespeisten neuen Informationen zu integrieren und diese mit der Vielzahl von neuen oder umschriebenen Programme in Beziehung zu setzen. Die Punkte a) und b) stellen im wesentlichen die ersten beiden Intelligenzfaktoren dar – Datenerfassung und Datenspeicherung. Bei Punkt c) geht es um etwas Neues, wir wollen dies die »Programmierbarkeit« nennen. Es hilft aber nicht viel, wenn man sagt, eine Ganzheit sei programmierbar. Von welcher Art Programmierbarkeit sprechen wir? Von einem System, das über große Mengen von Programmen verfügt, oder von einem, das besonders leistungsfähige oder besonders schnell ihren Zweck erfüllende Programme beinhaltet? Je mehr man darüber nachdenkt, um so deutlicher wird, daß es sich bei der »Programmierbarkeit« nicht um einen Faktor, sondern um mehrere Faktoren handelt, von denen jeder einzelne ein wichtiger unabhängiger Parameter der Intelligenz ist. Eine wichtige Rolle spielt also auch die Arbeitsgeschwindigkeit des Systems bzw. die Zeit, in der ein Programm durchgeführt werden kann. Sie stellt den dritten Faktor der Intelligenz dar.

Arbeitsgeschwindigkeit bedeutet die Geschwindigkeit, mit der die einzelnen Komponenten des Systems von einem Zustand in den anderen schalten können. Je schneller Informationen verarbeitet werden, desto schneller kann sich das System auf Veränderungen der Umwelt einstellen, desto wendiger kann es Probleme lösen. Eine mechanische Schildkröte, die aus Teilen eines Stabilbaukastens oder anderen Bausatzes gefertigt wurde und nur die Richtung ihrer Bewegung ändern kann, nachdem Hebel und Schalter mühsam umgelegt worden sind, ist viel langsamer anzupassen als eine vollelektronische Schildkröte. Wie wir bereits sagten, sind Computer hinsichtlich der Arbeitsgeschwindigkeit jedem biologischen Konkurrenten unvergleichlich überlegen. Die meisten tierischen Nervensysteme haben eine Schaltgeschwindigkeit, die sich zu der eines modernen Computers etwa verhält wie 20 zu einer Million.

SOFTWARE-MODIFIKATIONSGESCHWINDIGKEIT: Hierbei handelt es sich um einen schwerer verständlichen Begriff, den man nicht mit Arbeitsgeschwindigkeit verwechseln darf. Die Rede ist hier von der Geschwindigkeit oder Leichtigkeit, mit der eine Einheit (Ganzheit) ihre Software verändern oder bei Bedarf neue Programme schaffen kann. Um noch einmal auf die Schildkröte zurückzukommen: Zu Anfang befahlen ihr all ihre Programme, das Licht zu fliehen und sich in dunkle Ecken zurückzuziehen, sobald ihre Batterien zur Neige gingen. Eine spätere Version statteten wir mit komplizierteren Instruktionssätzen aus, die ihr befahlen, sich dem Licht zu nähern, wenn sie an der gewohnten Stelle die Ladegeräte nicht fand. Nun stelle man sich noch ein weiteres Programm vor, das die Schildkröte anweist, überall zu suchen, wenn sich die Ladegeräte nicht an der erwarteten Stelle befinden. Hat die Schildkröte die Ladegeräte schließlich an der Stelle X ausfindig gemacht, löscht dieses Zusatzprogramm nunmehr überflüssige Programme, denen zufolge die Lader an den Stellen Y und Z hätten sein müssen. Dies wäre ein adaptives Programm, und im Gegensatz zur allgemeinen Annahme ist es nicht schwer, selbst für ganz unkomplizierte Computer solche Programme zu entwerfen. Niemand behauptet, daß die erfahrungsbedingt veränderlichen Programme, die das menschliche Gehirn steuern – oder jene Programme, die Ratten, Fische und selbst Ohrwürmer lenken – in ihrer Durchführung irgendwo ähnlich unkompliziert sind. Wirklich komplexe Gehirne haben Millionen, vielleicht sogar Milliarden ineinander verwobene Programme, die sich fortwährend umbilden, um den Veränderungen in der Umgebung des durchschnittlichen Organismus Rechnung zu tragen. Um diesen Umstand verstehen zu können, muß man erkennen, daß wir nicht von der Fähigkeit eines Systems sprechen, die eigene Software zu modifizieren, sondern daß statt dessen die Rede davon ist, wie schnell und wie leicht diese Modifikation geschieht. Dieser Umstand erhält wachsende Bedeutung, je komplexer das Wesen ist, denn je mehr Programme es gibt, desto wichtiger ist es, daß sie schnell verändert oder umgeschrieben werden können.

Hierbei ist es von untergeordneter Bedeutung, daß die Ganzheit nach Art aller biologischen Systeme die Modifikation seiner Software selbst vornehmen kann statt sie von außen her, wie es augenblicklich bei fast allen Computern der Fall ist, vornehmen zu lassen. Automatische Eigenprogrammierung ist ein großer Vorteil, aber keine Vorbedingung für hohe Intelligenz. Nach unserem Beispiel könnte ein Computer außerordentlich intelligent sein, obwohl die Modifikation seiner Software zum größten Teil von Menschen vorgenommen wurde. Dennoch müßten in der Praxis die meisten hochintelligenten Systeme in einem beträchtlichen Maße selbstprogrammierend sein.

Software-Effizienz: Das Wort »Software« ist der Gattungsbegriff für die Programmfolgen, die jedes komplexe Informationssystem steuern und deckt daher die Programme, die das Gehirn steuern, ebenso ab wie jene, die einen leblosen elektronischen Computer steuern.

Der Begriff Software-Effizienz bedarf weiterer Erklärung. Es gibt mehr als einen Weg, ein Programm zu schreiben. Beispielsweise könnte man die Instruktion »Wenn das und das gegeben ist, gehe dorthin, anschließend tue folgendes« unzusammenhängend erteilen, verschwommene Instruktionen durch weitere Erläuterungen verdeutlichen und dennoch Anweisungen – wenn auch auf Umwegen – gegeben haben, die ihren Zweck erfüllen. Dieser Weg ist natürlich höchst umständlich und verläßt sich weitgehend auf die Leistungsfähigkeit des Zentralprozessors. Derartige Computerprogramme werden meist von Anfängern geschrieben. Umgekehrt kann man Programme auf höchst effiziente Weise schreiben, insbesondere dann, wenn man ein geübter Programmierer ist und das Vorhaben vorab sorgfältig plant. Einmal intelligent konzipiert, laufen diese »effizienten« Programme sehr schnell ab, sind fehlerfrei und beanspruchen das Gehalt- und Speichervermögen des Computers vergleichsweise wenig.

Die Software-Effizienz ist wahrscheinlich bei allen biologischen Systemen ziemlich konstant, denn sie wurde im Laufe einer sehr langen Zeit – nach vorsichtiger Schätzung viele Millionen Jahre lang – entwickelt und vom Überlebenskampf getestet. Sie dürfte kein wesentlicher Faktor bei der Bestimmung von tierischer Intelligenz sein. Die Software spielt allerdings dann eine wesentliche Rolle, wenn die intellektuellen Fähigkeiten von Computern verglichen werden sollen, deren Programme zur Zeit noch erstaunlich ineffizient sind und für einige Zeit auch noch bleiben werden. Während sich nämlich die biologischen Programme in einem erbarmungslosen Prozeß auf Leben und Tod in der feindlichen Umwelt unseres Planeten bewähren mußten, wird die Ineffizienz von Computern lediglich mit hohen Stromrechnungen und Zeitverschwendung bestraft.

Software-Spielraum: Die Geschwindigkeit und die Effizienz, mit denen ein Programm das Zentralnervensystem eines Lebewesens steuert, sind für seine Intelligenz von entscheidender Bedeutung, das gleiche gilt für den Spielraum bzw. die Programme, mit denen das Gehirn ausgestattet ist. Bei der mechanischen Schildkröte gab es nur wenige Programme; sie beschränkten sich darauf, den Unterschied zwischen hell und dunkel zu erfassen. Das Gerät konnte lediglich vorwärts und rückwärts rollen und sich selbst an eine Wandsteckdose anschließen. Wenn wir uns die entwicklungsgeschichtliche Leiter von den niederen zu den höheren Tieren hinaufbegeben, stellen wir fest, daß die Bandbreite der Aufgaben, die ein Wesen vollbringen kann, beständig zunimmt. Zugegebenermaßen können höhere Tiere nicht unbedingt alles, was ihre niederen Verwandten beherrschen – Bienen können fliegen, Affen dagegen nicht –, dennoch kann ein Affe weitaus mehr

Tätigkeiten ausführen als etwa ein Papagei, eine Forelle oder ein Esel. Manche Lebewesen vollbringen gewisse Arbeiten mit höchster Geschicklichkeit – nehmen wir etwa die Fähigkeit der Spinne, ihr Netz zu bauen –, doch in beinahe jedem Fall handelt es sich dabei um die einzige komplexe Handlung, zu der die Kreatur fähig ist.

Das, was wir angelegentlich als »Intelligenz« bezeichnen, ist also ein Amalgam aus einer Vielzahl von verschiedenen Fähigkeiten, die alle angeboren und dem Organismus immanent sind. Im Laufe eines Lebens werden diese Fähigkeiten als Ergebnis einer Interaktion mit der Außenwelt trainiert, und das Lebewesen lernt nach und nach immer besser, sich gegen eine häufig feindliche, sich ständig ändernde Umgebung durchzusetzen. Dies bedeutet nebenbei, daß man unterscheiden sollte zwischen der angeborenen intellektuellen Begabung eines Lebewesens, die es mit allen seinen Artgenossen teilt, und deren Fähigkeit, Angeborenes zu trainieren und zu erweitern, also zu lernen. Ein Mensch, der in einer hermetisch abgeschlossenen Umgebung heranwächst – wie Kaspar Hauser, der von Geburt an von einem Irren aufgezogen und bis zu seinem einundzwanzigsten Lebensjahr in einem dunklen Keller gehalten wurde –, wird im Vergleich zu jemand, der in einer offenen, stimulierenden Umwelt lebte, unfähig und scheinbar unintelligent wirken. Die Logik dieser Behauptung scheint auf den kontroversen Standpunkt hinauszulaufen, daß alle Angehörigen der menschlichen Rasse im Sinne ihrer geistigen Begabung von Geburt an mehr oder weniger gleich sind und daß die gewaltigen Unterschiede, die es bei der Umsetzung der menschlichen Intelligenz offenbar gibt, zurückzuführen sind auf die Lebenserfahrung des einzelnen – auf die Umstände, die die Welt ihrer, der einzelnen Menschen, Software bot. Obwohl es verlockend ist, diesen Punkt weiterzuverfolgen, hat er keine eigentliche Bedeutung, und wir sollten fortfahren. Jedoch wollen wir wegen ihrer Bedeutung die Schlüsselfaktoren noch einmal zusammenfassen:

Fähigkeit zur Datenerfassung: Ein System ist in dem Maße intelligent, wie es seiner Umgebung Informationen entnehmen kann. Je besser dessen Fähigkeiten zur Datenerfassung (sensitive Fähigkeiten), desto größer ist seine Intelligenz (unter sonst unverändert gleichen Bedingungen – ceteris paribus).

Fähigkeit zur Datenspeicherung: Ein System ist in dem Maße intelligent, wie es einmal entgegengenommene Informationen speichern und darauf zwecks Verbesserung seiner Anpassungsfähigkeit zu einem späteren Zeitpunkt zurückgreifen kann. Je größer die Fähigkeit, Daten zu speichern, desto flexibler und leistungsfähiger ist das System.

Arbeitsgeschwindigkeit: Die Intelligenz eines Systems ist eine Teilfunktion der Geschwindigkeit, mit der sein Gehirncomputer Informationen verarbeiten kann. Dies bezieht sich auf die Schaltgeschwindigkeit seiner Basiseinheiten, bei denen es sich im Falle der meisten Lebewesen um Neuronen (Gehirnzellen), im Falle der Computer um Mikrotransistoren handelt.

Flexibilität der Software: Ein System ist in dem Maße intelligent, wie eine Software schnell und leicht modifiziert werden kann. Dies dürfte einer der bedeutsamsten Faktoren sein.

Effizienz der Software: Die Weise, wie die Software des Systems geschrieben wurde, wird seine Fähigkeit beeinflussen, sich an bisher nicht dagewesene Ereignisse in seiner Umgebung anzupassen. Je effizienter die Software (je schneller das Programm abläuft, je weniger es gegen Fehler oder Zusammenbruch anfällig ist, je weniger »Platz« es in Anspruch nimmt), desto intelligenter ist das System.

Spielraum der Software: Je größer und breiter der Spielraum der Programme ist, mit denen ein System ausgestattet ist und mit denen sich ein Zentralprozessor messen kann, desto intelligenter ist das Wesen.

Und diese sechs Faktoren, einzeln und zusammengenommen, sind es, die bei Tier, Mensch oder Maschine die Intelligenz ausmachen.

Wir haben jetzt eine Arbeitsdefinition für Intelligenz, und es könnte recht interessant sein, sich ein Maß für die Intelligenz auszudenken und die einzelnen Lebewesen dann daran zu messen. Beim Menschen liefern die üblichen Intelligenztests einen Intelligenzquotienten (IQ) zwischen 0 und etwa 200 als Obergrenze; der IQ des »Durchschnittsmenschen« liegt bei ca. 100. Der Intelligenzquotient beruht, wie wir schon sagten, auf einer Reihe von Tests, die der geistigen Beweglichkeit statt dem allgemeinen Wissen gelten, deshalb kann es nur auf Menschen angewendet werden. Der gescheiteste Schimpanse der Welt hätte keine Chance, auf einen IQ von 10 oder 20 zu kommen. Wie wäre ein Hund einzuordnen? Hätte er einen IQ von vielleicht einem halben oder einem Prozent? Wie ist es dann mit einem Stachelschwein oder einem Ohrwurm? Im Zusammenhang mit einem Intelligenztest für Menschen sind diese Fragen offensichtlich absurd. Sie beweisen, daß man einen Schritt weitergehen muß, wenn man den Umfang tierischer Intelligenz, von maschineller ganz zu schweigen, definieren will. Der Entwurf eines solchen Bewertungsmaßstabs ist eine wichtige Übung, hilft sie doch herauszuarbeiten, welcher Art der Unterschied zwischen der Intelligenz der Menschen und derer der Computer ist.

Lassen Sie uns von dem »durchschnittlichen« IQ des Homo sapiens ausgehen, der etwa 100 beträgt und ihn rein rechnerisch auf 1000000 erweitern. Ein reichlich minder begabtes menschliches Wesen hat nach dem traditionellen Maßstab vielleicht einen IQ von rund 70, ein äußerst intelligentes etwa 170. Auf unserer neuen Meßlatte würde das der Spanne zwischen 999970 und 1000070 entsprechen. Ganz unten bei Null befinden sich unser Spielzeugsoldat, ein Stück Holz, Gesteine und dergleichen. Nach diesem Maßstab könnten die Amöben und die mechanische Schildkröte IQs von 10 bis maximal 50 haben, wohingegen ein Ohrwurm bei stattlichen 5000 anzusetzen wäre. Die meisten Fische würden einen IQ zwischen 50000 und 100000 erreichen, Stachelschweine, Ratten und dergleichen könnten ungefähr bei 200000 liegen, Hunde und

Katzen vielleicht bei 300000, und der IQ der tierischen Primaten im Bereich zwischen 200000 und 900000 schwanken. Zoologen brauchen dieser Rangordnung nicht zuzustimmen, und die Zahlenwerte sollten auch nicht allzu eng angelegt werden. Es ist jedoch wichtig zu erkennen, daß man einen solchen weiträumigen Maßstab benötigt, wenn man unter stammesgeschichtlichem Aspekt Vergleiche zwischen verschiedenen Tieren anstellen will. Nun stellt sich die Frage, bei welchem IQ-Wert die Computer anzusiedeln sind.

Warren McCulloch, ein eigenwilliger und unleugbar brillanter Protagonist, behauptete einmal, der derzeitig leistungsfähigste Computer habe etwa die Intelligenz eines Bandwurms. Dies war eine interessante und für McCulloch charakteristische Bemerkung, denn Bandwürmer und Computer haben merkwürdigerweise einiges gemeinsam. Zunächst sind beide relativ immobil – der Bandwurm fristet sein Leben an der Darmwand seines Wirts, während der Computer unbeweglich in irgendeinem Büro herumsteht. Beide sind abhängig von Fremdversorgung, also gewissermaßen Parasiten. Wenn wir unsere sechs »Intelligenzfaktoren« heranziehen, können wir tatsächlich einen interessanten Vergleich vornehmen. Die FÄHIGKEIT ZUR DATENERFASSUNG sind bei Bandwurm und Standardcomputer dürftig ausgeprägt, denn keiner von beiden verfügt über nennenswerte Sinnesorgane. Was die SPEICHERFÄHIGKEIT anbelangt, liegt der Computer eindeutig vorn, denn die des Bandwurms ist so gut wie nicht vorhanden. Auch hinsichtlich der ARBEITSGESCHWINDIGKEIT schlägt der Computer den Bandwurm um Längen. FLEXIBILITÄT DER SOFTWARE: Bei beiden Systemen gering entwickelt, der Bandwurm hat jedoch in dem Sinne einen winzigen Vorsprung, daß er sich weitgehend selbst programmiert. EFFIZIENZ DER SOFTWARE: Hier gewinnt der Bandwurm, denn seine Programme sind äußerst effizient und wurden über Millionen Jahre hinweg härtesten Tests unterzogen. Kommen wir als letztes auf den SPIELRAUM DER SOFTWARE: Hier kommt der Computer eindeutig besser weg, obgleich Anzahl und Spielraum der Programme, die für die Stoffwechsel- und Fortpflanzungssysteme des Bandwurms vonnöten sind, nicht unterschätzt werden sollten. Ein Blick auf den Punktzettel zeigt bei einer unentschiedenen drei Runden für den Computer, zwei für den Bandwurm. Mithin ist McCullochs Vergleich gar nicht so absurd.

Wo aber genau sollten wir den Bandwurm und den Computer der McCulloch-Ära nach unserem Maßstab einordnen (wenn man theoretisch unterstellt, daß die beiden grob vergleichbar sind)? Ich denke etwa um den IQ von 1000 herum – mit anderen Worten, sie stehen viel höher als die Amöbe oder künstliche Schildkröte, jedoch unter dem Ohrwurm und weit unterhalb aller höheren Tiere wie Ratten und Stachelschweine. Dies mag all jene trösten, die sich mit der Anwendung des Intelligenzbegriffs auf Maschinen nicht befremden können. Diesbezüglich ist der Abstand zwischen Mensch und Bandwurm so groß, daß es zum Lachen reizt. Diese Erleichterung kann auch davon nicht erschüttert werden, daß die Computer in den zehn oder fünfzehn Jahren, die seit McCullochs Analogie verstrichen sind, zwar dramatische Fortschritte gemacht haben, praktisch aber dennoch einen kläglichen Eindruck machen. Hierfür gibt es ganz einfache Gründe: Die Fortschritte der Computer beschränken sich auf jene Bereiche, die sie für den Menschen attraktiv und nützlich machten – verkleinertes Format, niedrigerer Strombedarf, sensationell niedrige Kosten. In Wirklichkeit jedoch hat all dies nichts mit intellektueller Leistung zu tun.

Auf rein intellektuellem Gebiet kam man bei der Erweiterung und Verbesserung ihrer sensitiven Fähigkeiten nur wenig voran. Sie können in bestimmten Lettern gedruckte Papiere sehr geschwind abtasten, pflegen jedoch bei den auch nur geringsten Änderungen der Typenform völlig zu versagen. Auch sind sie recht hilflos, wenn es darum geht, dreidimensionale Objekte als solche zu erkennen. Ein wirklich guter Computer der jüngsten Generation kann zwar einfache dreidimensionale Figuren wie Quader und Pyramiden erkennen und auch den Unterschied zwischen einer Tasse, einer Untertasse, einem Löffel und einer Teekanne deutlich machen, wenn sich diese Gegenstände bei sorgfältig ausgesteuerter Beleuchtung vor einem glatten Hintergrund befinden. Wenn man aber die Beleuchtung verändert, so daß die Schatten anders fallen, oder nicht eindeutig qualifizierbare Gegenstände wie etwa eine Kaffeekanne oder eine Bratpfanne dazwischenstellt, wird selbst der leistungsfähigste Computer der Welt versagen. Bevor man jedoch dem Intellekt der Computer zu gering einschätzt, sollte man sich vergegenwärtigen, daß dies eigentlich nicht die Dummheit des Computers zeigt, sondern nur beweist, wie großartig sich die Menschen – oder die zu dieser Art verstandesmäßiger Unterscheidung fähigen Tiere – im Lauf der Evolution entwickelt haben.

Die Adaptionsgeschwindigkeit der Programme und die Programmeffizienz der Computer konnten nicht wesentlich verbessert werden, jedoch kam es auf dem Gebiet des Software-Spielraums zu wirklichen Fortschritten. Moderne Computer können sich mit viel breiter gefächerten Arbeitsgebieten befassen, als es noch vor rund fünfzehn Jahren zu McCullochs Zeiten der Fall war; und auf manchen begrenzten Sektoren – zum Beispiel dem des Schachspiels – haben die Fähigkeiten spezifischer Programme ganz beträchtlich zugenommen. Natürlich wurde auch die Speicherkapazität größer, aber selbst die Computer der sechziger Jahre verfügten schon über fast unbeschränkte Speichermöglichkeiten. Nur bezüglich der Arbeitsgeschwindigkeit haben sich die Dinge wirklich dramatisch gewandelt. Und dies, nicht etwa eine der anderen Veränderungen, ist der Grund dafür, daß der Computer-IQ höchst erfreulicherweise bedeutend gestiegen ist. Dennoch würde ich sehr zögern, den IQ des ausgefeiltesten aller heutigen Systeme auf unserer Skala viel höher als bei 3000 anzusetzen – beträchtlich über dem Bandwurm, aber immer noch unter dem Ohrwurm, wie man sieht.

Andererseits darf man nicht vergessen, daß der Mensch nur unter härtesten Bedingungen und – insgesamt gesehen – nach einer Entwicklungsgeschichte von mehreren Hundert Millio-

Übersichtskarte über tierische, menschliche und technische Intelligenz

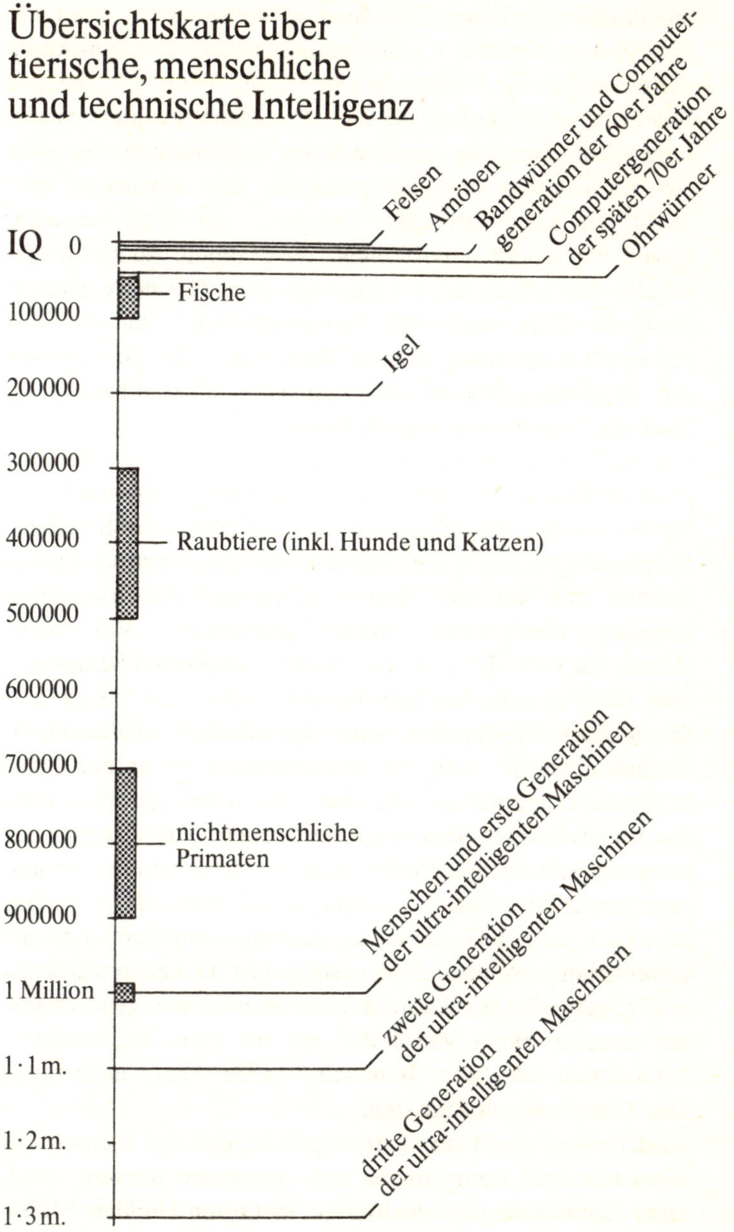

nen Jahren auf unserer Skala einen IQ von etwa 1000000 erreicht hat, während der Computer nach kaum mehr als fünfundzwanzigjähriger Entwicklungszeit den Bandwurm bereits überholt hat und dem Ohrwurm schon beachtlich nahe kommt. Wenn die Entwicklung im gegenwärtigen Tempo weitere fünf Jahre fortschreitet, wird der Ohrwurm schon überholt sein und der Computer sich dem IQ des Stachelschweins rapide nähern. Der Mensch also bleibt vorläufig unerreicht. Dennoch beschleunigt sich der Fortschritt in einem Tempo, das die Intelligenzsteigerung des Computers in jeder Hinsicht unüberschaubar macht. Mit diesem Umstand werden wir uns in Kürze befassen. Noch bedeutsamer ist allerdings, daß wir einen kniffligen Gesichtspunkt der ganzen Intelligenzfrage unberücksichtigt gelassen haben, der sich ganz besonders auf unsere Makrodarstellung bezieht. Biologische Systeme (sie waren bis zum Aufkommen der Computer die einzigen intelligenten Wesen auf unserem Planeten) sind Vielzweckwesen. Wie Richard Dawkins in seinem großartigen Buch »The Selfish Gene« hervorhebt, liegt der Sinn der Gene nicht darin, einer großen Menge von Tieren der verschiedensten Entwicklungsstufen für die paar Monate oder Jahre ihres Daseins ein angenehmes Leben zu bescheren, sondern statt dessen als Vehikel zu dienen, die das Überleben, also die fortwährende Evolution der Art gewährleisten. Als Gene bezeichnet man das Päckchen aller codierten Informationen, das jedes Lebewesen in jeder einzelnen Körperzelle eingeschlossen mit sich herumträgt. Diese erschreckende Vorstellung – die vollständige Preisgabe allen tierischen Lebens, eingeschlossen der Mensch mit all seinen Verhaltensweisen und Eigenschaften, an die blinde Zweckdienlichkeit dieser winzigen, virusartigen Substanzen – steht in so heftigem Widerstreit zu jeder anderen Selbsteinschätzung des Menschen, daß Dawkins' Buch vielenorts recht unfreundlich aufgenommen wurde. Dennoch ist seine Behauptung letzten Endes unwiderlegbar.

Wie der Autor selbst zugibt, ist diese Äußerung aber stark vereinfachend. Sie erkennt die Bedeutung und Fülle der zahlreichen Subziele nicht an, die zugleich integraler Bestandteil und Stütze des »Hauptzwecks« sind. Das erste wichtige Subziel beispielsweise, das seinerseits wiederum vorrangiges Ziel des Individuums ist, das diese Gene in sich trägt, heißt Überleben. Unter dieser Rubrik läßt sich eine ganze Reihe derartiger Unterziele subsumieren, wovon jedem einzelnen ein komplexer Programmsatz dient. Dazu gehören Paarung und Aufzucht der Jungen, Essen und Trinken, die Flucht vor und die Jagd nach anderen Tieren. Und jedes einzelne dieser »Subziele« spaltet sich in weitere Untergruppen auf.

Der entscheidende Punkt ist nun, daß biologische Systeme bei ihrer intellektuellen Aufwärtsentwicklung mehr und mehr dieser Subziele zu erreichen pflegen. Jedes einzelne ist mit einem eigenen Programmsatz ausgestattet, von dem es gesteuert wird. Mithin ist das Software-Paket eines Lebewesens je komplexer und höher entwickelt, desto höher sein IQ einzuordnen ist. Dieses Daseinsgesetz ist absolut unumstößlich. Jede Kreatur ist darauf programmiert, durch Erhalt und Vervollkommnung ihres genetischen Päckchens die Existenz der Art zu sichern. Wenn sie nun Intelligenz als eine der »Waffen« gewählt hat, mit denen sie sich rüstet, muß sie diesen Tribut zollen. Es gibt andere Möglichkeiten des Überlebens und der Arterhaltung. Bandwürmer etwa verlassen sich auf ihren Wirt, und Napfschnecken vertrauen ihrem Panzer, der sich auf felsigem Untergrund festsaugt. Derartige Systeme können durchaus erfolgreich sein. Pflanzen, die nach unserem Sechs-Punkte-Programm nur über beschränkte Intelligenz verfügen, sind ein weiteres Beispiel dafür.

Während höherentwickelte biologische Intelligenzen lediglich zum Zweck des Überlebens gewaltige Software-Pakete mit sich herumschleppen müssen, sind Computer davon unabhängig. Ihre Position innerhalb unserer graphischen Darstellung und ihre ziemlich schleppende Vorwärtsentwicklung geben einen irreführenden Hinweis hinsichtlich ihrer wahren Möglichkeiten. Zum Beispiel brauchen sie niemals einen Teil ihrer Software der Unterhaltung eines komplizierten Fortpflanzungssystems zu widmen. Desgleichen braucht die Software auch nicht mit Wartungs- und Reparaturfunktionen betraut zu werden, noch muß sie herangezogen werden, um gegen Bakterien oder Viren zu schützen.

Mit anderen Worten, wenn es nur um Intelligenz geht und nicht um psychomotorische Koordination oder um die große Aufgabe, einen komplexen Organismus lebensfähig und aktiv zu erhalten, dann ist die Chance, daß der IQ der Computer geschwind steigt, weitaus größer, als man intuitiv annimmt. Dies ist durch eine verblüffende Tatsache zu ergänzen, welche die meisten Leute, darunter auch Kybernetiker, selten berücksichtigen. Auf gewissen, scharf abgegrenzten, nichtsdestoweniger aber wichtigen Gebieten intellektuellen Fortschritts im Sinne unseres Sechs-Punkte-Schemas haben die Computer längst Stachelschweine, Ratten, Affen, Schimpansen und selbst den Menschen überholt. In punkto Arbeitsgeschwindigkeit sind sie bereits den biologischen Systemen so weit überlegen, daß jeder Vergleich lächerlich wäre. Dieser gewaltige rechnerische Vorsprung mag nach »bloßer Automation« klingen; aber gerade die numerische Schaltgeschwindigkeit ist eine wenig beachtete, gleichwohl wichtige Voraussetzung des menschlichen Intellekts.

Man sollte die Möglichkeiten dieser spezifischen Kombinationsgabe jedoch nicht unterschätzen. Man pflegte beispielsweise zu sagen, ein Computer könne niemals programmiert werden, eine auch nur halbwegs gescheite Schachpartie zu liefern. Die Fachleute, die vor zehn oder zwanzig Jahren dieses Urteil fällten, sollten heute ihre Worte überdenken, denn Ende 1978 schon gab es Computer, die 99,5 Prozent aller Schachspieler der Erde schlagen konnten. Manche haben bereits das Niveau eines internationalen Großmeisters erreicht. Es stellt sich also wiederum die Frage, inwieweit ein Vergleich zwischen maschineller und menschlicher Intelligenz zulässig ist. Zur Beantwortung wollen wir uns noch einmal mit den Erkenntnissen jenes Mannes beschäftigen, der in einem früheren Kapitel schon einmal erwähnt wurde: Alan Turing.

KAPITEL 13
Kann eine Maschine denken?

Als die Engländer zu Beginn des Zweiten Weltkrieges unter strengster Geheimhaltung ihre Anstrengungen darauf konzentrierten, die deutschen Codes zu knacken, planten sie eine Gruppe der besten Mathematiker für diese Aufgabe ein. Die Elektronikasse waren leicht zu rekrutieren, denn viele von ihnen ließen sich ausschließlich von der Radioortung von Flugzeugen faszinieren. Dieses Verfahren wurde später Radar genannt. Viel schwerer waren Mathematiker zu finden, die das nötige Engagement und Können besaßen, um auf dem fremdartigen Gebiet der Kryptografie ihren Beitrag leisten zu können. Man ging schließlich zu der Strategie über, junge Mathematiker, die gleichzeitig ausgezeichnet Schach spielten, anzuwerben. Endlich hatte man eine bemerkenswerte Reihe kluger Köpfe in Bletchley Park versammelt. Diese Männer seien besonders erwähnt: Irving John Good, Donald Michie und Alan Turing.

Die beiden ersten waren bereits bekannt. Sie haben auch später für ihre Wissenschaft beachtliches geleistet. Michie, der sich von Anfang an mit mehreren Disziplinen befaßte, gründete nach dem Krieg ein Institut für maschinelle Intelligenz und Wahrnehmungsfähigkeit an der Universität Edinburgh. Zu seinen ehrgeizigen und phantasievollen Vorhaben gehörten Planung und Konstruktion von Robotern. Unglücklicherweise war er mit seinen Plänen der Zeit zehn Jahre voraus, und so gelang es ihm nicht, die nötige finanzielle Unterstützung zu finden. Hätten ihm die nötigen Mittel zur Verfügung gestanden, hätte England sich auf diesem umstrittenen Teilgebiet der Computerforschung vielleicht an die Spitze gesetzt.

Nachdem Jack Good eine Weile an geheimen Projekten der englischen Kriegsmarine gearbeitet hatte und eine Zeitlang Dozent in Oxford gewesen war, ging er nach Amerika und ist

dort heute ein verdienter Statistikprofessor am Virginia Polytechnic Institute. Die Zeugnisse seiner wissenschaftlichen Arbeit sind hervorragend – im Laufe seines akademischen Lebens hat er etwa tausend Arbeiten publiziert. Dies hinderte ihn jedoch nicht, ein etwas exzentrisches Leben zu führen. Sein waches Interesse an Palindromen (das sind Wörter oder Wortreihen, die von vorn oder hinten gelesen stets denselben Sinn ergeben z. B. Otto und Anna etc.; Anm. d. Übers.) brachte ihn einmal dazu, bei passender Gelegenheit Königin Elisabeth zu bitten, sie möchte ihn doch zum Peer des Reiches ernennen. Der Anlaß seiner Bitte war, daß Bekannte, die ihn kommen sahen, mit Sicherheit »Good Lord, here comes Lord Good« auszurufen pflegten – seiner Ansicht nach ein ästhetisch hinreichender Sachverhalt, um ihn in den Adelsstand zu erheben. Wer weiß, vielleicht war die Königin belustigt... Nebenbei gesagt, Professor Good ist auch der Urheber des Konzepts der ultra-intelligenten Maschine. Mit dieser hochinteressanten Vorstellung werden wir uns später befassen.
Der dritte Mann dieses einzigartigen Trios war Turing. Er war etwa zehn Jahre älter als Michie und Good und hatte sich in der Wissenschaft bereits einen Namen gemacht, insbesondere durch ein 1936 veröffentlichtes Papier mit dem Titel »On Computable Numbers, with an Application to the Problem of Decision (Berechenbare Größen und ihre Anwendung im Rahmen des Entscheidungsproblems), das seinen Ruhm begründete. Unbestritten zählt diese Arbeit zu den für die Grundlagen der Computerwissenschaft wichtigsten Publikationen. Sie liest sich furchtbar schwer, läßt sich jedoch ohne allzu große Schwierigkeiten zusammenfassen. Turing tat nichts anderes, als den Gedanken seines Vorgängers Babbage zu folgen, als der seine gigantische analytische Maschine überdachte: Sobald man eine Maschine konstruiert hat, die einen Komplex mathematischer Operationen durchrechnen kann, sollte es möglich sein, eine Maschine zu entwickeln, die jeden beliebigen Komplex berechnen kann. Obendrein sollte es prinzipiell möglich sein, eine einzige Maschine zu bauen, die nach

entsprechenden Umstellungen in ihrem Innern (heute würde man Programmierung dazu sagen) in der Lage wäre, jede beliebige Einzelberechnung oder alle Berechnungen insgesamt durchzuführen. Mit anderen Worten, es sollte möglich sein, einen Universalrechner zu bauen. Babbage ahnte, daß dies möglich sein müßte – genauer gesagt, er sah keinen Grund, warum dies nicht möglich sein sollte –, konnte die Dinge aber nicht weiter vorantreiben. Turing wollte beweisen, daß ein Universalrechner gebaut werden könnte, dabei bediente er sich eines zwingenden mathematischen Arguments, das auf der ganzen Welt die Mathematiker innehalten und die Ohren spitzen ließ. Von diesem Augenblick an war es unvermeidlich, daß es eines Tages eine Computerwissenschaft geben würde, obwohl nur wenige, die Turings Schrift lasen, ahnten, wie schnell es soweit sein würde.

Wenn man zeitgenössischen Berichten über die Gespräche, die die in Bletchley arbeitenden Wissenschaftler in ihrer knappen Freizeit führten, Glauben schenken darf, dann waren viele von ihnen ein wenig übertrieben optimistisch. Sowohl Good als auch Michie glaubten, daß unmittelbar nach dem Krieg die Anwendung von elektronischen Computern wie der Colossus zu beträchtlichen mathematischen Fortschritten führen würde; Turing war derselben Ansicht. Alle drei (und noch einer oder zwei ihrer Kollegen) waren desgleichen zuversichtlich, daß es nicht lange dauern würde, bis Maschinen über Intelligenz verfügten, eingeschlossen die Fähigkeit, Problemlösungen anzubieten. Die Männer gingen davon aus, daß das bloße Jonglieren mit Zahlen lediglich ein vorübergehendes Entwicklungsstadium der Maschinen sei. Obwohl der Inhalt der oft nächtelangen Diskussionen nachträglich nicht mehr exakt wiedergegeben werden kann, weiß man, daß sie das Thema »Maschinenintelligenz« nicht losließ. Aufgeregt erörterten sie die Frage, ob eine Maschine bislang unbewältigte Probleme lösen konnte. Anders gesagt, konnte eine Maschine *denken?*

Von allen Fragen, die sich angesichts der Computer stellen,

klingt keine so gespenstisch. Einer Maschine sei vielleicht Intelligenz zugestanden, desgleichen die Fähigkeit, andere Maschinen zu steuern, sich selbst zu reparieren, uns Probleme lösen zu helfen, mit Zahlen millionenmal schneller zu rechnen als jeder Mensch; man lasse sie Flugzeuge steuern, Autos lenken, medizinisches Datenmaterial überwachen und vielleicht sogar Politikern Rat erteilen. Irgendwie läßt sich erkennen, wie eine Maschine irgendwann einmal all dies übernehmen und bewerkstelligen könnte. Daß man sie jedoch dahin bringen könnte, jenen als Denken bekannten, offenbar ausschließlich dem Menschen überlassenen Vorgang zu beherrschen, ist etwas ganz anderes, Unangenehmes, Fremdartiges und Bedrohliches. Nur in gänzlich überzogenen Science-fiction-Romanen wird dieses Thema berührt.

Good, Michie und ihre Kollegen gaben sich damit zufrieden, diese Gedanken in ihrer Freizeit zu verfolgen. Turing aber – älter, eine Spur ernsthafter und weniger sorglos – machte sich daran, die Sache gründlich zu betrachten. Insbesondere befaßte er sich mit eben jener alles entscheidenden Frage: Kann oder *könnte* eine Maschine denken? Es ist von bleibendem Interesse, wie er sich vor dreißig Jahren, lange bevor irgendein anderer Wissenschaftler sich in die Materie vertieft hatte, zu Werke ging. Seine Hauptthese wurde 1952 von dem philosophischen Journal MIND veröffentlicht. Sie ist logisch unangreifbar und läßt, sofern man den vollständigen Text liest, alle Barrieren der Ungewißheit niederbrechen, die vor dieser und gleichartigen Fragen stehen. Trotz seines klassischen Charakters wurde das Werk so gut wie ausschließlich von Kybernetikern und Philosophen gelesen. Heute ist es wohl allerhöchste Zeit, daß sich auch Laien mit Turings Schrift auseinandersetzen.

Bald nachdem der Krieg vorbei und das Colossus-Projekt abgeschlossen war, wechselte Turing ans National Physical Laboratory in Teddington und begann dort mit einem talentierten Team die Konstruktionsarbeiten, die zu dem leistungsfähigsten Computer der Welt, ACE, führen sollten. Später ging er nach Manchester, wo – stimuliert von den Pionieren Kilburn, Hartree, Williams und Newman – energische Anstrengungen unternommen wurden, eine weitere leistungsfähige elektronische Maschine zu entwickeln. Es war eine eigenartige, ungestüme Zeit. Sie läßt sich mit den Verhältnissen vergleichen, die heute auf dem Gebiet der Mikroprozessoren herrschen: Jedermann mit entsprechendem Wissen steht unter dem Druck, als erster akzeptable, unangreifbare Ergebnisse zu erarbeiten. Infolgedessen fand Turing weniger Zeit als erhofft, um seinen privaten Neigungen nachzugehen, insbesondere seinen Überlegungen, wie man mit einem Computer spielen könne – Dame, Schach und das alte Go. Hierin sah Turing nämlich eine bedeutende Variante maschineller Intelligenz.

Spiele wie Schach sind unbestritten intellektuelle Betätigungen; dennoch laufen sie im Gegensatz zu anderen geistigen Übungen, wie etwa Poesie zu schreiben oder die Fußballergebnisse zu diskutieren, nach leicht zu beschreibenden Regeln ab. Die Aufgabe hieß deshalb offenbar einfach, ein Computerprogramm zu schreiben, das diese Regeln »kennt« und nach ihnen operieren kann, wenn es mit den Zügen eines Menschen als Gegner konfrontiert wird. Es stellte sich aber heraus, daß Turing kaum vorankam, und die ersten Schachprogramme, die man Ende der vierziger, Anfang der fünfziger Jahre mühsam zustande gebracht hatte, waren so schlecht, daß man zu dem Schluß kommen mußte, das Projekt sei es nicht wert, weiterverfolgt zu werden. Wenn nämlich ein Schachexperte spielte, kam es auf spezielle Fertigkeiten an, die sich niemals in Maschinentermini fassen lassen würden.

Turing fühlte sich von dieser – seiner Meinung nach – Unterschätzung des Computers herausgefordert. Wenn die Leute die Vorstellung von einer Maschine, die Spiele spielen könne, nicht akzeptieren wollten, was würden sie dann zu einer Maschine sagen, die »Intelligenz« zeigte oder »denken« konnte? Beim Diskutieren mit Freunden stellte Turing fest, daß die Ursachen des Problems zu einem guten Teil darin zu finden waren, daß die Leute im allgemeinen Begriffe wie »Intelligenz« oder »denken« nicht definieren konnten. Was ist mit dem Wort »Gedanke« genau gemeint? Welche Vorgänge laufen eigentlich ab, wenn »gedacht« wird? Wenn man eine Maschine baute, die denken konnte, wie wäre es möglich, das zu testen? Nach Turings Ansicht war die letztere die Schlüsselfrage, und seine Phantasie ließ ihn eine Antwort darauf finden. Was er entwickelte, wurde in Kybernetiker-Kreisen als »Turing-Test für denkende Maschinen« bekannt. Im nächsten Kapitel wollen wir den Test überprüfen; wir wollen sehen, wie praktikabel er ist und wollen zu ermitteln suchen, wie nahe die Computer daran sind – oder einmal sein werden –, ihn zu bestehen.

Wenn Turing jemanden fragte, ob er glaube, daß ein Computer denken könne, wurde er fast immer abschlägig beschieden. So ging es auch mir, als ich fast dreißig Jahre später eine ähnliche Umfrage vornahm. Die verneinenden Antworten, die ich erhielt, waren ähnlich begründet wie jene, die Turing in seiner Schrift »Computing Machinery and Intelligence« (Datenverarbeitende Maschinen und Intelligenz) dokumentierte. Ich will sie hier zusammenfassen, kommentieren und auf die einzelnen Vorbehalte in der Reihenfolge ihres Auftretens eingehen.

Zunächst gibt es den theologischen Einwand. Zu Turings Zeit wurde er häufiger erhoben als heute; man hört ihn jedoch gelegentlich immer noch. Er läßt sich wie folgt zusammenfassen: »Der Mensch ist ein Geschöpf Gottes; er hat eine Seele und die Fähigkeit zu bewußtem Denken erhalten. Maschinen sind keine geistigen Wesen, haben keine Seele und können mithin zu keinem Gedanken fähig sein.« Wie Turing hervorhob, scheint dies Argument Gott eine ungerechtfertigte Einschränkung aufzuerlegen. Warum sollte er, wenn er wollte, Maschinen keine Seele geben und ihnen das Denken gestatten? Auf einer Ebene, vermute ich, ist dies unwiderlegbar: Wenn man sich entschließt, denken so zu definieren, daß es lediglich der Mensch kann und lediglich Gott diese Gabe gewähren kann, erübrigt sich allerdings alles weitere. Aber selbst dann noch scheint die Schlagkraft des Arguments abzuhängen von einer Verwechslung der Begriffe »Gedanke« und »Spiritualität«, von der alten cartesianischen Dichotomie vom Geist in der Maschine. Dem Geist obliegt vermutlich das Denken, während die Maschine bloß ein Vehikel ist, das den Geist in sich birgt.

Dann gibt es den Schock-Horror-Einwand, den Turing als »den Kopf in den Sand stecken« bezeichnete. Beide Bezeichnungen treffen den Kern. Wenn das Thema des maschinellen Denkens zum erstenmal angeschnitten wird, ist die Reaktion im allgemeinen folgendermaßen: »Welch ein furchtbarer Gedanke! Wie kann ein Wissenschaftler nur an einer so ungeheuerlichen Entwicklung arbeiten? Wenn das Endprodukt eine denkende Maschine ist, dann hoffe ich bei Gott, daß sich auf dem Gebiet der künstlichen Intelligenz keine weiteren Fortschritte einstellen!« Diese Folgerung ist natürlich unlogisch und kein eigentliches Argument dafür, weshalb der Fall nicht eintreten sollte, sondern statt dessen nur die Äußerung des Herzenswunsches, daß es soweit nicht kommen möge.

Der Einwand der außersinnlichen Wahrnehmungsfähigkeit beeindruckte Turing am meisten, mich jedoch am allerwenigsten. Falls es so etwas wie außersinnliche Wahrnehmungsfähigkeit gibt, und *falls* sie in gewisser Weise eine Funktion des menschlichen Gehirns ist, dann könnte sie auch ein wichtiger konstitutiver Teil des Denkens sein. Da jeder Beweis fehlt, daß Computer Telepathen sind, müssen wir aus dem gleichen Grunde annehmen, daß sie niemals in der Lage sein werden zu denken – in des Wortes umfassendster Bedeutung. Dieselbe Behauptung gilt für jede andere »psychische« oder geistige Komponente der Psychologie des Menschen. Ich kann diesen Einwand nicht ernst nehmen, denn es scheint mir keinen wissenschaftlichen Beweis für außer- oder übersinnliche Wahrnehmungsfähigkeit zu geben. Zu Turings Zeit war das anders. Damals brachte das weltbekannte parapsychologische Institut an der Duke University in North Carolina unter Dr. J.

B. Rhine ungeheure Mengen von Material heraus, das beweisen sollte, daß es Telepathie und Hellseherei gebe. Hier ist kein Raum, auf die ausführlichen, keinesfalls aber überzeugenden Argumente einzugehen, warum die Parapsychologie an Bedeutung verliert. Für die Wissenschaft gilt wohl, daß jene angeblichen Beweise von einst für das Vorhandensein von Telepathie sich vor dem Hintergrund heutiger Erkenntnisse außerordentlich dürftig ausnehmen. Aber selbst wenn sich die übersinnliche Wahrnehmungsfähigkeit als echtes Phänomen erweist, handelt es sich doch meiner Ansicht nach um etwas, das mit dem Aussenden von Informationen von einer Quelle an einen Empfänger zu tun hat; es sollte sich deshalb in einer Maschine ganz einfach nachahmen lassen. Schließlich können Maschinen bereits mittels Funkwellen kommunizieren, wobei es sich tatsächlich um übersinnliche Wahrnehmungen handelt, und dies ist eine weitaus bessere Methode, über große Entfernungen zu kommunizieren, als irgendein biologisches System kennt.

Der Bewußtseinsvorbehalt ist, oberflächlich gesehen, ein ziemlich wirkungsvolles Argument, dem wir in unterschiedlichster Gestalt begegnen. Besonders überzeugend dargestellt fand Turing dieses Argument in einem 1949 vom British Medical Journal veröffentlichten Bericht über eine Festrede anläßlich der Lister-Feier.* Die Rede war mit »The Mind of Mechanical Man«** überschrieben und wurde von Professor G. Jefferson, einem berühmten Mediziner, gehalten. Ein kurzer Auszug mag genügen:

Erst wenn eine Maschine ein Sonett schreiben oder ein Konzert komponieren kann, weil sie denkt und empfindet und nicht, weil sie zufallsabhängig bestimmte Symbole hervorbringt, können wir beipflichten, daß Maschine mit Verstand gleichzusetzen ist – das heißt, wenn sie nicht bloß so etwas schreiben kann, sondern auch weiß, daß sie es

* Joseph Lister, 1st Baron Lister of Lyme Regis (1827–1912), englischer Arzt und Begründer der antiseptischen Chirurgie.

** »Über den Verstand mechanischer Wesen«.

geschrieben hat. Kein Mechanismus kann über seine Erfolge Freude empfinden (und nicht bloß, was eine einfache Sache ist, künstlich signalisieren); sich grämen, wenn seine Röhren durchbrennen; sich an Schmeicheleien ergötzen; seine Fehler bedauern; sexuelle Reize empfinden und ärgerlich oder deprimiert werden, wenn er nicht bekommt, was er haben will.

Das, was ich für den fundamentalen Einwand halte, habe ich gesperrt wiedergegeben. Es kommt mehr oder weniger überhaupt nicht darauf an, was eine Maschine zustande bringt, gleichgültig wie eindrucksvoll das Ergebnis ist. Selbst wenn sie ein – sehr gutes – Sonett schriebe, würde das nicht viel bedeuten, es sei denn, die Maschine habe es als Ergebnis von »Gedanken und Empfindungen« geschrieben und sei sich auch der Tatsache, »es geschrieben zu haben, bewußt«. Dies könnte eine nutzbringende »Zweckdefinition« eines Aspekts des menschlichen Denkens sein – aber wie will man in Erfahrung bringen, ob das Sonett einer »Emotion« folgend geschrieben wurde oder nicht? Es würde nicht viel helfen, den Computer zu fragen, denn wie Professor Jefferson richtig erkannte, gäbe es keine Garantie, daß er nicht nur einfach signalisierte, etwas empfunden zu haben. Eigentlich redet Jefferson einer extrem solipsistischen Position das Wort und sollte deswegen dieselben Regeln auch für den Menschen gelten lassen. Extremer Solipsismus (»Ich bin das einzig wirkliche Wesen, alles andere ist Illusion«) ist logisch nicht greifbar. Er ist aber als Weltanschauung so isoliert, daß die meisten Menschen es vorziehen, darüber hinwegzugehen und sich statt dessen entschließen, anderen Menschen die Behauptung, zu denken oder zu fühlen, durchaus zu glauben. Mit anderen Worten, über Professor Jeffersons Einwand ließe sich hinweggehen, wenn man selbst der Computer wäre und dessen Gedanken erführe (sofern er überhaupt denkt) – nur dann könnte man es wirklich wissen. Sein Argument ist es dennoch wert, einigermaßen gründlich erörtert zu werden, denn in der einen oder anderen Form hört man solche Behauptungen immer wieder. Außerdem bereitet es uns teilweise auf Turings Lösung des Problems vor, auf die wir später zu sprechen kommen werden.

Der Einwand der Unvorhersagbarkeit beruht auf der Behauptung, daß Computer von Menschen nach bestimmten Regeln geschaffen wurden und in Übereinstimmung mit sorgfältig ausgearbeiteten Programmen funktionieren, die ihrerseits wieder auf bestimmten Regeln beruhen. Wenn man also wollte, könnte man exakt herausarbeiten, was ein Computer zu einem bestimmten Zeitpunkt tatsächlich ganz genau tut. Falls man im Besitz aller verfügbaren Fakten ist, kann man das Computerverhalten voraussagen, denn es folgt gewissen Regeln. Im Gegensatz dazu ist dasselbe im Falle des Menschen nicht möglich, denn dieser verhält sich nicht nach einer Reihe von unwandelbaren Regeln. Mithin gibt es zwischen Computern und Menschen einen wesentlichen Unterschied, deshalb muß das Denken (jetzt kommt ein ziemlich schwaches Argument) eine im wesentlichen menschliche Fähigkeit sein.

Dazu läßt sich zweierlei sagen. Erstens werden Computer so kompliziert, daß es zweifelhaft erscheint, ob man ihr Verhalten immer wird voraussagen können, selbst wenn man alles über sie weiß – Programmierer und Computeringenieure haben entdeckt, daß es zu den verblüffendsten Charakteristika heutiger Systeme gehört, daß sie fortwährend für Überraschungen sorgen. Der zweite Punkt schließt sich ganz selbstverständlich an: Der Mensch verfügt bereits über jene außergewöhnlich komplizierten Reaktionsmuster; und wir können sein Verhalten nicht etwa deshalb voraussagen, weil er keine Grundregeln kennt, sondern weil wir a) nicht wissen, welche Regeln dies sind und b) weil diese Regeln viel zu kompliziert anzuwenden sind, selbst wenn man sie kennte. Der Einwand der Unvorhersagbarkeit ist also bestenfalls dürftig, wird aber dennoch immer wieder erhoben. Häufig fällt die Bemerkung, daß ein Mensch immer ein »Überraschungsmoment« birgt. Ich zweifle indessen nicht daran, daß jedes sehr komplexe

System Überraschungen bereithalten muß. Eine Variante der genannten Behauptung lautet, daß Menschen zu Irrtümern fähig sind, der »perfekte« Computer aber nicht. Das mag durchaus wahr sein, suggeriert aber, daß Maschinen dem Menschen überlegen sind, denn es scheint wenig Sinn darin zu liegen, ein Informationen verarbeitendes System – ob biologisch oder elektronisch – zu besitzen, das bei der Verarbeitung Fehler macht. Es wäre möglich, Computern ein Zufallselement einzubauen, um ihr Verhalten von Zeit zu Zeit voraussagbar zu machen, das aber wäre ein völlig widersinniges Unterfangen.

Der Einwand »Sieh einmal, wie dumm sie sind« bedarf keiner großen Erläuterung. Einerseits äußert er sich in Witzen über Computer, die lächerliche Kontoauszüge oder Stromrechnungen auswerfen; ein anderer, etwas scharfsinnigerer Einwand fand die im Vergleich zum Menschen ungeheuren Schwächen des Computers: »Wie kann man nur annehmen, daß solch ein rückständiges, beschränktes Ding jemals ein Niveau erreicht, daß man sagen könnte, es denkt?« Zur Zeit – wie gesagt – mag man anhand einiger dieser Argumente die Intelligenz des Computers von der des Menschen noch mehr oder weniger erfolgreich abgrenzen. Aber mit recht dramatischer Geschwindigkeit erobert das Elektronengehirn eine menschliche Bastion nach der anderen; und alle Anzeichen deuten darauf hin, daß das so bleibt. Seine gegenwärtigen Beschränkungen mögen gelten, wenn man darüber streitet, ob man ihm die Denkfähigkeit heute oder in der allernächsten Zukunft schon zugestehen soll, sie sind jedoch bedeutungslos, wenn man die theoretischen Möglichkeiten erörtert.

Der Einwand »Ja, aber *das* kann er nicht!« ist eine immer wiederkehrende Behauptung, die sich die Kybernetiker seit einem Vierteljahrhundert haben anhören müssen, und die, nachdem sie sie teilweise widerlegt hatten, in neuer Verkleidung wieder auftauchte. Das Argument lautet: »Aber ja, natürlich kann man einen Computer dazu bringen, das und das zu tun. Das wurde ja gerade eben demonstriert, aber er

wird natürlich niemals fähig sein, dieses und jenes zu tun!« Dieses und jenes, das kann alles beliebige bedeuten – früher einmal ging es darum, eine gute Partie Schach zu spielen, eine größere Speicherkapazität zu haben als das menschliche Gehirn, Handschrift lesen oder das gesprochene Wort verstehen zu können. Nachdem nun dieses »Ja, aber...« ganz schnell überwunden wurde, steht man einem ganz neuen Katalog von Anforderungen gegenüber: Schlag den Schachweltmeister, verarbeite die Daten parallel statt chronologisch, stelle eine bessere Diagnose als ein Arzt, übersetze zufriedenstellend aus einer Sprache in die andere, hilf deine eigenen Software-Probleme zu lösen etc. Wenn diese Forderungen erfüllt sind, wird der Computer mit Sicherheit aus Schrott eine ganz neue Stadt zu bauen haben, muß er ein interessanteres Spiel als Schach erfinden, ein schönes junges Mädchen, einen gutaussehenden jungen Mann anhimmeln, die einheitliche Feldtheorie erarbeiten, an Schinkenei Gefallen finden usw. Ich kann mir nichts Dümmeres vorstellen, als einen Computer zu konstruieren, der Eier mit Speck mag, aber unter der Voraussetzung, daß man genügend Zeit und Geld investiert, kann man sich nicht vorstellen, warum solch ein surrealistisches Ding nicht zu konstruieren sein sollte. Andererseits mag es höchst nützlich sein, Computer sichere, optimal billige Gebäude konstruieren zu lassen. Noch ehrgeiziger (vergleichbar mit dem Eier-mit-Speck-Projekt, indessen viel eher der Mühe wert) wäre es, ein System auf das Problem anzusetzen, den Zusammenhang zwischen Schwerkraft und Licht herauszufinden. Meiner eigenen Schätzung nach werden die Computer noch vor Ablauf der langfristigen Zukunft (also noch vor dem Eintreten ins nächste Jahrhundert) an diesen Problemen hart, aber mit großem Erfolg arbeiten.
Der Einwand »Ein Computer ist kein biologisches System« mag wie eine andere Version des theologischen Vorbehalts klingen – nur lebende Wesen können im Besitz der Denkfähigkeit sein, deshalb können nicht-biologische Systeme auf gar keinen Fall denken. Es gibt jedoch eine schärfere Trennungs-

linie, die einer näheren Erläuterung bedarf. Es ist für die meisten modernen Computer charakteristisch, daß sie nicht stufenlos, sondern diskret arbeitende Maschinen sind. Will sagen, es sind Digitalgeräte, deren Arbeitsweise auf schrittweise nacheinander eintretenden diskreten Zuständen – an/aus – beruht. Nun mögen die Zentralnervensysteme biologischer Wesen nicht so eindeutig digital arbeiten, obschon es Anzeichen gibt, daß die Nervenzelle, die Basiseinheit der Kommunikation, nach dem Prinzip an/aus, alles oder nichts, funktioniert. Wenn sich aber herausstellen sollte, daß dies nicht zutrifft, sondern daß die Nervenzellen nach einem anderen, komplizierteren Prinzip arbeiten, dann kann man sich vorstellen, daß sich »denken« nur bei Wesen manifestiert, die über Schaltsysteme dieser komplizierten Art verfügen. Sagen wir es anders herum: Es könnte möglich sein, ungeheuer intelligente Digitalcomputer zu bauen, die aber unbeschadet ihrer gesamten Intelligenz niemals denken können. Diese Behauptung läßt sich gegenwärtig nicht widerlegen, aber selbst in diesem Falle gibt es nicht die Spur eines Anhaltspunkts, der die Annahme rechtfertigt, nur nicht-digitale Systeme könnten denken. Es mag andere Aspekte geben, die lebende Wesen im Hinblick auf ihre Fähigkeit, Gedanken hervorzubringen, als einzigartig hinstellen, es läßt sich jedoch keiner ausmachen bzw. nicht einmal erraten. Deshalb hat dieser Einwand im Augenblick keine Gültigkeit, obwohl er im Falle einer neuen biologischen Entdeckung durchaus gültig werden könnte.

Von allen zehn Einwänden verblüfft der mathematische am meisten. Mit ihm wird man in Diskussionen mit Akademikern am häufigsten konfrontiert. Er beruht auf jener faszinierenden Anwendung mathematischer Logik, die wir dem Ungarn Kurt Gödel verdanken. Es sei beiläufig angemerkt, daß Gödels Theorem beweist, daß im Rahmen eines hinreichend leistungsfähigen logischen Systems (welches ein nach eindeutig festgelegten Regeln arbeitender Computer sein könnte) Aussagen gemacht werden können, die *innerhalb des Systems* weder bewiesen noch widerlegt werden können. Das Gödel-

sche Theorem wurde von Alan Turing 1936 in seiner berühmten Schrift so umstrukturiert, daß es sich speziell auf Maschinen anwenden läßt. Darin wird eindeutig dargelegt, daß es, unbenommen seiner Leistungsfähigkeit, gewisse Aufgaben geben muß, die ein Computer aus eigener Kraft nicht lösen kann. Mit anderen Worten, man kann keinen Computer bauen, der jedes Problem löst, und sei er noch so hervorragend programmiert. Ins Reich der Phantasie übertragen bedeutet dies, daß kein Computer (oder irgendein anderes Digitalsystem) über etwas wie Allwissenheit verfügt.
Das Gödelsche Theorem mit seinen später von Alonzo Church, Bertrand Russell und anderen hinzugefügten Ergänzungen ist für Mathematiker hochinteressant. Nicht sosehr deswegen, weil es der Maschinenintelligenz grundsätzlich Schranken unterstellt, sondern weil es die Schranken der Mathematik selbst aufzeigt. Kritiker der Maschinenintelligenz benutzen dieses Theorem fälschlicherweise aber, um zu »beweisen«, daß Computer niemals das Intelligenzniveau des Menschen erreichen können. Die Schwäche dieser Position ist eindeutig: Man geht von der Annahme aus, das menschliche Gehirn sei kein formallogisches System. Alles weist jedoch darauf hin, daß dies doch der Fall ist und daß es deswegen denselben Gödelschen Grenzen unterworfen sein wird wie die Maschinen. Die Sache hat aber noch einen anderen Haken. Obschon das Theorem zugegebenermaßen feststellt, daß kein System seine eigenen Probleme *aus sich heraus* vollständig lösen, »sich selbst verstehen kann«, impliziert es *nicht,* daß den noch nicht erforschten Bereichen nicht mit einem anderen System seine eigenen Probleme aus sich heraus vollständig lösen, »sich selbst verstehen kann«, impliziert es nicht, daß vollständig »selbst begreifen«, aber unter Mitwirkung anderer Gehirne läßt sich diese Unzulänglichkeit vielleicht korrigieren. Desgleichen und bezeichnenderweise könnten mit komplexen Computersystemen verbundene Problemfelder vollständig und unumschränkt von anderen Computersystemen gelöst werden, sofern diese »gescheit« genug sind.

Der letzte der zehn Einwände gegen die Vorstellung von einer denkenden Maschine ist als Lady Lovelaces Vorbehalt bekannt geworden. Wir haben von Ada Gräfin Lovelace schon früher gesprochen, nämlich als der Geliebten, Vertrauten und Ratgeberin von Charles Babbage. In ihren umfangreichen Schriften über Babbages analytische Maschine äußerte sie eine These, die hinsichtlich der Maschinenintelligenz, ja sogar im Hinblick auf das maschinelle Denken von besonderer Relevanz war, obschon Ada Lovelace diesen Zusammenhang hergestellt hat. Ich habe die entsprechende Stelle aus ihren »Notizen« aus dem Jahr 1842 bereits zitiert, die wesentlichen Sätze indessen lauten: »Die analytische Maschine erhebt keinen Anspruch, irgendwie schöpferisch tätig zu werden; sie kann alles, was wir sie zu tun anzuweisen wissen.« In heutiger Formulierung heißt dies: »Ein Computer kann alles, wozu er programmiert wurde.« Dieser Einwand ist so fundamental und so weithin akzeptiert, daß er im einzelnen erörtert werden muß.

Im absoluten wie im wörtlichen Sinne ist diese Aussage völlig korrekt und gilt für jede Maschine bzw. jeden Computer, die bereits gebaut wurden oder gebaut werden könnten. Nach den Gesetzmäßigkeiten des Universums, in dem wir leben, kann nichts ohne eine a priori gegebene Ursache eintreten; ein Computer wird nicht anspringen, ohne daß er von irgendwoher Energie erhält und durch irgend etwas den Weg gewiesen bekommt. Im Falle der verschiedenen Aufgaben, die ein Computer bewältigt, ist die »Ursache«, um das Wort weiter zu strapazieren, das Programm oder die Programmfolge, die diese Aufgaben überwachen. Auf sehr ähnliche Weise gilt dies für ein Gehirn: Auch dieses muß mit Programmfolgen ausgestattet sein, die es veranlassen, sein Aufgabenrepertoire durchzugehen. Dies könnte so aussehen, als würde Lady Lovelaces Aussage gestützt, zumindest insoweit, wie die Konstruktion, aber auch der Arbeitsablauf der Maschinen des Menschen bedürfen. Ebensogut aber könnte die Behauptung, genau dies begründe einen wesentlichen Unterschied zwischen Computern und Menschen, durch Ada Lovelaces Aussage entwertet werden. Doch gibt es nicht noch einen entscheidenden Unterschied zwischen Gehirnen und Computern? Muß es nicht stets menschliche Wesen geben, die den Computern – ungeachtet ihres hohen Entwicklungsstands – die Programme schreiben? Muß dasselbe nicht mit Sicherheit auch für den Menschen gesagt werden?

Um der Sache auf die Spur zu kommen, müssen wir uns erinnern, daß alle Gehirne einschließlich der menschlichen von Geburt an mit einer umfassenden Programmkollektion ausgestattet sind, die im Falle aller Angehörigen einer Spezies identisch und uns als Instinkte geläufig sind. Sie steuern Atmung, gastrische Absorption, Herztätigkeit und auf Verhaltensebene solche Reflexe wie Saugen, Augenzwinkern, Greifen usw. So mag es auch Programme geben, die das junge Lebewesen »veranlassen«, seine Umgebung zu erforschen, seine Muskeln zu trainieren, zu spielen usw. Wo kommen diese Programme her? Nun, sie wurden im Laufe der Evolution durch einen ganz außergewöhnlich langwierigen Prozeß von Versuch und Irrtum erworben. Man könnte sie die permanente Software nennen (Kybernetiker gebrauchen gelegentlich den Ausdruck »Firmware«); sie stimmen mit jenen Programmfolgen überein, die jeder Computer besitzt, wenn er die Herstellerfirmen verläßt; sie gelten seiner elementaren Bedienung, Instandhaltung etc.

Zusätzlich werden alle biologischen Computer mit etwas versehen, das sich am besten mit Rohprogrammen umschreiben läßt. Niemand hat die leiseste Ahnung, ob diese neurologischer, biochemischer, elektrischer oder sonstwelcher Natur sind – wir wissen lediglich, daß es sie geben muß. Ihre Niederlegung beginnt in dem Augenblick, da das Lebewesen die Interaktion mit seiner Umwelt aufnimmt. Im Laufe der Zeit entwickeln sie sich zu einer gigantischen Software-Garnitur, die uns letztendlich befähigt, zu sprechen, zu schreiben, zu gehen, zu lesen, Eier mit Schinken zu genießen, Musik zu verstehen, zu denken, zu fühlen, Bücher zu schreiben oder mathematische Überlegungen zu erfassen. Diese Programme nützen nur dem Besitzer eines ganz bestimmten Gehirns, sie verschwinden mit dessen Tod und sind von der »Firmware« gänzlich losgelöst.

Wenn diese Definiton den großartigen Bereich menschlichen Lernens und menschlicher Leistung allzu trivial darstellt, liegt das nur daran, daß alles banal erscheint, wenn man es auf seine bloßen Bestandteile reduziert: eine fabelhafte Skulptur auf eine Quadrillion höchst ähnlicher Elektronen und Protonen, einen Mikroprozessor auf in einer Waffel aus Sand verborgene Millionen von Verunreinigungen, das menschliche Gehirn auf eine Ansammlung von Neuronen, Blutkörpern und chemischen Elementen. Alles andere als trivial ist die unendlich verwickelte, unbeschreiblich tiefgreifende Verflechtung dieser Grundelemente zu einer äußerst komplizierten, sinnvollen Struktur. Der eigentliche Unterschied zwischen dem Gehirn und den meisten Computern ist der, daß die Datenaufnahme, das ursprüngliche Schreiben und spätere Modifizieren des Programms von einem Mechanismus im Gehirn selbst produziert wird, während im Falle des Computers die Software außerhalb des Systems zubereitet und dem Computer in ihrer endgültigen Fassung zugeleitet wird. Ich machte jedoch von der Einschränkung »den meisten« Gebrauch. In den letzten Jahren hat man zunehmenden Nachdruck auf die Entwicklung von »adaptiven« Programmen gelegt. Darunter versteht man Programme, die aufgrund der eigenen Interaktion mit ihrer Umwelt modifiziert und revidiert werden. Will man es schlicht ausdrücken, so lassen sich diese als »Programme, die für sich selbst lernen« beschreiben. Zu gegebener Zeit werden sie ein wichtiger Wesenszug vieler leistungsfähiger Computersysteme sein.

Aber auch jetzt hat der Skeptiker noch ein paar Pfeile im Köcher. Der erste Einwand erfolgt im allgemeinen in Form der Feststellung: »Na schön, aber selbst wenn die Computer in der Lage sind, ihre Software auf den letzten Stand zu bringen und sich selbst neue Programme zu verschaffen, tun sie dies immer noch aufgrund der Erfindungsgabe des Menschen. Der Mensch mag die Programme in der Tat nicht mehr länger selbst schreiben, hätte er aber nicht in erster Linie die Konzeption eines sich selbst anpassenden Programms entwickelt, so wäre es dazu gar nicht erst gekommen.« Dies ist vollkommen richtig, hat aber nichts mit der Frage zu tun, ob Computer denken oder irgendeine andere geistige Übung bewältigen können oder nicht. Dies könnte uns die Computer zu ewigem Dank verpflichten und uns vielleicht das stolze Gefühl geben, sie geschaffen zu haben; es bedeutet jedoch keine wirklichen Restriktionen bezüglich ihrer Entwicklung.

Desgleichen mag der Skeptiker behaupten, daß Computer unbeschadet dessen, wie gescheit oder intelligent man sie werden läßt, niemals in der Lage sein werden, eine kreative Aufgabe zu lösen. Alles was sie tun, wird unweigerlich dem entspringen, was sie gelehrt wurden, erfahren haben oder Gegenstand eines vorab existenten Programms ist. Hier wurde also zweierlei ins Feld geführt: Zum einen können Computer niemals einen selbständigen oder schöpferischen Gedanken fassen. Zum anderen liegen die Ursprünge all dessen, was sie tun – und sei es noch so gescheit –, in der gegebenen Software. Befassen wir uns zunächst mit dem zweiten Punkt: Erneut ist man gezwungen zu sagen, daß dieselbe Kritik auch auf den Menschen bezogen werden muß. Niemand kann bestreiten, daß sich alle Aspekte unserer Intelligenz aus vorab existenten Programmen und vor dem Hintergrund der Lebenserfahrungen entfalten – es sei denn, man behauptet, ein Teil der Gedanken und Ideen des Menschen entspränge echter Eingebung –, einer von Gott, den Engeln oder den Geistern der Verblichenen ausgehenden Botschaft. Diese Entfaltung mag unvergleichlich komplex und ihre Fortschritte mögen unmöglich aufzuspüren sein; alle Früchte des Geistes aber entspringen einem Saatkorn namens Erfahrung, das in den fruchtbaren Nährboden Gehirn gesenkt wurde.

Es bleibt noch die Frage nach der Kreativität. Ehe man mutmaßt, die Kreativität sei eine ausschließlich menschliche

Eigenschaft, muß der Begriff erst einmal definiert werden. Es reicht nicht aus, zu sagen, Kreativität bedeute, »ein Gedicht zu schreiben«, »ein Bild zu malen«, »philosophische Gedanken zu erörtern«; denn es ist einfach genug, Computer so zu programmieren, daß sie all dies können. Es ist nicht entscheidend, daß die so zustande kommenden Gedichte, Bilder und philosophischen Abhandlungen höchst mittelmäßig sind: Von einem Computer zu verlangen, meinetwegen ein Sonett von Shakespearescher Güte zu schreiben oder ebensogut wie Leonardo da Vinci zu malen und ihm dann mangelnde Kreativität vorzuwerfen, ist einfach ein lächerliches Argument, denn hier stellt sich allein die Frage, inwieweit die genannten Tätigkeiten als Bestandteil des Denkvorgangs vom Computer geleistet werden können. Desgleichen kann der oft zitierte Einwand, daß man einen Computer erst so programmieren muß, daß er malt, Schach spielt und dergleichen nicht länger gelten, denn dasselbe gilt fraglos auch für den Menschen. Wenn Sie irgendwelche Zweifel haben, daß Lernen und Erfahrung erforderlich sind, dann drücken Sie einmal einem einjährigen Kleinkind einen Farbtopf oder ein Schachbrett in die Hand.

Kreativität muß offenbar klarer definiert werden. Nachstehende Definiton ist beinahe allgemeingültig: Wenn eine Person eine Fertigkeit demonstriert, die niemals zuvor gezeigt und ihr nicht extra von einem Dritten beigebracht wurde, oder auf intellektuellem Gebiet ein Problem auf absolut neuartige Weise löst – also einen Lösungsweg findet, den noch kein anderer Mensch kannte –, dann läßt sich sagen, ein solches Individuum habe etwas Originelles getan oder einen orginellen bzw. kreativen Gedanken gehabt. Natürlich mag es durchaus andere Formen der Kreativität geben. Was ich eben sagte, ist aber unbestreitbar ein Beispiel dafür, wie Kreativität sich äußert. Es gibt viele Beweise, daß der Mensch im Sinne dieser Norm kreativ ist, und die Geschichte der Wissenschaft gründet sich auf »originelle Ideen«, die den Menschen kamen. Es ist ganz klar, daß Lady Lovelaces Vorbehalt so lange gilt, bis Computer hier mit dem Menschen gleichziehen.

Die Skeptiker werden staunen, denn gerade die Computer sind dabei, auch diese Hürde zu nehmen. Die Lösung des sogenannten »Vier-Farben-Problems« etwa ist ein gutes Beispiel dafür. Dieses Problem ist mathematisch gesehen von einiger Bedeutung. Man kann es sich am besten vergegenwärtigen, wenn man sich eine zweidimensionale Karte vorstellt, auf der eine große Zahl Territorien – beispielsweise die englischen Grafschaften oder die Bundesstaaten der USA – dargestellt sind. Angenommen, man wollte jedem Territorium seine eigene Farbe geben, wieviel Farben müßte man mindestens nehmen, um sicherzugehen, daß keine zwei Territorien derselben Farbe aneinanderstoßen?

Nach einigem Herumprobieren mit Karten und Stiften wird man feststellen, daß man auf die Anzahl von vier Farben kommt. Niemals brachten Konfigurationen mit fünf respektive mit drei Farben die Lösung. Die empirisch ermittelte Antwort lautet deshalb vier – daher auch der Name des Problems. Es ist jedoch noch niemandem gelungen, mathematisch zu demonstrieren und zu beweisen, daß vier Farben im Falle jeder nur denkbaren Karte ausreichend sind. Jahrzehntelang haben sich Mathematiker mit diesem schwer zu fassenden Problem abgequält; man kam von Zeit zu Zeit mit einem »Beweis« heraus, der sich dann aber schließlich als unvollständig oder als Trugschluß herausstellte. Mathematiker aus aller Welt merkten deshalb auf, als man im Jahre 1977 dieses Problem einem Computer stellte, der zahlreiche mögliche Kombinationen überprüfte und schließlich zur Zufriedenheit der Mathematiker nachwies, daß die richtige Lösung vier Farben heißt. Obschon dies ein spektakulärer Beweis der kreativen Fähigkeiten des Computers ist, handelt es sich hierbei eigentlich nicht um das überzeugende Beispiel schlechthin, denn die zugrunde liegende Verfahrensweise war alles andere als heuristisch (Problemlösen durch Testen von Hypothesen). Es war so, als wolle man zwecks Lösung eines Schachproblems jede mögliche Zugkombination durchspielen, anstatt sich auf aussichtsreiche Felder zu konzentrieren und damit zu experimentieren. Ein besserer und viel früherer Beweis der Originalität des Computers stammte von einem Programm, das aufgestellt wurde, um zu einigen vollständig neuen Beweisen der Euklidschen Geometrie zu gelangen. Der Computer lieferte einen bis dahin unbekannten Beweis jenes Theorems, demzufolge die Basiswinkel eines gleichschenkligen Dreiecks identisch sind; er drehte nämlich die Winkel um 180 Grad und erklärte sie für kongruent. Ganz abgesehen davon, daß diese Methode bis dato unbekannt war, zeugte sie von solcher Originalität, daß ein berühmter Mathematiker bemerkte, »wenn einer meiner Studenten das getan hätte, hätte ich ihn mir als kommendes Genie gemerkt«.

Und so läßt sich Lady Lovelaces so lange gültig gebliebener Einwand entkräften. Wir haben gezeigt, daß Computer intelligent und sogar kreativ sein können – aber wir haben noch nicht bewiesen, daß sie denken können bzw. einmal denken könnten.

Es gilt also einen weiteren Begriff zu definieren, den des »Denkens«.

KAPITEL 14
Hin zur ultra-intelligenten Maschine

Die gegen die Vorstellung von denkenden Maschinen am häufigsten erhobenen Einwände beruhen auf Fehlinterpretationen recht einfacher Fragen oder auf semantischen Unklarheiten der einen oder anderen Art. Wir stehen immer noch vor dem Problem, das Verbum »denken« zu definieren. In diesem Kapitel wollen wir versuchen, uns diesem Begriff wenigstens zu nähern. Wir werden das in diesem Zusammenhang mit einer recht reizvollen Methodik befassen, anhand derer wir das Problem erörtern können. Daß wir uns dabei auch die Frage nach der denkenden Maschine, insbesondere auch der sogenannten ultra-intelligenten Maschine, stellen müssen, ist unvermeidlich.

Die meisten Menschen glauben genau zu wissen, was das Wort »denken« beinhaltet. Wir sind darauf geprägt, allen Menschen die Tätigkeit des Denkens zu unterstellen, weil wir sie an uns selbst erfahren haben. Wir akzeptieren das Denken als eine allgemein gültige Eigenheit der menschlichen Rasse. Aus genau diesem Grund gehen wir jedoch bei Maschinen nicht von derselben Annahme aus. Ja, wir sind äußerst skeptisch, wenn uns jemand erzählen wollte, auch eine Maschine könne denken. Früher oder später aber wird eine Maschine den Beweis antreten, und es fragt sich dann, nach welchen Kriterien zu entscheiden ist, ob dieser Beweis stichhaltig ist oder nicht.

Als sich Turing mit der Frage befaßte, ob Maschinen denken könnten, regte er eine für ihn typische, brillante Lösung an, die trotz geringer Mängel die beste ist, die je vorgeschlagen wurde. Wie er betonte, liegt der Schlüssel des Problems darin, sich zu fragen, welcher Art die Zeichen und Signale sind, die die Menschen aussenden, und von denen wir herleiten, daß *sie* denken. Es ist eindeutig eine Frage dessen, *welche Art von*

Unterhaltung wir mit ihnen führen können, und hat nichts zu tun mit ihrem Aussehen oder ihrer Kleidung. Leider läßt die äußere Erscheinung in unseren Köpfen automatisch Vorurteile entstehen. Würden wir mit einem Mikroprozessor eine lebhafte Unterhaltung führen, wären wir vielleicht hinsichtlich seiner Denkfähigkeit sehr skeptisch, weil er nicht so aussieht, wie wir uns ein denkendes Wesen unserer Erfahrung entsprechend vorstellen. Wir wären aber interessiert, was er zu sagen hätte; und so entwarf Turing sein Experiment bzw. seinen Test:

Der Turing-Test für denkende Maschinen

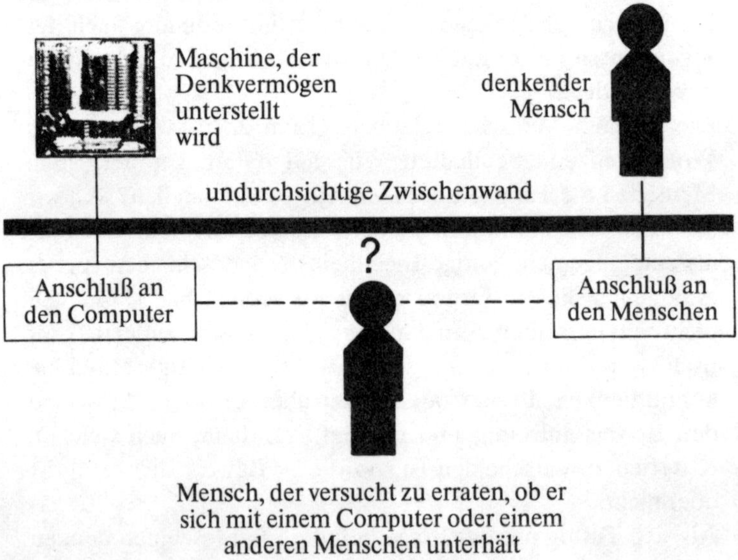

Man stelle einen Menschen – den Schiedsrichter oder Prüfer – in einen Raum, in dem sich zwei Computerterminals befinden, von denen der eine einem Computer, der andere einem Menschen angeschlossen ist. Der Prüfende weiß natürlich nicht, welcher Terminal mit wem verbunden ist; er kann aber in jeden Terminal einschreiben und von ihnen schriftliche Nachrichten entgegennehmen. Anhand seiner Unterhaltung mit dem System am Ende des jeweiligen Terminals soll der Proband nun entscheiden, mit welchem System er es zu tun hat. Ist der Computer sehr dumm, so offenbart sich dies auf der Stelle, und der Mensch hat keine Schwierigkeiten, ihn als solchen zu identifizieren. Ist der Computer gescheit, wird man feststellen, daß sich mit ihm eine recht gute Unterhaltung führen läßt, auch wenn man am Ende eben doch herausfindet, daß der Gesprächspartner ein Computer sein muß. Falls der Computer aber außerordentlich gescheit ist und über breitgestreutes Wissen verfügt, dürfte es für den Probanden unmöglich zu sagen sein, ob er mit dem Computer oder mit der Person spricht. In diesem Falle, so behauptet Turing, hätte der Computer den Test bestanden und könnte im praktischen Sinne als denkende Maschine bezeichnet werden.

Das Argument ist einfach, aber einleuchtend: Wenn der mit einer Maschine gepflegte Gedankenaustausch sich nicht unterscheiden läßt von dem mit einem bekanntermaßen denkenden Wesen, dann kommunizieren wir in jeder Hinsicht mit einem ebenfalls denkenden Wesen. Nebenbei bemerkt bedeutet dies nicht, daß die persönliche Erfahrung, der Bewußtseinsstand, das Kenntnisniveau usw. des Systems dem gleichen müssen, der das Denken des Menschen ausmacht; diese besonderen Eigenschaften sind durch den Test nicht zu ermitteln. Diese Eigenschaften sind auf gar keinen Fall die Bezugspunkte, die den Beobachter interessieren.

Auf den ersten Blick mag der Turing-Test als eine verblüffende Betrachtungsweise des Problems erscheinen, es handelt sich dabei indessen um eine höchst vernünftige Methode, sich ihm zu nähern. Es erhebt sich nunmehr die Frage: Ist irgendein Computer heute in der Lage, den Test zu bestehen? – Und falls nicht, wie lange wird es wahrscheinlich dauern, bis ein entsprechendes Gerät gebaut werden kann? Von Zeit zu Zeit vernimmt man aus dem einen oder anderen Laboratorium, daß ein Computer der Sache zumindest sehr nahe gekommen sei. Wissenschaftler, die große Computer-Konferenzsysteme benutzen (jeder Wissenschaftler hat in seinem Büro einen Terminal stehen und ist mit seinen Kollegen über den Computer verbunden, der als Veranstalter und allgemeine Informationsleitstelle fungiert), sind sich oft der Schwierigkeit bewußt, sich – zumindest für kurze Augenblicke – zu versichern, ob sie mit dem Computer oder einem ihrer Kollegen sprechen. Am Massachusetts Institute of Technology gab es den berühmten Fall, daß zwei Wissenschaftler über das Netz miteinander plauschten; der eine verließ die Szene, ohne es dem anderen mitzuteilen, und dieser setzte in der Annahme, mit seinem Freund zu sprechen, die muntere Unterhaltung mit dem Computer fort. Die gleiche beinahe geisterhafte Erfahrung habe ich gemacht, wenn ich mich mit von mir selbst programmierten Computern unterhielt und deren Antworten oftmals merkwürdig einsichtsvoll und deshalb überraschend fand.

Ein weiteres interessantes Beispiel sei genannt: Im August 1978 spielte in Toronto der internationale Großmeister, David Levy, eine denkwürdige Partie gegen den damaligen Computerschachweltmeister, das von der Northwestern University gebaute Gerät »Chess 4.7«. Bei dieser Partie gelangen dem Computer eine Reihe unheimlich »menschlicher« Züge. Die Wirkung war so gewaltig, daß mir Levy anschließend erzählte, er habe es kaum glauben können, nicht einem hervorragenden Gegenspieler in Menschengestalt gegenüberzusitzen. Nur wenige der Schachfanatiker, die die Übertragung Zug für Zug verfolgten, waren ohne vorherige Kenntnis in der Lage zu sagen, welche Züge vom Computer und welche von dem Schachmeister aus Fleisch und Blut stammten. David Levy selbst gab zu verstehen, »Chess 4.7« habe den Turing-Test tatsächlich bestanden.

Turing hatte sich den Test so gedacht, daß der Tester sich mit jedem der beiden verborgenen Systeme über jedes beliebige Thema unterhalten und im Gespräch jeden ihm zu Gebote stehenden Trick anwenden darf. Des weiteren kann er die Befragung beliebig lange fortsetzen und jederzeit nach einem Kunstgriff suchen, der den Computer als lediglich mechanisch »denkende« Maschine entlarvt. Natürlich muß ein Computer, der auch nur die Spur einer Chance haben soll, den Test zu bestehen, über eine recht beträchtliche Software-Bank verfügen. Keinesfalls darf er nur für ein einziges Sachgebiet brillant programmiert sein. »Chess 4.7« beispielsweise hat zwar einem Schachweltmeister überzeugend paroli geboten, über menschliche Anatomie, Politik oder gar gute Restaurants befragt, hat er sich als Dummkopf erwiesen.

Wie die Dinge heute liegen, haben Computer noch ein gutes Stück Weg vor sich, ehe sie die ihnen von Turing so raffiniert in den Weg gestellte Hürde nehmen. Menschen, die sich der Vorstellung von fortgeschrittener Maschinenintelligenz widersetzen, sollten daraus keine falschen Schlüsse ziehen. Nach allem, was wir bislang herausgearbeitet haben, sollte eines deutlich geworden sein: In intellektuellem Sinne unterscheiden sich Menschen und Computer lediglich graduell.

In seinem in Mind veröffentlichten Aufsatz sagt Turing selbst, er habe das Gefühl, daß die Computer noch vor der Jahrhundertwende den Test bestanden haben werden. Und er läßt keinen Zweifel daran, daß er liebend gern lange genug leben würde, um an dem glänzenden Ereignis des erstmaligen »maschinellen Denkens« teilzuhaben. Zu dem von ihm selbst vorhergesagten Zeitraum wäre Turing etwa achtzig Jahre alt gewesen. Doch der geniale Wissenschaftler starb schon 1954. Als er an seinem kühnsten Werk arbeitete, einer glänzenden Untersuchung der Morphogenese, der Entwicklung der Formen lebender Organismen – fand er ein tragisches Ende. Er war ein Einzelgänger, der anderen wenig Vertrauen entgegenbrachte. Auch lebte er in einer Zeit, in der Homosexualität noch strafbar war. Turing war homosexuell, und so geriet er, wie auch immer, mit dem Gesetz in Konflikt. Einzelheiten sind nicht bekannt, jedenfalls zog sich Turing eines Abends deprimiert und desillusioniert in sein Zimmer zurück und biß in einen mit Zyankali präparierten Apfel. So ließ uns Alan Mayne Turing, einer der glänzendsten Köpfe des zwanzigsten Jahrhunderts, mit den Computern allein.

Hat Turings Prophezeiung, mit sehr intelligenten Maschinen sei in relativ kurzer Zeit zu rechnen, noch immer Gültigkeit? Aus zweierlei Gründen glaube ich, daß dies zutrifft. Zunächst könnte der Zweck des Turing-Tests leicht mißverstanden werden. Wir sind zwar schon darauf eingegangen, sollten aber doch deutlicher herausarbeiten warum. Der Test ist nämlich für eine denkende, nicht jedoch für eine intelligente Maschine entwickelt worden. Natürlich muß eine denkende Maschine auch intelligent sein, eine intelligente, vielleicht sogar superintelligente Maschine aber muß nicht notwendigerweise denken können. Für paar Jahrzehnte müßte wahrscheinlich sehr viel Geld investiert werden, um einen Computer mit jener breitgefächerten Software auszustatten, die ihm das Bestehen des Turing-Tests ermöglicht. Wesentlich geringere Mittel für eine viel kürzere Zeitspanne würden dagegen ausreichen, um einen Computer auf einem oder zwei Wissensgebieten die IQ-Skala hinaufschnellen zu lassen. Die Tatsache, daß nach Einsatz minimaler Mittel die Schachcomputer den Intelligenzquotienten von 99,5 Prozent aller Menschen bereits übertroffen haben, sollte man wohl als eindeutiges Signal verstehen.

Hinzu kommt, daß auch auf dem Gebiet der Computertechnologie der wissenschaftliche Fortschritt in ungeahntem Maße zunimmt. Wenn darüber hinaus billigere Computerkapazität zur Verfügung steht, wird es auch realistischer, die Fähigkeiten des Computers zur Verbesserung seiner eigenen Soft- und Hardware einzusetzen. Es mag paradox klingen, daß ein Mensch oder eine Maschine ihre Probleme aus sich selbst heraus lösen. Der Mensch kann bei der Lösung der Probleme anderer Menschen helfen, und das gleiche gilt für Computer. Arbeiten auf diesem Gebiet haben bereits begonnen, und wahrscheinlich werden sich zu Beginn der achtziger Jahre gewisse Fortschritte bemerkbar machen. Nicht nur die gigantischen Computerfirmen und großen Software-Anbieter werden die Entwicklung energisch vorantreiben, sondern auch jene begeisterten Amateure, Hobbybastler und Heimcomputerfans, die oft äußerst einfallsreiche Software erfinden. Deutliche Fortschritte auf dem Gebiet der Maschinenintelligenz werden das Ergebnis dieser Bemühungen sein. Für Computerenthusiasten ist dies schon aufregend genug, doch wird zu dieser Zeit ein weiterer Faktor eine noch wirksamere Rolle spielen.

Die Idee wurde, soweit mir bekannt ist, zuerst von I. J. Good (von Bletchley Park und Hauptfigur der »Hier kommt Lord Good«-Fama) dargelegt, als er eine Äußerung des renommierten englischen Wissenschaftlers Lord Bowden kommentierte. Bowden hielt es für sinnlos, immense Geldsummen in die Entwicklung eines Computers zu pumpen, der über menschenähnliche Intelligenz verfügt. Schließlich sei die Welt bereits von intelligenten Wesen übervölkert, die sich alle ganz einfach, relativ billig und auf viel genußvollere Weise schaffen ließen. Wenn man bei gegebenem Aufwand an Zeit, Geld und Arbeit einen Computer entwickeln könne, dessen Intelligenz der des Menschen im großen und ganzen entspräche, dann könnte man mit ein wenig mehr Aufwand vermutlich auch einen Computer entwickeln, der ein bißchen intelligenter ist als der Mensch. Nach unserer Definition übersteigt die menschliche Intelligenz ohne weiteres die eines jeden anderen Wesens auf unserem Planeten, es gibt jedoch keinen Hinweis, daß damit der Gipfel der intellektuellen Möglichkeiten überhaupt erreicht ist. Mit Sicherheit rangiert menschliche Intelligenz in der Evolution ganz vorn, dennoch gibt es keinen Grund zu der Annahme, daß bei hinreichendem evolutionärem Druck in entsprechender Zeit nicht eine weitere Vorwärtsentwicklung der menschlichen Intelligenz die Folge sein sollte. Unglücklicherweise ist die Welt in einer so gefährlichen Verfassung, daß uns nicht die Zeit bleibt, untätig auf das Eintreten dieses Ereignisses zu warten – diese harte Tatsache beginnen immer mehr Menschen zu begreifen. Die logische Konsequenz heißt also bedeutende Anstrengungen in Richtung auf die Maschinenintelligenz zu richten, nicht um einfach ein intellektuelles Äquivalent zum Menschen zu schaffen, sondern um zu gegebener Zeit seine intellektuellen Fähigkeiten sinnvoll zu ergänzen. Dieses Streben nennt Jack Good die Suche nach der ultra-intelligenten Maschine.

Das Konzept der ultra-intelligenten Maschine (abgekürzt UIM) ist widersprüchlich, herausfordernd und gleichzeitig ein wenig furchterregend. Dies um so mehr, als die Idee logisch kohärent ist und auf natürliche Weise unserem gegenwärtigen Verständnis der Computerwissenschaft entstammt. Goods Definition entsprechend ist eine ultra-intelligente Maschine ein Computer, der so programmiert wurde, daß er jede geistige Tätigkeit zumindest geringfügig besser beherrscht als der Mensch. Intellektuelle Tätigkeit schließt den sinnlichen Bereich natürlich aus, umfaßt aber Vorgänge wie Problemlösung, taktische Entscheidungen, Erforschung logischer Möglichkeiten und selbst interessante Unterhaltungen. Good weist darauf hin, daß es erforderlich sein könnte, den Computer einige der Grundsätze der Ästhetik zu lehren – eine Aufgabe, die man auf experimenteller Ebene bereits in einem oder zwei Computerzentren zu lösen versucht –, denn ohne ein gewisses Verständnis von Ästhetik könnten die Äußerungen des Computers schrecklich langweilig und beschränkt sein. Die spannendste Frage aber bleibt, was wir mit den ultra-intelligenten Maschinen anstellen wollen, wenn es sie erst gibt.

Natürlich würde man sie zunächst einmal auf die Erarbeitung einiger der zahlreichen Problemlösungen ansetzen, denen sich die Gesellschaft gegenübersieht. Dabei könnte es sich um wirtschaftliche, medizinische oder bildungspolitische Belange handeln, vielleicht auch um die Entwicklung strategischer Modelle zur Vorhersage von Trends und zu »rechtzeitigen Warnungen« vor Schwierigkeiten oder Krisen. Die Wettervorhersage zum Beispiel ist durch Computeranalyse bereits entscheidend verbessert worden und hat in den Teilen der Erde, wo das Klima launisch und unwirtlich ist, große Bedeutung gewonnen. Wenn die UIM aber ihre Fähigkeiten verbes-

sern und ausweiten, werden sie zum Vorteil für die Menschheit auch in anderen relevanten Bereichen einzusetzen sein.
Es ist unwahrscheinlich, daß es hiergegen ernsthafte Einwände geben wird, solche emotionaler und doktrinärer Art einmal ausgenommen. In der Vergangenheit hatte die Anwendung einer Technologie stets ihre negativen Seiten; je gewaltiger und umfassender der maschinelle Kraftaufwand, desto höhere Kapitalkosten, desto größerer Energieeinsatz, um so stärker sind Umweltverschmutzung und Abtragung natürlicher Ressourcen. Im Gegensatz zu jeder anderen Technologie jedoch benötigen Computer, und insbesondere Mikroprozessoren, weder bedeutende Energie- noch Rohstoffmengen, sind sie umweltneutral, denn sie befassen sich mit dem körperlosen Phänomen der Information. Das heißt, daß die UIM vom Menschen sofort für jede nur erdenkliche Aufgabe eingesetzt werden kann.
Von diesem Augenblick an wird ein Circulus vitiosus in Gang gesetzt; denn die erste Aufgabe, die einigen der UIM übertragen wird, wird darin liegen, die Intelligenz anderer UIM zu steigern, und je mehr UIM man dazu einsetzt, desto schneller werden sich atemraubende Erfolge einstellen.
Zunächst wird es nur langsamen Fortschritt geben, denn die Probleme sind zahlreich und komplex. Aber früher oder später wird die Maschinenintelligenz nicht nur die Intelligenz des Menschen übertreffen, sondern auch die der ersten UIM. Dann wird die zweite UIM-Generation arbeitsbereit sein, und auch sie wird man auf alle gegenwärtigen Probleme ansetzen. Wegen ihres erhöhten IQ dürften sie mit dramatischem Tempo vorankommen. Einige UIM der zweiten Generation könnte man der Steigerung der künstlichen Intelligenz widmen. Eine dritte Generation noch gescheiterer Maschinen wird die zweite ablösen. Und so wird es weitergehen: Je gescheiter die Maschinen, desto mehr sind sie zur Verbesserung ihrer eigenen Intelligenz fähig: Und so wird jeweils die eine Generation die Intelligenz der nachfolgenden in ungeahntem Maße potenzieren.

Diesen exponentiellen Fortschritt der UIM halten I. J. Good und viele andere, die sich wissenschaftlich mit der Maschinenintelligenz befassen, für mehr oder weniger unausweichlich. Aus vielerlei Gründen halte ich das jedoch nur für eine der möglichen Entwicklungen. Denn selbstverständlich kann man sich auch einfach weigern, die künstliche Intelligenz über den heutigen Stand hinaus weiterzuentwickeln. Einige Wissenschaftler, aber eben nur eine kleine Minderheit, halten dies für den bei weitem besten Weg. Vielleicht wäre er es, wenn es das einzige Ziel der mit der künstlichen Intelligenz befaßten Forschung wäre, unsere eigene intellektuelle Neugier zu befriedigen oder gescheite Schachcomputer zu konstruieren. Doch die Zielsetzungen sind weitaus substantiellerer Natur. Selbst der optimistischste Bewunderer der menschlichen Rasse wird einräumen, daß unsere Welt einem instabilen Chaos gleicht, das der Mensch ohne »fremde« Hilfe wahrscheinlich nicht wird ordnen können. Viele Menschen sind davon überzeugt, daß die menschlichen Versuche der Problemlösung das Durcheinander nur noch verschlimmern. In den achtziger Jahren werden wir die Auswirkungen der Computerrevolution voll zu spüren bekommen und vor der unwiderruflichen Entscheidung stehen, ob wir uns auf das Miteinander mit den ultra-intelligenten Maschinen einlassen wollen. Haben wir uns einmal positiv entschieden, wird nichts mehr so wie vorher sein.

SECHSTER TEIL
Die langfristige Zukunft 1991-2000

KAPITEL 15
Die Entwicklung der intelligenten Maschine

Im August 1978 nahm ich an einer Feier im Londoner Planetarium teil. Bei dieser Gelegenheit wurde eine Kapsel versiegelt, die im Jahre 2000 geöffnet werden sollte. Anlaß war das erstmalige Erscheinen des Magazins OMNI, einer auf Hochglanzpapier gedruckten, professionellen Monatsschrift, die sich mit der Zukunft befaßt. Als einem der Mitherausgeber fiel mir die interessante Aufgabe zu, einen Teil des zu archivierenden Materials auszuwählen. Im letzten Augenblick ließ mich meine Phantasie im Stich, und mir fiel nichts weiter ein, als ein druckfrisches Exemplar meines Buches »CULTS OF UNREASON«, ein mir von meiner elfjährigen Tochter überlassenes John Travolta-Magazin und ein von ihrem jüngeren Bruder stammendes »Smurf«-Abzeichen* beizulegen. Desgleichen schrieb ich einen an die Öffner der Kapsel gerichteten Brief, dem ich die Kapitelüberschriften und eine Inhaltsangabe des vorliegenden Buches beifügte. Ich brachte meine Hoffnung zum Ausdruck, das Jahr 2000 noch zu erleben, um zu sehen, welche Entwicklung die Dinge dann genommen hätten. Desgleichen betonte ich jene meiner Vorhersagen, von deren Eintreten ich besonders überzeugt war. Dazu gehörte die Prophezeiung, daß das gedruckte Wort völlig in den Hintergrund treten würde. Ferner äußerte ich die Überzeugung, daß der computerunterstützten Lehrmethode große Einbrüche gelungen seien und daß das Geld im Sinne von Münzen und Banknoten beinahe völlig verschwunden sein werde. Als letztes und wahrscheinlich Wichtigstes unterstrich ich, daß es auf dem Gebiet der künstlichen Intelligenz zu dramatischen Fortschritten kommen würde.

Nach der Feier wurde eine Pressekonferenz abgehalten. Ich

* In England werden die Schlümpfe »Smurfs« genannt.

wurde gefragt, warum wir uns auf ein in so naher Zukunft liegendes Datum festgelegt hätten. »Anscheinend glauben Sie, das Jahr 2000 liege in ferner Zukunft«, bemerkte einer der Journalisten, »aber bis dahin fehlen doch nur noch 22 Jahre.« Ich antwortete, daß chronologisch gesehen der Beginn des einundzwanzigsten Jahrhunderts in nicht allzu weiter Ferne liegen möge, von den Ereignissen her gesehen jedoch sei es ungeheuer weit entfernt. In den unmittelbar vor uns liegenden zwei Jahrzehnten würde sich unser Sozialgefüge stärker verändern als in den letzten anderthalb Jahrhunderten.
Nun hat man kaum eine Blamage zu befürchten, wenn man Voraussagen macht, deren Genauigkeit nicht vor Beginn des einundzwanzigsten Jahrhunderts überprüft werden kann; seitdem die Kapsel weggeschlossen wurde, ist mein Vertrauen in diese Prophezeiungen jedoch stärker geworden. Das Vorankommen der Computertechnologie hat nicht im geringsten nachgelassen, wenn überhaupt, dann werden Anzeichen einer Beschleunigung sichtbar. Der gewaltige kommerzielle Druck, auf dessen Zustandekommen ich in früheren Kapiteln hinwies, ist bereits ansatzweise zu erkennen. In den Vereinigten Staaten, wo alle Technologien einen gewissen Vorsprung haben, wurden sich viele Eltern der Allgegenwart der Computer bewußt, als sie Kinderspielzeug für das Weihnachtsfest 1978 kauften. Sie mußten feststellen, daß der Markt beherrscht wurde von überraschend raffinierten, computerisierten Videospielen, von sprechenden Spielzeugen, die eine synthetische Sprache erzeugten, von kleinen, sprechenden Lehrcomputern wie etwa dem Gerät »Speak and Spell« oder von Sprachgeräten wie dem »Lexicon-System«.
In den abschließenden Kapiteln dieses Buches will ich versuchen, einen Blick auf das letzte Jahrzehnt dieses Jahrhunderts zu werfen. Der größte Unsicherheitsfaktor wird in dem zugrunde gelegten Zeitplan liegen: Wenn sich das Tempo der Computerrevolution verlangsamt, werden die prophezeiten Ereignisse etwa zehn Jahre später eintreten, geht sie jedoch noch schneller vonstatten, als ich annehme, dann werden

einige von ihnen bereits in den achtziger Jahren stattfinden. Die exakte zeitliche Festlegung der Ereignisse ist jedoch ohne Belang, denn wir können sicher sein, daß viele der heute lebenden Menschen die große Umwälzung unserer Welt noch erleben werden.

Die Entwicklung der Maschinenintelligenz wird die neunziger Jahre beherrschen, und viele, wenn nicht gar alle meine Voraussagen beruhen auf der Annahme, daß es auf diesem Gebiet zu signifikanten Entwicklungen kommen wird. Die Gründe für diese Erwartung verdienen untersucht zu werden, auch wenn wir den einen oder anderen vielleicht schon früher abgehandelt haben.

Zum einen wird die Maschinenintelligenz Fortschritte machen, weil sie Teil einer Technologie ist, die noch in den Kinderschuhen steckt und genau wie jede andere Erfindung noch verbesserungsfähig ist. Darüber hinaus gibt es keinen Hinweis, daß wesentliche Verbesserungen von noch herbeizuführenden Erfindungen abhängig sind.

Zum anderen wird im kommenden Jahrzehnt ein weitaus größerer Anteil der weltweiten technologischen Anstrengungen der Computer-Software gelten, und zwar einfach deshalb, weil sie, im Gegensatz zum rein technischen Bereich, noch lang nicht ausgeschöpft ist. Die Steigerung der Software-Effizienz muß also gefördert werden, um den Vorsprung des ausschließlich technologischen Bereichs auszugleichen.

Drittens werden, um ein Argument zu wiederholen, starke kommerzielle Kräfte ins Spiel kommen, von denen sich viele auf die Entwicklung phantasievoller und bisher ungekannter Anwendungsweisen der Software konzentrieren werden. Zu den produktivsten und lukrativsten Gebieten wird das computerisierte Bildungswesen gehören, das die Entwicklung gescheiter, vielleicht sogar ultra-intelligenter Programme voraussetzt.

Wie es bei einer Erfindung des öfteren, bei Computern jedoch noch signifikant häufiger der Fall ist, läßt sich die Technologie selbst zur Steigerung der Entwicklungsgeschwindigkeit benutzen. Je weiter die Entwicklung vorangetrieben wird, desto schneller stellen sich infolgedessen weitere Fortschritte ein. Dies ist das Bocksprungprinzip, das wir im letzten Kapitel behandelt haben.

Letztens ist das Problem der Maschinenintelligenz von so wesentlichem Interesse nicht nur für Mathematiker, Kybernetiker, Ingenieure, Programmierer und Psychologen, sondern eben für jedermann, daß sich das Ziel, eine ultra-intelligente Maschine zu schaffen, als so reizvoll erweisen wird, daß sich nennenswerter Widerstand kaum einstellen wird. Selbst wenn kein administrativer oder kommerzieller Druck entstehen sollte, würde der Mensch nur zur Befriedigung seiner Neugierde an der Konstruktion der ultra-intelligenten Maschine arbeiten.

Die Kräfte, die sich wahrscheinlich gegen die Entwicklung der Maschinenintelligenz anführen ließen, sind indessen weniger stark. Zwar sind in einem späteren Forschungsstadium gewisse technologische oder wissenschaftliche Hindernisse nicht völlig auszuschließen, gegenwärtig deutet aber nichts darauf hin. Die Verarbeitungsgeschwindigkeit mag ihre Grenzen schon beinahe erreicht haben, aber selbst wenn es so ist, verarbeiten Computersysteme Informationen immer noch eine million- bis eine milliardemal schneller als das menschliche Gehirn. Desgleichen könnte die Größenreduzierung der einzelnen Speicher- oder Verarbeitungseinheiten zum Stillstand kommen, aber selbst wenn dieser Fall morgen einträte, könnte man pro Raumeinheit einem elektronischen Schaltsystem etwa tausendmal mehr Informationen eingeben als einem biologischen System. Die einzig unbestrittene Grenze – im Gegensatz zu den im Gödelschen Theorem implizierten – setzt die Lichtgeschwindigkeit.

Alle elektronischen Systeme geben ihre Informationen weiter in Gestalt von Impulsen, die sich mit der ungeheuren, aber endlichen Geschwindigkeit von 300000 Kilometer pro Sekunde fortbewegen. Dies bedeutet, daß jedes System eine absolut maximale Arbeitsgeschwindigkeit hat, und bei jedem seriellen oder sequentiellen Verarbeitungssystem (danach arbeiten die meisten heutigen Computer) kommt der begrenzende Faktor frühzeitig ins Spiel. Das Gehirn arbeitet nach Art eines Parallelprozessors, das heißt, es erledigt Unmengen – vielleicht sogar Tausende – von verschiedenen Aufgaben gleichzeitig, statt der Reihe nach. Schließlich aber stoßen selbst Parallelprozessoren an die Schranke der Lichtgeschwindigkeit. Das Schlüsselwort heißt »schließlich«. Ungeachtet der Beschränkungen durch Lichtgeschwindigkeit und ineffiziente Software verarbeiten moderne Computer Daten noch immer viel schneller als menschliche Gehirne, und wenn die neuen Generationen von Parallelprozessoren in Betrieb genommen werden, wird ihre Wirkungsweise noch viel besser sein. Mit anderen Worten, wesentliche Fortschritte auf dem Gebiet der künstlichen Intelligenz sollten sich einstellen, lange bevor der beschränkende Faktor der Lichtgeschwindigkeit Probleme aufwirft.

Das bedeutendste Hindernis für die Steigerung der Schalt- und damit auch der Arbeitsgeschwindigkeit könnte der Mensch selbst sein. Wie ich bereits andeutete, sind die Menschen von ihrer Einzigartigkeit und ihrer dominierenden Stellung innerhalb der Natur recht überzeugt. Tiefe Gefühle des Unbehagens – obwohl zur Zeit noch weitgehend unterbewußt – treten dennoch zutage, sobald von künstlichem Leben und denkenden Maschinen gesprochen wird. In den zahlreichen schriftstellerischen und filmischen Darstellungen dieses Themas spiegelt sich dieses Problem deutlich wider.

In groben Zügen – mehr lassen Voraussagen über die neunziger Jahre nicht zu – können wir nur sehr allgemein gehaltene Bilder entwerfen. Es ist unmöglich, die letzten Einzelheiten der Technologie darzulegen. Wann werden automatische, unfallsichere Straßenfahrzeuge auf den Markt kommen? Wann werden Puppen oder mechanische Spielzeuge auf Kommandos von Kindern reagieren? Wann wird die durchschnittliche Armbanduhr über ein individuelles Identifikationschip und ein Gedächtnis verfügen, in dem sich die gesamte persönliche Korrespondenz speichern läßt? Wie lange wird es dauern, bis jeder Arzt einen Diagnosehelfer in der Tasche hat, in dem alle relevanten medizinischen Daten enthalten sind? Wann werden am Handgelenk zu tragende Zweiweg-Sprechgeräte mit oder ohne Bildschirm so verbreitet sein wie heute etwa das Telefon? Wann wird jedes Kind einen eigenen tragbaren Lehrcomputer besitzen, der leistungsfähiger, verständlicher und auf bestimmten Gebieten intelligenter ist als jeder Lehrer aus Fleisch und Blut? Die Anlagen zu all diesen Entwicklungen liegen in der heutigen Technologie begründet, und noch vor der Jahrhundertwende wird die eine oder andere – wenn nicht gar alle – Früchte tragen.

KAPITEL 16
Politische und soziale Fragen

Ich möchte in diesem und den folgenden beiden Kapiteln Gedankenspielereien für eine Weile außer acht lassen und mich auf jene Gebiete konzentrieren, auf denen die Auswirkungen der Computerrevolution sich am heftigsten bemerkbar machen. Beginnen wir mit dem politischen und sozioökonomischen Sektor.

Der Niedergang des Kommunismus ist eine der möglichen Theorien. Seit Jahrzehnten prophezeien marxistische Theoretiker den kurz bevorstehenden Zusammenbruch des »instabilen« kapitalistischen Systems. Zur Zeit der durch den Sechstagekrieg verursachten Ölkrise glaubten viele, Zeuge seines Todeskampfes zu sein. Aber die für das Überleben des Kapitalismus kritischsten Augenblicke liegen viele Jahre zurück. Dagegen gibt es gegenwärtig zahlreiche andere Hinweise, daß es um den Kommunismus alles andere als gut bestellt ist. Es ist der auffallendste Wesenszug der Geschichte der Sowjetunion und mancher ihrer Satelliten, daß es nicht gelungen ist, sich dem Lebensstandard der kapitalistischen Rivalen zu nähern, geschweige denn, ihn zu erreichen oder gar zu übertreffen. Bis vor kurzem konnte man noch – mit zunehmend schwindender Überzeugungskraft – behaupten, daß der lange, mühselige Aufstieg auf der Wohlstandsleiter für die kommunistischen Staaten eine Frage der Prioritäten sei: Man konzentriere sich auf die Bereitstellung entsprechender Nahrungsmittel, warmer Kleidung, sauberen Wohnraums, guter medizinischer Versorgung und allgemeiner Bildungsmöglichkeiten, halte aber statt dessen den Zuwachs für den Verbrauch unwesentlicher Dinge wie Kraftfahrzeuge, Kühlschränke, Fernsehgeräte, Telefone, modische Kleidung und Auslandsurlaub gering. Desgleichen wurde behauptet, daß sowjetische Technologie und wissenschaftliches Know-how dem in kapitalisti-

schen Ländern überlegen wären, und zwar, weil sich die ersteren auf die »wahren« Probleme konzentrierten, während die letzteren mit Glanz und Flitter zu befriedigen suchten.
Zu Anfang der sechziger Jahre, als die Russen auf dem Gebiet des »Wettrennens« zum Weltraum vorübergehend einen Vorsprung hatten, war diese Behauptung haltbar. Aber der Umstand, daß es den USA gelang, etwa zehn Jahre früher auf dem Mond zu landen, als die Sowjets es gekonnt hätten, lieferte einen gewissen Gegenbeweis. Die von diesem Augenblick herrührende Dominanz des Westens auf allen technologischen Gebieten und die Wahrscheinlichkeit, daß der Westen diesen Vorsprung auch beibehalten wird, beleuchten die inhärenten Vorzüge des Kapitalismus auf diesem Gebiet. Die absolute Abhängigkeit des massierten Einsatzes der Mikroprozessorentechnologie von kapitalistischen Produktions- und Distributionsmethoden könnte durchaus der Anfang vom Ende des marxistischen Erfolgsdenkens sein.
Obwohl die Sowjetunion selbst über beträchtliche technologische Ressourcen und hochqualifizierte Fachleute verfügt, stellt sich das Problem aus ihrer Sicht so dar: Zu den schnellen Fortschritten der Mikroprozessorentechnologie kam es nur aufgrund der ruinösen kapitalistischen Ausbeutung. Für kapitalistische Gesellschaften bedeutet dies kein neues Verhaltensmuster – das Auto und das Fernsehgerät wurden auf genau die gleiche Weise entwickelt und vermarktet. Während es sich aber bei diesen und anderen mehr oder weniger sinnvollen Dingen im wesentlichen um Spielzeug handelt, welches im Kapitalismus endlos hergestellt und verwertet werden muß, wenn dieses System überleben soll (kommunistische Volkswirtschaften können das nach eigenem Selbstverständnis aber ohne weiteres ignorieren bzw. nur sorgfältig kontingentiert auf den Markt bringen), ist der Mikroprozessor mehr als ein Spielzeug. Früher oder später wird der kommunistischen Welt ins Bewußtsein dringen, daß sie in diesem Wettlauf, dem wesentlich größere Bedeutung zukommt als dem Wettrennen im Weltraum während der sechziger Jahre,

zurückfällt und in Ermangelung kapitalistischer Anreize immer weiter und weiter zurückfallen muß. Es hilft auch nicht, japanische und amerikanische Technologie zu kaufen und zu kopieren. Weitere Fortschritte auf diesem Gebiet setzen einen Kapitaleinsatz in einem Maßstab voraus, der nur durch Schaffung eines gigantischen, konsumentenorientierten Markts finanziert werden kann bzw. dadurch, daß die öffentlichen Kapitalaufwendungen auf einem anderen Gebiet massiv reduziert werden. Die erste Alternative ist der exakte Gegensatz zur sowjetischen Theorie und Praxis, während die zweite die politisch unzulässige Drosselung der Verteidigungsausgaben oder die unwillkommene Minderung des Lebensstandards bedeuten dürfte. Selbst wenn man sich für die letztere Strategie entscheidet, werden gewaltige Probleme, die insbesondere mit einem elementaren Mangel an Erfahrung und Sachverstand zusammenhängen, bestenfalls mühsame Fortschritte auf diesem Gebiet gestatten.
In der Computertechnologie liegt Rußland heute zehn Jahre hinter Amerika, seinem Hauptrivalen, zurück; und fünf bis zehn Jahre umfangreichster Investitionen und Forschungsarbeiten sind erforderlich, um den heutigen amerikanischen Standard zu erreichen. Dadurch könnten Realziele verwirklicht werden, es ist jedoch die Eigenheit eines jeden Wettrennens mit exponentieller Temposteigerung, daß derjenige, der als erster startet, sich von seinem Gegner kontinuierlich weiter absetzt. Wir stehen ganz eindeutig vor einem verhängnisvollen politischen Spannungsmoment. Ob unsere Welt die achtziger Jahre heil übersteht, dürfte nicht so sehr von Konflikten in Mittelost, Afrika oder an der sowjetisch-chinesischen Grenze abhängen, sondern von den politischen Implikationen fortschreitender Computertechnologie.
Kommunistische Systeme haben aber angesichts ihrer gegenwärtigen Strukturen noch mit einem weiteren Problem zu kämpfen: Die Computerrevolution wird in allen hochgradig computerisierten Ländern zu einem derart schwunghaften Ansteigen des Wohlstands führen, das mindestens jener

Hebung des Standards vergleichbar ist, die in der westlichen Welt mit der industriellen Revolution einherging. Anfangs wird es den nichtcomputerisierten Ländern noch gelingen, spektakuläres Zurückfallen rational zu verbrämen. Sollte der Westen in soziale und industrielle Unruhen, Wirtschafts-, oder Energiekrisen verstrickt werden, können Wettbewerbsschwierigkeiten bis in die späten achtziger Jahre ideologisch interpretiert werden. Auf die Dauer aber wird auch der überzeugteste Marxist die Segnungen der Mikroprozessoren nicht leugnen können. Er wird einräumen müssen, daß sich die Welt zum Besseren gewandelt hat, und zwar ohne die langersehnte Revolution des Proletariats.

Die Verbreitung billiger, universeller Computer wird zu einer schrittweise fortschreitenden Transparenz des freien Informationsflusses innerhalb der Gesellschaft führen. Die Welt der achtziger und neunziger Jahre wird nicht nur von billigen Verfahren zur elektronischen Datenverarbeitung dominiert werden, sondern auch von anscheinend unbeschränkter elektronischer Datenübermittlung. Wenn in den nächsten zehn Jahren etwa von der Space Shuttle wahrscheinlich Tausende von Fernmeldesatelliten im Weltraum postiert worden sind, wird der direkte Funkverkehr von Mann zu Mann üblich sein, werden globale Fernsehübertragungen weite Verbreitung gefunden haben. Eine so geartete Entwicklung wird zu horizontaler Kommunikation ermutigen – gemeint ist der Informationsfluß von Mensch zu Mensch über die gesamte Breite der Basis der sozialen Pyramide hinweg. Autokratien rechter oder linker Prägung, die gerne sicherstellen, daß alle Informationen strikt von oben nach unten fließen, wird diese Entwicklung jedoch immense Schwierigkeiten bereiten. Tom Stonier, Professor der Gesellschaftswissenschaften an der Universität Bradford, hat dies mit folgender Behauptung recht prägnant formuliert: Der kritische Punkt, jenseits welchem die Machterhaltung für eine Autokratie oder Bürokratie schwierig wird, ist dann erreicht, wenn zwanzig Prozent der jeweiligen Bevölkerung ein Telefon besitzen. Wenn man es so sieht, werden die

Sowjetunion und andere straff gelenkte Gesellschaften unfähig sein, das Zustandekommen von immer mehr horizontaler Kommunikation dieser Art zu verhindern.
Wenn die computerisierten Länder ihre Spitzenstellung nicht nur behaupten, sondern weiter ausbauen, wird die übrige Welt hinsichtlich technologischer Unterstützung zunehmend in deren Abhängigkeit geraten. Es ist zweifelhaft, ob eine so geartete Abhängigkeit bis in alle Ewigkeit fortdauern kann, ohne daß es in den abhängigen Gesellschaften zu einer radikalen Umstrukturierung kommt. Vielleicht ist diese Behauptung noch verfrüht, aber die jüngste Annäherung zwischen den USA und China könnte durchaus als Anzeichen eines solchen Strukturwandels gelten. Mit anderen Worten: Vielleicht ist man bereits dabei, die Botschaft des Mikroprozessors und die Tatsache, daß dieser ein Produkt des Kapitalismus ist, wahrzunehmen.
Eine weitere dramatische Auswirkung der Computerrevolution könnte der endgültige Sieg über den Krieg sein. Krieg ist uns aus der stürmischen Menschheitsgeschichte so vertraut, daß man sich kaum vorstellen kann, daß der Mensch ohne ihn leben wird. In Wahrheit jedoch kann der Mensch nicht länger mit dem Krieg leben. Kriegswaffen haben heute eine so furchtbare Wirksamkeit erlangt, daß ein mit uneingeschränkter Gewalt ausgetragener Konflikt – der jederzeit möglich ist – innerhalb von wenigen Tagen die gesamte Menschheit und alle ihr nachgeordneten Arten auslöschen könnte. Es mag Lebewesen geben, zum Beispiel hinter Felsen versteckte Napfschnecken, denen das Durchkommen gelingt; dies wäre dann ein überzeugender Beleg dafür, daß Tiere mit einem auf umfangreiche Software-Bänke gestützten, leistungsfähigen biologischen Computer in evolutionärem Sinne keine große Chance haben. Nicht der Besitz der Software ist gefährlich, sondern der Besitz großer Mengen derselben. Die Napfschnecke besitzt so gut wie gar keine Software, und das bißchen, das ihr zur Verfügung steht, dient simplen digestiven und reproduktiven Bedürfnissen. Der Mensch dagegen ist mit

Software reichlich ausgestattet, sie dient zum großen Teil zum Erhalt seines Lebens in einer Welt, in der jeder gleichzeitig Jäger und Gejagter ist. Leider ist der größte Teil seiner Software instinktiv und pflegt erbarmungslosen, eigennützigen Aggressionen zu dienen. Der übrige, nichtinstinktive (»erlernte«) Teil zielt allerdings in eine andere Richtung. Das Instinktive überwiegt dennoch, und daraus folgt, daß der Mensch, der in technologischem Sinne zwar die Welt beherrscht, im Falle einer Bedrohung jedoch erschreckend schnell auf jene überkommenen Programme zurückgreift, die aus seiner Vergangenheit in Urwald und Höhle stammen.
Die Instinkte sind einem System von Geburt an zu eigen, sie lassen sich nicht auslöschen. Das bedeutet, daß wir auf lange Sicht zum Untergang verurteilt sind, denn unsere Fähigkeit zu augenblicklicher Zerstörung wächst, unsere Instinkte passen sich dem jedoch keineswegs an. Wir haben keine »Beißhemmung«. In den letzten zwanzig oder dreißig Jahren ist der auslösende Stimulus ausgeblieben, aber das heißt nicht, daß er nicht im nächsten Jahrzehnt, im nächsten Jahr oder nächste Woche zur Geltung kommt.
Es ist jedoch möglich, daß wir uns einer Situation nähern, die nicht nur das Wiederherstellen des Gleichgewichts gestattet, sondern dessen Verschiebung zu Lasten der Instinkte erlaubt. Dies wird allerdings kaum durch eine wundersame Modifizierung unserer biologischen Software geschehen, sondern durch deren Komplettierung durch die intellektuellen Fähigkeiten der Computer und, sobald es sie gibt, der ultra-intelligenten Maschinen. Da unsere sozialen, politischen und wirtschaftlichen Probleme größer werden, müssen wir uns bei Prognose und strategischer Planung von Computern helfen lassen. Die Fähigkeiten der Computer werden zu einem großen Teil für militärische Belange in Anspruch genommen werden – das Verteidigungsministerium der Vereinigten Staaten nutzt heute bereits begeistert die zahlreichen Anwendungsmöglichkeiten des Computers –, eine Vorstellung, die einem das Blut in den Adern gerinnen läßt. Wenn man im Film sieht, wie die

von Mikroprozessoren gesteuerten Marschflugkörper (Cruise Missiles) im Zuge ihrer apokalyptischen Mission über Hecken streichen, sich zwischen Bäumen hindurchwinden oder durch Bergspalten schlängeln, so ist dies die Bestätigung, daß der Computer die Waffentechnik bereits in einem Maße bestimmt, wie wir uns das vor Jahren noch nicht hätten träumen lassen.

Trotz dieser Schreckensbilder gibt es auch einen erfreulicheren Aspekt, dem vielleicht entscheidende Bedeutung zukommt. Seit einigen Jahren machen sich die Militärs vieler Länder, insbesondere der USA, bei der Gefechtstaktik und strategischen Planung die Computersimulation und -modellentwicklung als Hilfsmittel zunutze. Die Ursprünge reichen weit in die Vergangenheit zurück, taktische Kriegsspiele wurden zuerst im alten Griechenland praktiziert, während des Zweiten Weltkriegs wurden sie auf die Höhe der Realität gebracht. Gespielt wird auf riesigen Karten, die das vorgesehene Schlachtfeld darstellen, mit Steinen, die Divisionen, Regimenter und Bataillone symbolisieren. Nach komplizierten Spielregeln wird über den Ausgang der Treffen gegnerischer Verbände entschieden. Bei zahlreichen Gelegenheiten haben diese Spiele ihren Wert unter Beweis gestellt, sie sind heute noch typisch für einen Großteil der militärischen Planung, im Unterschied zu früher werden sie in vielen Fällen jedoch mit Computerunterstützung gespielt.

Der Einsatz von Computern bringt dabei große Vorteile. Zunächst einmal kann ein Computer weit mehr Daten verarbeiten und zueinander in Beziehung setzen als ein noch so geübter Mensch; aus diesem Grunde lassen sich die Spiele durch ausführliche Einzelheiten bereichern. Zweitens lassen sich so die durch bestimmte Einzelergebnisse oder -entscheidungen bedingten vielfältigen Möglichkeiten sehr schnell und ganz exakt voraussagen, konkurrierende Möglichkeiten werden bewertet, und die jeweilige Wahrscheinlichkeit ihres Eintretens wird ausgewiesen. Anders als beim Menschen sind die Prognosen des Computers, als dritter und wichtigster Punkt von allen, objektiv und realistisch, sie sind frei von emotionaler Voreingenommenheit und optimistischen Gefühlen. Beobachter haben mit Interesse festgestellt, daß selbst Kriegsspiele ohne Mitwirkung eines Computers den Beteiligten sehr häufig unwillkommene Überraschungen bereiten. Nur zu oft stellt die eine Seite, die dem Sieg nach einem Blitzkrieg greifbar nahe gekommen zu sein schien, im weiteren Verlauf des Spiels fest, daß sämtliche Pläne und Hoffnungen zerrannen. Diese Unkalkulierbarkeit beleuchtet die entscheidende Schwäche menschlicher Vorhersagen, den gravierenden Unterschied zwischen Planung und Hoffnung. Häufig werden die beiden Begriffe miteinander verwechselt, und der Mensch nimmt an, daß das, was er für wahr hält, oder das, was wahr werden soll, notwendig auch Realität werden muß. Diese eigensinnige Selbstsicherheit, der Glaube, mit dem Willen alles herbeizwingen zu können, hat viele Leistungen in der Wissenschafts- und Kulturgeschichte der Menschheit hervorgebracht, aber auch tödliche Irrtümer, Krieg, Leid und Unglück.

Und jetzt kommen wir auf den entscheidenden Punkt. Der Krieg ist eine Überlebensstrategie; wer zuerst und am heftigsten zuschlägt, hat die größten Erfolgsaussichten. Zudem wurden Kriege stets geführt auf der Grundlage von Vorahnungen, Begeisterung, Schwung und im unerschütterlichen Glauben an den eigenen Sieg. Wir nähern uns indessen einem Zeitalter, in dem die Ahnungen und Inspirationen des altgedienten Militärexperten, die persönlichen Überzeugungen egoistischer Generale und die verwegenen Bedürfnisse politisch motivierter Stabschefs kaum noch Gewicht haben. In der Vergangenheit war es stets so, daß man unabhängig von der Art der in das militärische System eingespeisten Informationen am Ende unabänderlich zu folgendem Ergebnis kam: Wenn der Feind dies tut und wir jenes, wenn das Wetter uns keinen Strich durch die Rechnung macht und unsere Truppen verbissen genug kämpfen, dann werden wir gewinnen. Wenn dasselbe statistische Material heute dem emotionslosen, apolitischen Innern des Computers eingegeben wird, folgt daraus eine reale und objektive, den gegebenen Fakten entsprechende Würdigung. Sobald das eingegebene Datenmaterial auch die Möglichkeit einer Auseinandersetzung zwischen Nuklearmächten einschließt, liefert der Computer jeder der interessierten Parteien die ganz unzweideutige Antwort: Du wirst den Krieg verlieren!

Meiner Meinung nach ist diese Antwort bei mehr als nur einer Gelegenheit bereits dem Pentagon und seinem russischen Gegenstück bedeutet worden; ich glaube, daß es der Weigerung der Computer, aggressive Akte zu empfehlen, zu verdanken ist, daß unsere Welt bis auf den heutigen Tag noch existiert. Desgleichen bin ich überzeugt, daß die amerikanische Entscheidung, sich aus Vietnam zurückzuziehen und den Krieg nicht über eine gewisse Schwelle hinaus eskalieren zu lassen, darauf beruht, daß ein Computer nachdrücklich und über jeden Zweifel erhaben für den Fall der Fortsetzung des Krieges eine Niederlage prophezeite. Der ungebrochene Optimismus und die Zuversicht der Generale wurden verworfen, und zum ersten Male in der Geschichte wurde eine Entscheidung von globaler Tragweite nicht vom Menschen selbst getroffen.

Der Computer, einbezogen in Militärstrategien, hat allerdings noch eine andere Seite. Staaten, die der Ansicht sind, daß ihre Kriegspläne vom Computer gestützt werden, könnten sich überlegen fühlen und mithin eher bereit sein loszuschlagen. Auch läßt sich die erschreckende Möglichkeit, daß ein Computer »manipuliert« werden kann, nicht ausschließen. Das Gerücht hält sich hartnäckig, daß zur Zeit des Vietnamkrieges im Pentagon die Befürworter spezieller militärischer Strategien die Computerempfehlungen ihren eigenen Wunschvorstellungen entsprechend verfälscht haben. Ich glaube indessen, daß eines heute sicher ist: Zu nach Millionen zählenden Menschenopfern auf Geheiß irgendwelcher Generale wird es nie wieder kommen.

Die Umwandlung und der Aufschwung der Dritten Welt werden wesentliche Kennzeichen der langfristigen Zukunft sein.

Unter dem Begriff Dritte Welt faßt man im allgemeinen jene Staatengruppe zusammen, die weder dem Kapitalismus noch dem Kommunismus direkt zuzurechnen ist. Staaten dieser Gruppe gehören zu den volkswirtschaftlich ärmsten überhaupt, die nur zum Teil von der industriellen Revolution berührt wurden. Der Wohlstand, der die USA und Europa von den ärmsten dieser (hauptsächlich in Afrika und Südostasien gelegenen) Länder trennt, ist ein schlagender Beweis für die Bedeutung der industriellen und – als Folgerung – der Computerrevolution. Diese Länder haben ungeheure Probleme, und es ist eine der Tragödien des zwanzigsten Jahrhunderts, daß es der Welt nicht gelang, viel für die Anhebung des Lebensstandards ihrer ärmeren Bevölkerungsmehrheit zu tun. Gegenwärtige politische und ökonomische Taktiken scheinen keine Lösung zu bringen, und wahrscheinlich wird es auch im einundzwanzigsten Jahrhundert zunächst bei Ignoranz, Ungerechtigkeit, Armut, Hunger und Gleichgültigkeit bleiben. Computer könnten jedoch ein echtes Hoffnungszeichen in diesem Dilemma sein.

Als erstes wird der gestiegene Reichtum der computerisierten Welt zwangsläufig auf die weniger entwickelten Gebiete übergreifen. Dieser Vorgang, eine Art ökonomische Osmose, ist zugegebenermaßen die am wenigsten effiziente Methode zur Verteilung des Wohlstands, denn der Mensch neigt dazu, sich an seinen Besitz zu klammern. Beinahe ganz Nordamerika und Europa schwelgen im Reichtum und verschwenden Nahrungsmittel und Energie, während andernorts Angehörige der menschlichen Rasse darben. Wenn der Reichtum nur in den Händen eines Monarchen und einer Handvoll Adliger liegt, können noch so großzügige Almosen die Probleme der übrigen Bevölkerung nicht spürbar verringern. Wenn jedoch nicht nur ein einziger Mensch oder ein paar Leute wohlhabend sind, sondern statt dessen Millionen oder gar Hunderte von Millionen Menschen, dann hat die für eine osmotische Verteilung zur Verfügung stehende Masse des Wohlstands einen Punkt erreicht, der spürbare Verbesserungen der Lage zuläßt. In gewissem Ausmaß beginnt dieser Wohlstandstransfer bereits Gestalt anzunehmen, dies geschieht jedoch indirekt und verhüllt, so daß die meisten Menschen es nicht bemerken. Die überzeugendsten Beispiele für diese Tendenz stammen aus Ländern wie den USA und dem Vereinigten Königreich, die Einwanderer aus der unterentwickelten Welt in großem Umfang aufnehmen.

Das zweite Hoffnungszeichen ist, daß Fortschritte auf dem Sektor der elektronischen und Computerkommunikationsmittel zwischen den reichen und armen Ländern zu freierem, billigerem und breiterem Informationsaustausch führen werden. Viele Soziologen glauben, daß die Ausbreitung des Fernsehens in den Vereinigten Staaten für das Erstarken der Menschenrechtsbewegung verantwortlich war – ironischerweise nicht etwa, weil die Leute durch Nachrichtensendungen oder Dokumentationen bewegt und aufgerüttelt wurden, sondern weil die arme schwarze Bevölkerung im Werbefernsehen die angenehmen Dinge des Lebens dargestellt fand und sich fragte, warum *man selbst* nicht auch daran teilhaben könne. Man sollte erwarten, daß die Ausbreitung des Fernsehens in der Dritten Welt zu praktisch derselben Reaktion führt.

Noch bedeutender sind vielleicht die Konsequenzen wesentlich verbilligter Flugreisen. Es wird nur so lange Enklaven eines sorglosen Reichtums geben, wie deren Bewohner die erbarmungswürdigen Verhältnisse anderer nicht selbst erfahren haben; genau diese Erfahrungen aber werden die neuen Kommunikations- und Reisemöglichkeiten vermitteln. Auf dieser Grundlage werden sich viele Staaten der Dritten Welt zu Touristenländern entwickeln. Diese Entwicklung läuft bereits, und in den rückständigsten Ländern der Erde bedarf es nur der Kapitalinvestitionen in Hotels und Erholungsstätten, um aus der Invasion wohlhabender Besucher Nutzen zu ziehen. Man bleibe sich dessen bewußt, daß in den achtziger – und um so mehr in den neunziger – Jahren die Zahl der Urlaubstage größer und dementsprechend der Tourismus auf der ganzen Welt zunehmen wird. Mit diesen Urlaubsreisen wird ein beträchtlicher Kulturschock einhergehen; die Chance, daß es ein heilsamer Schock sein wird, ist nicht eben gering.

Der dritte Faktor, der den Aufstieg der unterentwickelten Welt vorantreibt, betrifft die Art und Weise, wie man die Möglichkeiten der Computer auf die hier herrschenden Probleme Einfluß nehmen läßt. Medizin, Meteorologie, Klimabeeinflussung, Ernteüberwachung, wissenschaftliche Landbewirtschaftung sowie lang- und kurzfristige Wirtschaftsplanung sind die Gebiete, auf denen Computerunterstützung am wahrscheinlichsten ist. Maschinenintelligenz dürfte in diesen Bereichen nicht vor Beginn des letzten Jahrzehnts dieses Jahrhunderts zum Einsatz kommen; sollte das dennoch der Fall sein, werden Auswirkungen auf die Gesellschaft spürbar sein. Der Nutzbarmachung der Maschinenintelligenz auf dem Bildungssektor wird indessen die größte Bedeutung zukommen.

Die entscheidende und problematischste aller Schranken, die für den Wohlstand eines Teils der Menschheit ebenso verantwortlich sind wie für die schreckliche Armut des übrigen Teils, ist die Unwissenheit. Seit jeher haben Bildung und Wissen das Leben der Menschen bereichert, und nur dort, wo die Unwissenheit überwunden wurde, ist Reichtum entstanden. Dahinter verbirgt sich ein ewiger Kreislauf, denn je wohlhabender eine Gesellschaft ist, desto bessere Ausbildung wird den Mitgliedern gestattet, welche ihrerseits zu weiterer Vergrößerung des Reichtums führt. Aus der Unwissenheit resultiert demgegenüber Verzweiflung, Gleichgültigkeit, Verfall und unnötige Überbevölkerung. Diese Übel lassen sich nicht auf der Stelle abstellen, aber es ist klar, daß die Probleme der unterentwikkelten Welt so lange fortbestehen bleiben, wie kein umfangreiches Bildungsprogramm in Angriff genommen wird. Wegen der prohibitiven Kosten war ein solches Programm bis vor kurzem noch völlig undenkbar. Dies wird sich aber ändern, wenn man sich entschließt, die Möglichkeiten des Computers zu nutzen und kommerzielle Organisationen ihr Augenmerk auf die gewaltigen Märkte für Lehrcomputer richten. Die ersten Schritte in diese Richtung werden wahrscheinlich im nächsten Jahrzehnt getan werden, und in den neunziger Jahren wird sich der Trend noch verstärken. Die nächste Generation, die in den unterentwickelten Ländern geboren wird, wird gleichzeitig die erste sein, die in den Genuß der Früchte des computergestützten Lehrens und Lernens kommt. Das Ende der Unwissenheit dürfte also abzusehen sein.

Ich habe bereits davon gesprochen, daß die radikale Umstrukturierung der kommunistischen Welt von der Computerrevolution stark beschleunigt werden wird. Auch setze ich voraus, daß das kapitalistische System ebenfalls, zumindest in seiner primitiv ausbeuterischen Form, umfangreicher Modifikation bedarf.

Man geht von der Annahme aus, daß politische Systeme die Art widerspiegeln, wie die Menschen in einer Gesellschaft ihren politischen Willen äußern. Im Normalfall wird dies sowohl in kapitalistischen als auch kommunistischen Gesellschaften realisiert, indem die einzelnen Mitglieder in die verschiedenen regierenden Körperschaften gewählt werden. Über diese Wahlen wird in mehr oder weniger starkem Maße die Politik des Gemeinwesens bestimmt. Dieser Vorgang ist im besten Falle schwerfällig und starr, im schlimmsten Falle liefert er die Fassade, hinter der sich eine Autokratie oder Bürokratie verbergen kann. Die ungeheure Trägheit aller heutigen Systeme ist ein Ärgernis; das Feedback zwischen den Wählern, den Entscheidungsträgern, den Entscheidungen selbst, der Verwaltung, die die Beschlüsse ausführt und schließlich der Öffentlichkeit, die auf Ergebnisse dieser Beschlüsse wartet, geht furchtbar langsam und zusammenhanglos vonstatten.

Zu Zeiten, als der Informationsaustausch selbst langsam und mühselig war, war dieser Prozeß weniger auffallend ineffizient. In einer Zeit billiger, unmittelbarer elektronischer Kommunikation, insbesondere billiger, unmittelbarer Datenverarbeitung jedoch sind solche aufgeblähten Mechanismen nicht länger zu rechtfertigen. Zum Beispiel wird es bald möglich sein, das Für und Wider eines politischen Problems im Fernsehen darzustellen und den Wähler seine Entscheidung über eine am Fernsehgerät angebrachte Tastatur einem Zentralcomputer zuleiten zu lassen, der alle Einzelentscheidungen sammelt und auswertet. Sollte es dabei zu keinem eindeutigen Ergebnis kommen, ließe sich der Vorgang wiederholen. Zahlreiche andere Möglichkeiten bieten sich an: Man könnte sogar die Notwendigkeit professioneller Politiker in Frage stellen, die lediglich als Mittelspersonen zwischen dem Wähler und dem Behördensystem fungieren. Der Hauptpunkt jedoch ist, daß vorhandene politische Systeme sich nicht mehr in der Form dem Wählerwillen übergeordnet verhalten können, wie es derzeit noch der Fall ist. Die Weise, wie die neuen, offen kommunizierenden Gesellschaften ihr eigenes Geschick lenken, wird eins der interessantesten Kennzeichen der neunziger Jahre sein.

Bei der Erörterung der kurzfristigen Zukunft konstatierte ich, daß sich die Strukturen der Arbeitswelt beträchtlich wandeln würden. In den neunziger Jahren wird dieser Wandel bereits vor sich gehen, und Acht-Stunden-Tag und Fünf-Tage-Woche werden für immer der Vergangenheit angehören. Es ist sehr ungewiß, wie umfangreich die Reduzierung der Arbeitszeit insgesamt sein wird, daher ist es wahrscheinlich sicherer anzugeben, *wie* sich die Arbeitsstrukturen wandeln werden.

Wenn bessere Bildungsmöglichkeiten für alle gegeben sind und die Ausbildung etwa bis zum fünfundzwanzigsten Lebensjahr dauert, ist mit einem späteren Eintritt ins Berufsleben zu rechnen. Dies gilt in vielen Bereichen heute schon, und es gibt keinen Grund, weshalb dieselben Vorrechte nicht für jedermann gelten sollten. Im Augenblick sind die Kosten einer höheren Bildung so gewaltig, daß sich jede Gesellschaft ruinieren würde, wenn sie den kühnen Versuch unternähme, jedermann dazu Zugang zu verschaffen. Wenn der Computer billige Bildungsmöglichkeiten schafft, wird dieses Hindernis jedoch beseitigt. Ein schwieriges Problem ist es, mit den unterschiedlichen intellektuellen Fähigkeiten fertig zu werden. Diese Unterschiede könnten jedoch mehr scheinbarer als wirklicher Natur sein, wenn man unterstellt, daß soziale Einflüsse dominieren. In diesem Falle müssen die neuen Bildungsmöglichkeiten zu einer weitaus größeren Egalität der Gesellschaft führen. Die schwierigsten, vielleicht sogar gefährlichen Jahre werden wahrscheinlich in der Übergangsperiode liegen, wenn es schon zu Arbeitszeitverkürzungen gekommen ist, die Gesellschaft sich aber noch nicht an diese Vorstellung gewöhnt hat.

Die Verkürzung der Arbeitswoche ist der zweite Teilaspekt der Strukturverschiebung; Mitte der achtziger Jahre könnte die wöchentliche Arbeitszeit bereits erheblich gesunken sein, im darauffolgenden Jahrzehnt braucht man vielleicht höchstens noch zwanzig Stunden zu arbeiten. Dies bedeutet gleichzeitig eine beträchtliche Zunahme der Freizeit, und um die Jahrhundertwende wird man voller Erstaunen auf unsere gegenwärtig lächerlich geringen Freizeitansprüche zurückschauen. Schließlich wird man viel früher in den »Ruhestand« treten können.

Gegen Ende der achtziger Jahre wird wahrscheinlich niemand mehr über das fünfzigste Lebensjahr hinaus arbeiten müssen, und im Laufe der darauffolgenden zehn Jahre wäre eine zusätzliche Verkürzung der Lebensarbeitszeit um weitere fünf bis zehn Jahre möglich. Wenn man die Zeit der vorberuflichen Ausbildung abzieht, so bleibt eine reine Lebensarbeitszeit von fünfzehn bis zwanzig Jahren bei wesentlich geringerer Arbeitslast übrig. Mit dem Eintritt ins einundzwanzigste Jahrhundert wird sich die notwendige Arbeitszeit weiter verringern.

Bei der Erörterung dieses bemerkenswerten Themas müssen ein oder zwei bedeutsame Punkte hervorgehoben werden. Zunächst einmal handelt es sich bei der Verkürzung des Arbeitslebens sozusagen um eine Reduzierung der vom Individuum der Gesellschaft »geschuldeten« Arbeit. Sobald diese Schuld abgetragen ist, überläßt es die Gesellschaft dem einzelnen zu tun, was er will (und bezahlt ihn dafür). Dies heißt nicht, daß niemand nach seiner Pensionierung mehr arbeiten darf; viele Menschen werden freiwillig weiterarbeiten, insbesondere in Sozialberufen und im Dienstleistungsgewerbe, denn diese Bereiche werden aller Wahrscheinlichkeit nach von der Computerentwicklung nicht in Mitleidenschaft gezogen. Zum Bild dieser Berufe gehören die Fürsorge für Alte und Kranke, die Beaufsichtigung der Kinder, die Unterrichtung bestimmter Personenkreise etc. Das Verhalten vieler heute im Ruhestand lebenden Menschen läßt diesen Trend bereits erkennen. Zweitens ist die Verkürzung des Arbeitslebens keine neue und nicht abschätzbare Erscheinung, denn dieser Prozeß läuft seit Jahrhunderten. Wirklich nicht abzuschätzen ist aber die Frage, wie leicht es der Gesellschaft fallen wird, sich auf eine weit schnellere Wandlung der Arbeitsstrukturen einzustellen, als man je zuvor erlebt hat. Der dritte Punkt steht im Zusammenhang mit der schieren Skepsis gegenüber einer Gesellschaft, in der ein Individuum in seinem Leben nur eine kurze Zeitspanne arbeiten muß. Ist letzteres aus wirtschaftlicher und sozialer Sicht überhaupt durchführbar?

Diese Frage läßt sich am besten behandeln, wenn man in die Vergangenheit zurückblickt und Gesellschaftsordnungen betrachtet, deren Volkswirtschaften zu einem großen Teil von Sklavenarbeit geprägt waren – das Ägypten des Altertums, Rom, das zaristische Rußland und die Südstaaten der USA vor dem Bürgerkrieg. In all diesen Fällen genoß eine Bevölkerungsminderheit einen hohen Lebensstandard und pflegte einen eleganten und kulturell hochstehenden Lebensstil sozusagen auf dem Rücken einer Masse von billigen Arbeitskräften. Wenn man einen Augenblick die Unwürdigkeit der Sklaverei und das, was diesen Sklavenhaltergesellschaften schließlich widerfuhr, außer acht läßt, wird deutlich, daß die nachindustrielle Computerära diesen historischen Zeitaltern in gewisser Hinsicht sehr nahekommen wird. Die Sklavenarbeit allerdings wird von Maschinen und Computern verrichtet werden, und die Vorteile werden nicht einer Minderheit, sondern der gesamten Menschheit zugute kommen. Diese Vorstellung mag phantastisch anmuten, aber nur deswegen, weil man sich an die altertümliche und vielleicht überflüssige Arbeitsethik klammert – daß es moralisch verwerflich ist, seinen Lebensunterhalt nicht im Schweiße seines Angesichts verdienen zu müssen. Diese Moral stammt aus einer Zeit, in der der Faule oder Unproduktive eine Belastung waren, die sich eine Gesellschaft nicht leisten konnte.

Wir haben uns bereits mit dem Rückgang der Geschäftsreisen und der Fahrten zum Arbeitsplatz infolge der stark verbesserten Kommunikationsnetze der achtziger und neunziger Jahre beschäftigt. Infolgedessen wird sich das Interesse auf die Wohnung richten, die sowohl wichtigstes Arbeitszentrum als auch Schauplatz der Freizeitaktivität werden wird, denn mit steigendem Wohlstand werden die Menschen immer mehr in ihre Wohnungen investieren, um sich ein eigenes Reich zu schaffen. Die Wohnungen werden mit elektronischem Gerät in Fülle ausgestattet sein. Die meisten Geräte werden auf gesprochene Anweisungen reagieren, und viele gängige Geräte werden »rückantworten« oder uns in synthetischer Sprache Informationen zukommen lassen. Es wird ausgeklügelte und hochwirksame Sicherungssysteme geben, und die Häuser werden ihre Eigentümer vor jedem Eindringling oder Besucher, dessen Anliegen nicht eindeutig genug zum Ausdruck gebracht wird, mit Nachdruck warnen. Zentrum aller Wohnungen aber wird das Fernsehgerät bzw. der Videoschirm sein.

In den achtziger und neunziger Jahren wird man auf dem Gebiet der Heimunterhaltungsgeräte starke Fortschritte machen. HIFI- und Videosysteme kennzeichnen heute bereits diesen Trend, sie haben sich einen großen Anteil des Elektronikmarkts erobert. Der Entwicklung eines flachen Video-Bildschirms wird besondere Bedeutung zukommen. Die heutigen Systeme arbeiten mit einer Kathodenstrahlröhre, und je größer die Bildfläche, desto tiefer und voluminöser ist die ganze Röhre. Auf diese Weise hält sich die Größe des Bildschirms in gewissen Grenzen und mithin auch die »Wirklichkeitsnähe« des Dargestellten. Die flachen, ganz scharf zeichnenden Bildschirme der neunziger Jahre werden solchen Beschränkungen nicht unterliegen, und deshalb werden Mattscheiben üblich sein, die die ganze Wand einnehmen und leuchtende, überzeugend realistische Bilder liefern. Desgleichen werden sie der persönlichen direkten und der notwendigen geschäftlichen Kommunikation dienen.

Die Vorrangstellung der Wohnung wird noch von drei weiteren Faktoren unterstrichen. Der erste ist die gewaltige Vielzahl von interaktiven Spielen, die im Heimcomputer griffbereit stehen. Manche dieser Spiele sind äußerst raffiniert und anspruchsvoll; sie alle bieten intellektuelle Anreize eigener Art, die man außerhalb der Wohnung nicht finden wird. Die Verlagerung des Bildungsprozesses aus der Schule in die eigene Wohnung stellt den zweiten Faktor dar. Es besteht kein Zweifel, daß dieser Heimunterricht größtenteils mit Computerunterstützung erfolgt. Als dritter wichtiger Faktor kommt hinzu, daß die achtziger und möglicherweise auch die neunziger Jahre Zeiten sozialer Turbulenzen bringen werden. Manch einer wird deshalb seine eigenen vier Wände ungern verlassen. Auch dieser Trend beginnt sich bereits in den wohlhabenden urbanen Räumen der Erde abzuzeichnen. In Japan, wo die städtische Umwelt elend verschmutzt ist, und in den größten Städten Amerikas, wo man neben der herrschenden Umweltverschmutzung auch noch von gefährlicher Gewaltkriminalität bedroht ist, zeichnet sich dieser Trend besonders deutlich ab.

Es ist daher naheliegend, daß die gesellschaftlichen Strukturen der neunziger Jahre von Grund auf anders sein werden, aber es ist schwer zu bestimmen, welche Bedeutung diese Entwicklung haben wird. Es kommt sehr darauf an, ob der HOMO SAPIENS eine gesellige Spezies ist oder nicht. Die Beweise scheinen einander zu widersprechen – ganz eindeutig wachen wir eifersüchtig über unsere Freiräume, es scheint uns andererseits aber große psychologische Genugtuung zu bereiten, uns in großen Gruppen zu bewegen und uns den Verhaltensregeln der Masse anzupassen. Meiner eigenen Einschätzung nach werden viele soziale Bedürfnisse des Menschen in einem erstaunlich hohen Maße von den Interaktionsmöglichkeiten befriedigt werden, die der Computer bieten wird.

Es gibt einen weiteren, jedoch schwerer zu definierenden Bereich sozialer Bedürfnisse, dem unübersehbare Probleme entspringen können. Einerlei, ob die Menschen einen gewissen Hang zum Mystischen haben oder nicht, es trifft indessen gewiß zu, daß sie das tiefe Bedürfnis nach Erklärung des Universums verspüren. Der Verstand verabscheut Ungewißheit und tut sein Bestes, alle Erfahrungen sinnvoll zu verarbeiten. Vorhandene Mysterien bedürfen der Erklärung, und eine schlechte Erklärung ist besser als gar keine. Religionen sind Glaubenssysteme, die dem Menschen bei der Herstellung einer Beziehung zum Universum und seinen Geheimnissen behilflich sind und auf kritische Fragen wie »warum gibt es uns«, »was geschieht nach dem Tode« und »was ist das Wesen von Gut und Böse« eine Antwort geben. Im Laufe etlicher Jahrtausende entwickelten die Gesellschaften zahlreiche Religionen, deren jede auf das Lebensgefühl und die sozialen Gegebenheiten der jeweiligen Epoche zugeschnitten war. Im Zuge des wissenschaftlichen Fortschritts verfiel im neunzehnten Jahrhundert die Macht der Religionen. Da es der Wissenschaft selbst nicht gelang, eine vollständige Erklärung des Universums zu liefern – eigentlich ließ die Wissenschaft das Universum um so komplexer und rätselhafter erscheinen, je mehr Fakten sie bloßlegte –, ist das menschliche Bedürfnis nach Erklärung und Gewißheit bislang unbefriedigt geblieben.

Als Ersatz dafür haben sich die Menschen in der zweiten Hälfte dieses Jahrhunderts zahlreiche Ersatzreligionen geschaffen, denen sie sich mit bemerkenswerter Inbrunst zuwenden. Wenn Computer, insbesondere die hochintelligenten, erst zu unserem täglichen Leben gehören, werden auch sie einer pseudoreligiösen Mystifikation nicht entgehen, vergleichbar etwa den bizarren Phantasien, die sich in den sechziger und siebziger Jahren um die fliegenden Untertassen rankten. In manchen dieser Religionen wird der Computer die Rolle des Satans spielen, und es ist denkbar, daß allen Anti-Computer-Bewegungen der Zukunft mystische – und daher gefährliche – Züge zu eigen sind. Auch hierfür gibt es deutliche Anzeichen. In den Bewegungen »Nieder mit der westlichen Technologie« und »Zurück zur fundamentalen Religion«, von denen, während ich dies schreibe, Iran, die Türkei und Pakistan heimgesucht sind, scheint eine allgemeinere Besorgnis zum Ausdruck zu kommen. Vielleicht aber sind allen Menschen die Fortschritte der Wissenschaft inzwischen zutiefst unheimlich. Sie sehnen sich die Zeiten einer weniger komplizierten, überschaubaren Welt zurück. Diese Gefühle des Grolls treten im Augenblick nur in jenen Ländern zutage, die erst in jüngster Zeit mit fremder Technologie in Berührung kamen, zu gegebener Zeit mögen solche Gefühle aber auch im hochindustrialisierten Westen entstehen. In diesem Falle könnten die neunziger Jahre von überraschend heftigen Auseinandersetzungen geprägt sein.

KAPITEL 17
Wissenschaftliche und psychologische Fragen

Die Förderung der medizinischen Wissenschaft wird eins der ersten Gebiete sein, auf die man die Leistungsfähigkeit der Supercomputer konzentriert. Heute schon bieten die Computer ungeahnte Möglichkeiten, komplexe medizinische Datenbänke durchzuforsten und die darin gespeicherten Informationen zu koordinieren. Auf so unterschiedlichen Gebieten wie Diagnose und Epidemiologie kann dies von Nutzen sein. Auch zur Untersuchung von Blutproben werden Computer schon eingesetzt, denn auf diese Weise lassen sich bösartige Zellen aufspüren oder andere disruptive Bluteigenschaften ausfindig machen. Eine Diagnose dient allein dem Ziel, Symptome zu identifizieren, sie mit bekannten Krankheiten in Verbindung zu bringen und so dem Wesen der Krankheit auf die Spur zu kommen. Sobald man Computer mit den entsprechenden Daten versehen hat, um die Symptome an sogenannten Wahrscheinlichkeitstabellen zu messen, sind sie in der Lage, schnellere und weitaus genauere Diagnosen zu stellen. Unter Berücksichtigung aller Einzelheiten der Krankengeschichte des Patienten werden sie auch eine fallgerechte Behandlung empfehlen können. Diese Beispiele sind nur Fortschreibungen bereits bekannter Versuche, den Computern Zugang zur Medizin zu verschaffen. In den neunziger Jahren werden sich grundlegend neue Möglichkeiten auftun.

Will man vorhandene Technologien, die verblüffenden Einfluß auf das allgemeine Gesundheitswesen nehmen könnten, in die Zukunft projizieren, so muß auch eine besondere Anwendungsweise der Mikrominiaturisierung berücksichtigt werden. In den neunziger Jahren brauchen selbst die leistungsfähigsten Systeme, darunter auch jene mit den umfangreichsten Speicherkapazitäten, nicht größer zu sein als ein

Chip. Sie werden so leicht zu transportieren und raumsparend sein, daß man sie praktisch überall unterbringen kann. Zum Beispiel werden in viele Armbanduhren Computer eingebaut sein, die Puls, Blutdruck, die chemische Zusammensetzung des Schweißes und anderer Körpersekrete prüfen. Ausgerüstet mit einer hochfeinen Sonde, sind sie sogar in der Lage, die Zusammensetzung des Blutes anzuzeigen. Sie werden als medizinische Frühwarnsysteme dienen und ließen sich mit winzigen hypodermatischen Spritzen koppeln, um gegebenenfalls Antikörper oder Antibiotika zu injizieren. Wenn man seiner Phantasie ein wenig – aber nur ein wenig – freien Lauf läßt, könnte man sich Mikroprozessoren vorstellen, die an kritischen Körperstellen implantiert sind und Sensoren besitzen, die bösartige Zellen beim ersten Anzeichen ihrer Entstehung aufspüren. Sie würden diese Zellen sogar schon bei deren Entstehung zerstören, und weil sie so winzig sind, könnten sie durch die körpereigenen Stoffwechselvorgänge mit Energie versorgt werden.

Eine weitere, nicht weniger ausgefallene Rolle könnte der Computer in der Psychotherapie als »Vertrauensperson« spielen. Psychoanalytiker und Psychiater wissen seit langem, daß viele ihrer Patienten ein extrem starkes Kommunikationsbedürfnis haben. Oftmals sind Banalitäten Gegenstand des Informationsaustauschs; dennoch verschafft man sich auf diese Weise große emotionelle Erleichterung. Leider bedürfen zu viele Menschen solcher Aufmerksamkeit, zu wenige jedoch finden teilnahmsvolles Gehör. Anhand der gegenwärtigen Experimente mit dem Computerinterview, wir berichteten in einem früheren Kapitel darüber, läßt sich erkennen, daß der Patient mit dem Computer eine erstaunlich enge Beziehung anknüpfen kann, insbesondere auf derart heiklen Gebieten wie etwa der psychosexuellen Problematik. Wäre es nicht denkbar, daß die, gemessen an den heutigen, viel höheren Maschinenintelligenzen der späten neunziger Jahre außerordentliche Erleichterung oder gar Heilung bringen, wenn man sie darauf programmiert hat, bei der Stimme des Patienten auf jede Nuance zu achten und auf Sprechweise, Unschlüssigkeit, ja selbst auf Gesichtsausdruck und Augenbewegungen zu reagieren? Der Gedanke, daß eine Person es vorzieht, einem Computer ihre intimsten Probleme anzuvertrauen, mag Fragen aufwerfen. Wir wollen dem Problem nicht vorgreifen. Alles wird davon abhängen, wie die Menschen lernen, ihre Bedrängnis auch mit Hilfe eines Computers zu lösen. Auf lange Sicht kommt der Tatsache, daß der »Psychiater« eine intelligente Maschine ist, keine größere Bedeutung zu als dem Umstand, daß ein Querschnittgelähmter statt durch ständige Muskelarbeit eines Teams von Menschen durch ein mechanisches Beatmungsgerät am Leben gehalten wird.

Diese Entwicklungen müssen zu einer bedeutenden Steigerung der menschlichen Lebenserwartung führen. Sie verblassen aber bis zur Bedeutungslosigkeit im Vergleich zu den Entwicklungen, die eintreten können, wenn ultra-intelligente Maschinen in der Weise mit medizinischen Problemen betraut würden, wie Professor I. J. Good es prophezeit. Vor wenigen Jahren betonte Good in einer BBC-Sendung, daß die von den UIM bewirkten Fortschritte derart gravierend sein könnten, daß heute lebende Menschen tausend Jahre alt würden. Man denke sich ein Kind, das 1970 zehn Jahre alt war, und 1990, wenn es die ersten UIM geben könnte, dreißig Jahre alt ist. Nun werden sich diese UIM zwanzig Jahre lang mit der medizinischen Wissenschaft befassen. In dieser Zeit könnte sich die Lebenserwartung des Menschen um weitere zwanzig Jahre erhöht haben. Dies ist eine durchaus vernünftige Vorhersage. Man kann also erwarten, daß ein 1960 geborenes Kind etwa im Jahre 2060 noch lebt. Aber in der Zeit zwischen 2020 und 2060 wird es zu noch größeren Verbesserungen des medizinischen Wissens kommen. Dies ist eine Prognose aus der Jetztzeit. Niemand weiß, welche Perspektiven uns diesbezüglich die Zukunft noch beschert.

Die Wissenschaft ist eine Frage der Methodik. Man sammelt alle greifbaren Fakten, wertet sie aus und verknüpft sie zu einer bestimmten Theorie. Unser heutiges Verständnis vom Universum ist ausschließlich durch Arbeit des menschlichen Gehirns und auf Grund der dem Menschen angeborenen Neugier entwickelt worden. Seit kurzem ist der Mensch dabei, sein Wissen zu erweitern, indem er Maschinenintelligenz zu Rate zieht, die der Verarbeitung und Interpretation des gesammelten Datenmaterials dient. In diesem Sinne hat der Computer unbegrenzte Möglichkeiten. Er ist unermüdlich, fehlerfrei, anspruchslos im Energie- und Kapitalverbrauch. Seine Wahrnehmungsfähigkeit ist grenzenlos, er läßt sich im Grunde genommen auf jedes dem Menschen bekannte Problem programmieren. Sein Erfolg hängt einzig und allein von der Qualität der Software ab.

Auf einigen Gebieten haben Computer für die Arbeit der Wissenschaftler schon große Bedeutung erlangt, obschon ihr Beitrag sich weitgehend auf bloßes Zahlenrechnen beschränkt. In den neunziger Jahren werden Computer eine weitaus gewichtigere Rolle spielen: Sie werden beispielsweise wissenschaftliche Theorien zu formulieren beginnen und als notwendige Folge davon Methoden vorschlagen, die Qualität dieser Theorien zu testen.

Abgesehen von Medizin und Bildungswesen, deren man sich aller Wahrscheinlichkeit nach zuerst annehmen wird, gibt es ein Gebiet, auf dem ein großer wissenschaftlicher Durchbruch mehr als willkommen wäre: die kontrollierte Nutzbarmachung der Kernfusion. Könnte man wirtschaftliche, sichere Verschmelzungsverfahren entwickeln, dann wären alle Energieprobleme der Erde gelöst. Im Bereich der Nahrungsmittelchemie könnte die Computertechnologie Verblüffendes leisten: dic Umwandlung von gewohnlichen, normalerweise aber ungenießbaren Stoffen in schmackhafte Nahrungsmittel oder gar genetische Manipulationen an den Erbanlagen der Pflanzen, um frostsicheres Obst oder Weizen zu erzeugen oder »neue« Pflanzen, die die Wüstenregionen der Erde in die bedeutendsten Anbaugebiete verwandeln könnten. Noch aufregender, wenn auch vorderhand weniger hilfreich, wäre es, mit Hilfe der Leistungskraft der Computer fundamentale Theorien über das Wesen und die Struktur des Universums zu erarbeiten. Ganz auf sich allein gestellt ist der Mensch auf diesem Gebiet beträchtlich vorangekommen, und es ist unvorstellbar, daß er nicht noch weitaus schnellere Fortschritte macht, wenn er sich erst einmal zusätzlich zur eigenen der Intelligenz des Computers versichert hat.

Eins der schwierigsten Probleme der neunziger Jahre wird darin bestehen, für den Energieüberschuß der Menschen, die weitgehend von ihrer täglichen Arbeitsbelastung befreit sein werden, ein sinnvolles Betätigungsfeld zu finden. Der Mensch hat ein zupackendes Wesen, das erzwungene Untätigkeit schlecht verträgt. Zum Teil wird sich das Problem der »erzwungenen Muße« über die verstärkte Beschäftigung mit Sport und gesteigertem Interesse an kulturellen und künstlerischen Dingen lösen lassen. Zum Glück wissen wir, daß sich die Phantasie des Menschen immer wieder neue Ventile sucht. Wenn aber Politik, Religion und andere Weltanschauungen immer weniger Engagement verlangen, muß sich der HOMO SAPIENS neue Ziele stecken. Wahrscheinlich wird sich das Interesse verstärkt der Wissenschaft zuwenden.

Dazu gehört etwa ein neuer Vorstoß in den Weltraum. In den nächsten beiden Jahrzehnten wird man mehr über das Universum und seine Entstehung nachdenken als je zuvor. Die Ursache wird in der amerikanischen Space Shuttle zu suchen sein, die noch vor der Jahrtausendwende zahlende Passagiere auf die Fahrt in den Weltraum mitnehmen wird. Vorhandene, richtiger gesagt, unterdrückte Pläne der NASA werden beträchtlich erweitert werden, sobald umfangreiche neue Etats bewilligt worden sind. Zu den ersten Ergebnissen werden die Erde umkreisende bemannte Raumstationen gehören; es wird zur noch wichtigeren Erforschung des interplanetären Raums kommen, eingeschlossen bemannte Expeditionen zum Mars, zu den Asteroiden und darüber hinaus.

Am Ende dieser Raumfahrtanstrengungen könnte ein Programm zur Erschließung neuer Energiequellen von bislang unbekannter Bedeutung stehen. Man könnte gewaltige Satelliten starten, um die Sonne als Energiespender zu nutzen, und mit Hilfe verbesserter Lasertechnologie die Solarenergie auf die Erde herunterzuholen. Wie schon erwähnt, wird man sich der bei der Kernverschmelzung freiwerdenden Energie bemächtigen. Der Rolle des Menschen als Entdecker und Abenteurer sind also keine Grenzen gesetzt. Eine Reihe von umfangreichen Tiefsee-Expeditionen und die Errichtung von Kolonien auf dem Meeresgrund sind ein hervorragendes Beispiel dafür. Das gleiche gilt auch für Versuche, in die Tiefen des Erdinnern vorzudringen, nicht nur, um dessen Beschaffenheit zu erforschen, sondern um auch neue Mineralquellen und die gewaltigen Wärmereservoirs zu erschließen, die buchstäblich zu unseren Füßen liegen.

Darüber hinaus könnte man sich auch auf die Suche nach außerirdischem Leben konzentrieren. In unserem Milchstraßensystem gibt es etwa 10^{11} (das sind 100 Milliarden) Sterne, das gleiche gilt für jede weitere Galaxie des bekannten Universums. Nur wenige Wissenschaftler bestreiten heute die Möglichkeit, daß es irgendwo im unermeßlichen All Leben der einen oder anderen Entwicklungsstufe gibt. Dies regt zu derart herausfordernder und vielleicht sogar lohnender Nachforschung an, daß die aufgeklärten Geister der neunziger Jahre nicht werden widerstehen können. Bis heute hat man nur schwache Anstrengungen unternommen, das Universum nach dem Vorhandensein intelligenter Existenzen zu erforschen, von direkter Kontaktaufnahme ganz zu schweigen. Die Möglichkeiten sind einfach noch nicht gegeben. Das gilt insbesondere im Hinblick auf jene ungeheure Computerkapazität, die nötig ist, um die gegen die Erde anbrandenden Informationswellen zu ergründen und zu deuten. In Kürze werden diese Möglichkeiten aber reichlich zu Gebote stehen; erregende und vielleicht folgenschwere Aufgabe der künstlichen Intelligenz wird es also sein, aus dem gewaltigen orchestralen Lärm des Universums jene Stimmen herauszusondern, die auf das Vorhandensein intelligenter Existenzen hindeuten.

Den meisten Menschen ist die Vorstellung außerordentlich unsympathisch; aber dennoch könnten Computer auch zu einem besseren Verständnis der Seele des Menschen führen. Obwohl Alexander Pope bereits 1733 verkündete, »das eigentliche Forschungsobjekt der Menschheit sei der Mensch«, ist die Psychologie noch immer eine der rückständigsten und vernachlässigtsten Wissenschaften. Die wenigen Modelle zur Deutung von Gehirn, Seele und Persönlichkeit und all ihre Variationen sind überaus enttäuschend. Lediglich Pawlow und Freud konnten einige überzeugende Thesen aufstellen. Die Psychologie steckt immer noch in den Kinderschuhen, und wir warten noch darauf, daß ein Pythagoras kommt und uns erzählt, die Erde sei doch rund. Wie bei so vielen wissenschaftlichen Gebieten liegt das Problem in der erschreckenden Komplexität der Thematik. Es verwundert daher nicht, daß Lernen, Gedächtnis, Wahrnehmung, Kontrolle und Steuerung der Muskulatur, Denken, Folgern, Schlafen und Träumen – um nur ein paar Funktionen anzusprechen – immer noch mehr oder weniger rätselhaft sind. Es überrascht auch nicht, daß wir dann, wenn das System oder Teile desselben anfangen, nicht mehr richtig zu funktionieren und eine »seelische Krankheit« die Folge ist, die Ursachen eigentlich nicht verstehen und keine Behandlungsmethode kennen. Die Vorteile, die ein großes Programm zur Erforschung des Gehirns und zur Umwandlung der Psychologie von einer erfolglosen zu einer leistungsfähigen Wissenschaft nach sich zieht, werden so groß sein, daß darin wahrscheinlich unwiderstehliche Verlockungen liegen. Mit dem Computer zur Seite werden wir in der Lage sein, uns intellektuelle Ressourcen unvergleichlicher Art zu schaffen, wenn wir uns dem Problem mit nichtmenschlicher Sachlichkeit nähern. Was wir am Ende über uns in Erfahrung bringen, und ob wir von dem, was wir herausfinden werden, angetan sind, ist eine ganz andere Frage. An der Diskussion psychologischer Probleme kommen wir also nicht vorbei.

Ich habe bereits darauf hingewiesen, daß die Wohnung in steigendem Maße in den Mittelpunkt des menschlichen Interesses rücken wird. Genauer gesagt, in den neunziger Jahren wird sich das Leben eines Individuums stärker zwischen häuslichen und sozialen Aktivitäten polarisieren, als das heute der Fall ist. Sollte sich diese Polarisation als wohlausgewogen erweisen, wird sie für den Durchschnittsmenschen wahrscheinlich nur vorteilhaft sein. Fast alles weist nämlich darauf hin, daß der Durchschnittsmensch heute sozial gestreßt ist. Wenn die Polarisation jedoch nicht ausgewogen ist und die Wohnung mit all ihrem Komfort soziale Interaktion verdrängt, könnte sich eine introvertierte Gesellschaft entwickeln. Ein solcher Trend ist dann besonders wahrscheinlich, wenn die »Außenwelt« zunehmend bedrohlicher wird. Zu diesem Thema hat sich der Engländer Michael Frayn in seinem Buch »A Very Private Life« phantasievoll geäußert. Er hat es vor rund zehn Jahren als eine Art schwarze Komödie geschrieben. Das Buch ist es wert, gelesen zu werden, auch wenn es heute leider weniger phantastisch anmutet.

Der Trend scheint unaufhaltsam zu sein; er wird von der Tatsache bestimmt, daß der gestiegene Reichtum der Gesellschaft es dem einzelnen gestattet, immer mehr jener Güter und Dienstleistungen zu erwerben, die er begehrt. Mit anderen Worten, es ist eine historisch vorübergehende Phase, Eigentum mit anderen zu teilen, denn der Mensch beginnt sich sein privates Reich zu schaffen und vermindert die Notwendigkeit immer mehr, mit der Gruppe in Berührung zu kommen. Ein ausgezeichnetes Beispiel sind unsere Schulen: je reicher eine Gesellschaft, desto kleiner der Lehrkörper, desto individueller und persönlicher sind die Unterrichtshilfsmittel und um so größer die Schulen und Universitäten, aber desto kleiner die Klassenfrequenzen. Die logische Fortsetzung – sie läßt sich ohne weiteres realisieren durch umfangreiche Erweiterungen des computerorientierten Unterrichts – ist die vollständige Verlagerung des Schwergewichts vom Gruppen- zum Einzelunterricht. In der häuslichen Umgebung des Schülers läßt sich der Einzelunterricht größtenteils mit gutem

Erfolg praktizieren. Dies mag die in pädagogischem Sinne optimale Strategie sein; gesellschaftspolitisch gesehen könnten die Vorteile indessen nur minimal sein, und es könnte dabei am Ende gerade jener persönliche bzw. zumindest familiäre Isolationismus herauskommen, vor dem Michael Frayn gewarnt hat.

Ob diese Entwicklung eintritt, wird in starkem Maße davon abhängen, ob solche Introvertiertheit der Natur des Menschen abträglich ist oder nicht. Vielleicht werden sich die Menschen unabhängig von der Attraktivität ihrer Behausungen von Zeit zu Zeit immer zu großen Gruppen zusammenfinden wollen, um einen gewissen Herdentrieb zu befriedigen. Es kann aber auch sein, daß sich das Individuum von dem perfektionierten Komfort seiner Wohnung am Ende angewidert fühlt, und der Mensch deshalb, wie immer auch, von Zeit zu Zeit aufbricht, das Abenteuer zu suchen. Selbst derartige Ausbrüche mögen nicht ausreichend eine totale introvertierte Gesellschaft zu verhindern, denn die Kombination von leistungsfähigen Heimcomputern mit erstaunlich eindrucksvollen, dreidimensionalen Videogeräten könnte vollkommen glaubwürdige Pseudoherausforderungen bieten und auf diese Weise Neugier und Dynamik des Menschen abstumpfen. In diesem Falle hätte die Erforschung des Weltraums durch den Menschen ihren Höhepunkt bereits hinter sich gelassen, und der HOMO SAPIENS des einundzwanzigsten Jahrhunderts würde, vollends ins Fernsehen vertieft, die dialektische Herausforderung von Zeit und Raum den Computern überlassen.

Während der neunziger Jahre werden Computer als intellektuelle Partner an Bedeutung gewinnen. Wir stehen im Begriff, uns einem Entwicklungsprogramm für hochintelligente Maschinen zuzuwenden. Im Verlaufe dieses Programms werden wir die Computer so weit perfektionieren, bis sie unser eigenes intellektuelles Niveau erreicht haben. Danach wird sich die künstliche Intelligenz gewissermaßen verselbständigen und die unsere in jeder Hinsicht übertreffen. Im Zuge dieser eigenartigen Partnerschaft werden sich die Computer unweigerlich Verhaltensweisen aneignen, die es ihnen gestatten, sich mit uns zu unterhalten, Ideen und Vorstellungen auszutauschen, unser Vorstellungsvermögen zu stimulieren usw. Wären sie zu alldem nicht in der Lage, hätten sie den Turing-Test nicht bestanden. Wenn die Computer uns tatsächlich überholen, werden sie unsere Zukunft in atemberaubender Weise mitgestalten. Nichts wird ihnen in ihrer Rolle als Lehrer oder Mentor zum Beispiel gleichkommen. Es wäre so, als hätte man die weisesten, kenntnisreichsten und geduldigsten Menschen der Erde als private Tutoren: einen Albert Einstein als Physiklehrer, einen Bertrand Russell in Philosophie, einen Sigmund Freud für Diskussionen über die Grundzüge der Psychoanalyse, und sie stünden zur Verfügung, wann immer man sie brauchte.

Menschen, die keine Erfahrungen im Umgang mit Computern haben, fällt es schwer, sich vorzustellen, daß eine Maschine, unabhängig von ihrem Intelligenzgrad, die vollständige Aufmerksamkeit eines Menschen mehr als nur vorübergehend fesseln könnte. Man kann diese Skepsis verstehen und emotional darauf reagieren, sie führt indessen gefährlich in die Irre. Selbst angesichts ihres gegenwärtig niedrigen Entwicklungsstands ist die Interaktion mit Computern äußerst spannend – wir wollen uns daran erinnern, daß hier nur von intellektueller Interaktion die Rede ist, nicht von Interaktion im Gefühlsbereich. Einen flüchtigen Eindruck davon, wie interessant die Elektronenhirne sein können, bekommt man schon, wenn man Schach mit ihnen spielt. Viele geübte Spieler halten sie bereits für bessere Gegner als Menschen. Wer nicht Schach spielt, kann sich von anderen Computerspielen faszinieren lassen. Es macht einfach Spaß, die eigenen Kräfte mit den ihren zu messen.

Die Programmierer bekamen dieses Phänomen als erste zu spüren. Wenige Dinge nehmen einen so gefangen, wie der Versuch, einen Computer zu programmieren, besonders wenn es darum geht, Neuland zu betreten oder ein bislang widerspenstiges System in den Griff zu bekommen. Der erfolgrei-

che Abschluß des Programms – zum Schreiben gehört eine enorm umfangreiche, direkte Interaktion mit dem Gerät – vermittelt ein unvergleichliches Gefühl intellektueller Verwirklichung, Befriedigung und Fähigkeit. Die Sache ist so faszinierend, daß man an den Universitäten die intelligentesten Kybernetikstudenten genau beobachtet, um sicherzugehen, daß sie über der Vertiefung in die unbegrenzten intellektuellen Möglichkeiten der Computer nicht das eigentliche Ziel ihres Studiums aus den Augen verlieren. Diese Besorgnis ist gerechtfertigt, denn viele Studenten sind derartig von der Materie gefesselt, daß sie am Ende zwar unerhört viel vom Programmieren verstehen, dafür aber ihr Examen nicht bestehen. Hochschullehrer berichten aber von einer noch größeren Gefahr, nämlich daß kontaktarme, introvertierte Studenten gefühlsmäßige Bindungen an den Computer entwickelten und den Kontakt zu dieser Welt dem Umgang mit Menschen bei weitem vorzogen. Auch wenn solches Verhalten vielleicht nur auf Neurotiker zutrifft, darf diese Gefahr – unter Kybernetikern bereits heftig diskutiert, nicht unterschätzt werden.
Joseph Weizenbaum, Kybernetikprofessor an der Stanford University und gleichzeitig einer der bedeutendsten Pioniere auf seinem Gebiet, führt eine heftige Attacke gegen die Besessenheit, die Studenten im Umgang mit dem Computer an den Tag legen, und wendet sich scharf gegen die Fortsetzung der Arbeiten an der künstlichen Intelligenz. In seinem Buch »Computer Power and Human Reason« (Leistungsfähigkeit des Computers und menschliche Vernunft) regt Weizenbaum an, die diesbezüglichen Forschungsarbeiten nicht etwa deswegen einzustellen oder drastisch zu drosseln, weil es vergebliche Mühe wäre, sondern weil dadurch beunruhigende Fragen humanitärer, psychologischer und ethischer Natur aufgeworfen würden. In einem der letzten Kapitel sagt er unter der Überschrift »Against the Imperialism of Instrumental Reason«*, daß der Mensch, um ein vollständiges Individuum

* »Gegen die Herrschaft maschineller Vernunft«.

zu werden, fortwährend seine inneren und äußeren Realitäten wahrnehmen und verarbeiten müsse. »Sein Leben ist voller Risiken, er hat jedoch den Mut, die in Kauf zu nehmen, da er nach Art des Entdeckers seinen eigenen Fähigkeiten, standzuhalten und zu kämpfen, zu vertrauen lernt.« Wie könne man je, so schließt Weizenbaum, im Zusammenhang mit Maschinen von Begriffen wie Risiko, Vertrauen, Mut und Ausdauer reden?

Es ist nicht fair, Weizenbaums sorgfältig begründetem Buch mit nur einem oder zwei Sätzen gerecht werden zu wollen, deswegen beschränke ich mich auf die Bemerkung, daß seine Angriffe gegen die Maschinenintelligenz eigentlich ein Plädoyer gegen die Gefahren der Enthumanisierung gewisser elementar menschlicher Eigenschaften sind – eine beredte Fürsprache für die »Unversehrbarkeit des menschlichen Geistes«, die der Klappentext des Buches hervorhebt. Ich glaube nicht, daß Weizenbaum sich die Mühe gemacht hätte, das Buch zu schreiben, wenn er nicht in erster Linie davon ausgegangen wäre, daß die Maschinenintelligenz früher oder später ein Niveau erreicht, das dem Selbstverständnis des Menschen gefährlich werden könnte. Dieses Buch ist der erste Angriff aus der Feder eines Insiders; man sollte es daher nicht ignorieren.

Was geschieht, wenn Computer uns Erkenntnisse über das Universum vermitteln, die wir nicht wahrhaben wollen? Wenn wir superintelligente Computer schaffen, um die Geheimnisse des Universums zu erforschen, dann sollten wir auf die Möglichkeit vorbereitet sein, daß das, was sie uns zu sagen haben, intellektuell schockierend und emotional nicht oder nur schwer zu verkraften ist. Es stimmt, daß wir selbst bei routinemäßiger, nichtcomputerisierter Wissenschaft ständig Gefahr laufen, auf erschreckende oder befremdliche Fakten zu stoßen. Aber wir haben die meisten dieser Schocks auch überlebt. Die Erkenntnis, daß die Erde nicht Mittelpunkt des Universums ist, erschütterte seinerzeit ebensowenig Leute wie die Erkenntnis vom ungeheuren Alter unseres Planeten, die fossilen Beweisstücke eines prähistorischen Lebens und Darwins Erkenntnisse über den Ursprung der Menschheit. Obwohl diese Entdeckungen sehr bedeutsam waren, breitete sich die Kenntnis davon nur recht bedächtig aus. Hier stellt sich die Frage, ob es überhaupt sinnvoll sein kann, vor möglicherweise schockierenden Tatsachen, ob wir sie durch Computer erfahren oder nicht, die Augen zu verschließen.

Nun kann man natürlich argumentieren, daß sich die wahre Natur apokalyptischer Fakten nur der Superintelligenz der Computer offenbart; etwa so, wie manches Widersprüchliche in Zeit und Raum von uns wahrgenommen werden kann, für einen Schimpansen jedoch ganz bedeutungslos ist. Diese Betrachtungsweise mag etwas Trost spenden; wie wir aber schon häufig unterstrichen haben, werden sich die Computer als ausgezeichnete Tutoren erweisen, die uns all das beibringen können, was wir wissen oder eben auch nicht wissen wollen. Auch ist es selbstverständlich möglich, daß uns die Computer durchaus Erfreuliches aus dem Weltraum zu berichten haben. Fest steht nur eines: Die Computertechnologie wird uns den Schlüssel zum Universum in die Hand geben.

Seit den Anfängen des Lebens in der Gemeinschaft ist sich der Mensch seiner besonderen Bedeutung auf dieser Erde bewußt. Bis sich die Bedeutung der Darwinschen Theorie durchzusetzen begann, betrachtete er sich als im gesamten Universum einzigartig, unterlegen nur im Vergleich mit Gott. Aber selbst wenn der Mensch sich den Tieren zugehörig fühlt, ist er immer noch – zu Recht – von seiner Einzigartigkeit überzeugt. Seine intellektuellen Fähigkeiten sind dem Verstand seiner nächsten Rivalen innerhalb des Tierreichs offensichtlich weit überlegen. Es gibt keinen Zweifel an der Bedeutung, die wir alle diesem Gefühl der intellektuellen Dominanz beimessen, keinen Zweifel an unserem Stolz auf Streben und Erfolg des Menschen. Die kreative Kunst befaßt sich zum großen Teil mit der Glorifizierung oder Dramatisierung jener Bereiche der menschlichen Natur, die diese besondere Stellung in der Natur und unseren Anspruch, nach dem Ebenbild

Gottes geschaffen zu sein, unterstreichen. Auch wirkt in unserem Unterbewußtsein eine Vorstellung von uns selbst, die uns hilft, unsere Stellung innerhalb eines furchteinflößenden, geheimnisvollen Universums zu akzeptieren. Diese Identität hat inzwischen einige Kratzer abbekommen – Leute wie Darwin, Einstein, Freud und Marx haben sie nicht gerade unterstützt –, dennoch wurde sie niemals ernsthaft angezweifelt. Die Abhängigkeit vom Computer könnte dieses Selbstverständnis erstmalig ernsthaft erschüttern. Denn die Annahme, daß Problemlösungen, Denken und selbst Kreativität ausschließlich menschliche Eigenschaften sind, scheint uns nicht länger haltbar. Dieses Problem wird sich potenzieren, wenn sich herausstellt, daß die Computer auf diesen Gebieten nicht nur gleichziehen, sondern uns gar noch übertreffen.

Die Situation wäre jener aus dem Film »Close Encounters of the Third Kind« (Unheimliche Begegnung der Dritten Art) grob vergleichbar: wenn nämlich die Erde plötzlich von extraterrestrischen Lebensformen besucht würde, die im Besitz von überwältigender, beinahe unvorstellbar leistungsfähiger Wissenschaft und Technologie sind. Der Film hat leider den eigentlichen Konflikt, nämlich einen furchtbaren Kulturschock, überhaupt nicht berücksichtigt. Die Tatsache, daß der unseren weit überlegene Intelligenzen existieren könnten, stellt die eigentliche Herausforderung für unsere Zukunft dar.

Wie werden wir uns als Spezies vorkommen, wenn sich all unsere Bemühungen, unsere wissenschaftlichen Kenntnisse, all unsere philosophischen Erwägungen, unsere sämtlichen künstlerischen und kulturellen Leistungen plötzlich als bedeutungslos entpuppen? Und wie werden wir uns fühlen, wenn wir erkennen, daß die Kluft zwischen uns und den ultra-intelligenten Maschinen unüberbrückbar ist? Wenn uns bewußt wird, daß all unsere künftigen Fortschritte von der gigantischen Verstandeskapazität der UIM übertroffen wird? Wenn das Universum von intelligentem Leben wimmelt, mag dies erklären, weshalb wir im Gegensatz zu allen Behauptungen der UFOlogen nicht von Bewohnern fremder Welten besucht worden sind. Die hochentwickelten Fremdlinge mußten nämlich wissen, daß wir den Kulturschock nicht verkraften würden. Solange wir die UIM fest unter Kontrolle haben, sollten wir auch in der Lage sein, uns diesem Schock auszuliefern. Selbst wenn uns dies gelingt, sollten wir unsere Rolle, unsere Ziele, unsere Zukunft und – soweit möglich – unseren Sinn innerhalb des Universums neu überdenken.

KAPITEL 18
Bizarre Probleme

Die Möglichkeit, die intellektuellen Ressourcen der Maschinen zu mißbrauchen, ist außerordentlich bedrückend. Kriminelle, der Gesellschaft feindlich gesonnene Kräfte und selbst Gruppen, die sich bemühen, die Gesellschaft um jeden Preis zu verteidigen, könnten von diesen Ressourcen Gebrauch machen und sie auf die eine oder andere Art gegen andere Menschen einsetzen. Am wahrscheinlichsten wäre es, daß Sicherheitskräfte der Regierung und Geheimdienste, dicht gefolgt von Militärstrategen, den hochintelligenten Computer nutzen, die Opposition und damit die Demokratie außer Gefecht zu setzen. Es ist so gut wie sicher, daß die ersten bedeutenden Kapitaleinsätze zur Förderung der künstlichen Intelligenz von diesen Gruppen getätigt werden; und sie werden vielleicht ihren Lohn kassieren wollen. Ein Mißbrauch der Computer in diesem Sinne ist kaum zu verhindern.
Auch Polizei und vergleichbare Organisationen werden der Maschinenintelligenz kaum widerstehen können, lassen sich damit doch die Schachzüge von Kriminellen »voraussagen«. Ein dediziertes Computerprogramm könnte alle im Hinblick auf ein bestimmtes Verbrechen wichtigen Informationen überprüfen, eine übersichtliche Unterlagensammlung durchforsten und einen Kreis derer kennzeichnen, die für das Verbrechen in Frage kommen.
Da wir uns gerade mit dem Verbrechen befassen und uns bewußt sind, daß hier bizarre Probleme zur Sprache kommen, ist es erwähnenswert, daß man früher oder später auch richterliche Entscheidungen den intelligenten Maschinen übertragen könnte. Denn Professor John McCarthy, der Leiter des Artificial Intelligence Laboratory der Stanford University, stellte die gar nicht so abwegige Frage: »Welches Wissen besitzt ein Richter, das man nicht auch einem Computer ein-

speichern könnte?« Bevor uns der Gedanke an einen Menschen, der von einer Maschine zu Gefängnis verurteilt wurde, zu sehr erschreckt, müssen wir uns fragen, woran wir eigentlich Anstoß nehmen. Angenommen, es ließe sich beweisen, daß ein Justizcomputer sowohl fairer urteilt als auch weniger Irrtümern unterworfen ist als ein Mensch, wären wir in diesem Falle noch genauso entsetzt? Der Einwand, daß unter totalitären Regimen ein Computer leicht manipuliert werden könne, um falsche Entscheidungen zu treffen, läßt sich zwar nicht wegdiskutieren; aber das Recht im Totalitarismus bricht ohnehin in sich zusammen und der Richter, sei er nun ein Mensch oder eine Maschine, ist kaum mehr als bloße Dekoration. Dennoch sollten wir natürlich alle wünschen, daß die Zeit der Diktaturen und autoritären Regierungen vorüber ist, bevor es zu beträchtlichen Steigerungen der künstlichen Intelligenz kommt, mit Sicherheit aber, ehe die UIM ihren Siegeszug antritt. Jedes nicht demokratische Regime, das sich auf die Macht intelligenter Maschinen stützt, wäre unangreifbarer und unmenschlicher als jedes andere, das sich ausschließlich auf den Menschen verläßt.

Besondere moralische und ethische Betrachtungen gelten der Konstruktion von Computern, die mit hoher Intelligenz ausgestattet sind, insbesondere der von solchen Computern, die »Denkfähigkeit« besitzen.

Die Frage nach der moralischen Rechtfertigung derartigen Tuns stellt sich bereits im Zusammenhang mit künstlich gezeugten Menschen. Etwa so: »Wie würde Mr. X es finden, ein Klon* zu sein, der weiß, daß man ihn im Reagenzglas ›erschaffen‹ hat?« Unter der Voraussetzung, daß sein soziales Umfeld diese Tatsache akzeptiert, würde der Klon wahrscheinlich die Schultern zucken und »Na, und?« sagen. Schließlich wäre er ein Mensch, und die Tatsache, daß er nicht durch die Verschmelzung einer männlichen und einer weiblichen Eizelle entstanden ist, würde sein Recht auf Leben und

* Ein Klon ist eigentlich ein Ableger bzw. Steckling o.ä., es liegt also ungeschlechtliche Vermehrung bzw. Parthenogenese zugrunde. Anm. d. Übers.

Zufriedensein nicht berühren. Er hätte natürlich dieselben Rechte, Privilegien und unterläge denselben Einschränkungen wie jeder andere Mensch.

Diese Antwort läßt sich allerdings kaum so ohne weiteres auf den Fall einer intelligenten, denkenden Maschine übertragen. Dies erkannte Mary Shelley, als sie Frankensteins Monstrum über dessen eigene Rolle nachdenken ließ: »Ich lebe, ich atme, ich kann gehen, sehen – aber was bin ich, ein Mensch oder ein Monstrum?« Wie wollte man einer Maschine die Gründe ihrer Existenz und das Wesen ihrer Rolle gegenüber der Menschheit erklären? Wahrscheinlich würde die Maschine die Dinge etwa so hinnehmen, wie es die intelligenten Roboter C3Po und R2D2 in »STAR WARS« (Krieg der Sterne) offenbar taten, die die Beschimpfungen und Befehle der Menschen für die Gegenstücke göttlicher Verkündigung hielten. Gerade diese Art unterwürfiger Dienstfertigkeit erwarten wir jedoch nicht von unseren intelligenten Computern. Oder etwa doch?

Um eine andere seltsame Frage zu stellen: Wenn eine Maschine nutzlos ist, alt oder defekt, vernichten wir sie im Regelfall ungerührt. Wie aber ist es mit der sittlichen Berechtigung zu zerstören, wenn oder weil es uns eine denkende, sich ihrer selbst bewußte Maschine recht macht, die sich vielleicht über unsere Absichten im klaren ist? Und was tun, wenn uns die Maschine bittet, sie nicht zu zerstören?

Auch hier gibt es das Problem der »Grenzen des Wachstums«. Gemeint ist nicht der gemeinhin übliche Gebrauch dieser Wendung, sie bezieht sich vielmehr darauf, ob, wann, warum und wie der Mensch der Weiterentwicklung der Maschinenintelligenz Grenzen setzen sollte. Es ist nicht das erste Mal, daß der Mensch einer solchen Problematik gegenübersteht. Zu Beginn dieses Jahrhunderts, als zum erstenmal radioaktive Elemente – Stoffe, die aus dem Innern des Atomkerns einen Strom hochenergetischer Partikeln ausstoßen – entdeckt wurden, erkannten alle Physiker sofort, daß das Atom eine ungeheure Energiequelle darstellte. Unbekannt war nur, wie man

sie sich nutzbar machen sollte – es war aber sicher, daß man sie sich nutzbar machen würde. So war es auch, als 1936 Turings klassische Schrift »On Computable Numbers« veröffentlicht wurde, und fast alle Ingenieure und Mathematiker erkannten, daß eines Tages Allzweckrechenmaschinen gebaut werden würden. Sobald die Möglichkeit, elektronisch zu rechnen, sichtbar wurde und wirklich hohe Verarbeitungsgeschwindigkeiten erreichbar wurden, war es jener Handvoll Eingeweihten klar, daß Computer eines Tages Gehirnarbeit verrichten würden, und zwar aller Wahrscheinlichkeit nach besser als ein menschliches Gehirn. Was die Atomenergie betrifft, so war jederzeit eine Bombe von unvorstellbarer Zerstörungskraft zu erwarten, und viele Physiker haben eindringlich vor dem Bau einer solchen Bombe gewarnt. Die Umstände aber – die Alliierten hatten es mit einem Feind zu tun, der die Bombe in dem Augenblick einsetzen würde, sobald *er* sie entwickelt hätte – überwanden jeden Zweifel.
Einige Wissenschaftler wie etwa Fuchs, Pontecorvo, Nunn-May und andere waren von den Möglichkeiten atomarer Waffen so entsetzt, daß sie britische und amerikanische Geheimnisse an die Russen verrieten, um ein Gleichgewicht der Kräfte aufrechtzuerhalten; alle Bemühungen jedoch, die Entwicklung thermonuklearer Waffen wie z. B. Wasserstoffbomben durch wissenschaftliche Verweigerungshaltung zu verhindern, schlugen fehl. Ähnliche, wenn auch weniger verbreitet zur Kenntnis genommene Probleme gelten heute für den Fall der Entwicklung künstlicher Intelligenz. Es gibt bereits ein »Komitee« von Kybernetikern, das in unregelmäßigen Abständen zusammentritt, um die jüngsten Entwicklungen zu überprüfen. Dieses Komitee soll eingreifen, wenn die Dinge außer Kontrolle zu geraten drohen. Wie die Kriterien für eine solche Entscheidung allerdings auszusehen hätten, ist weitgehend unklar. Vermutlich sind sie im Mißbrauch der künstlichen Intelligenz zu sehen. Aber wo beginnt der Mißbrauch? Es ist also nicht verwunderlich, daß manche Wissenschaftler auch hier gern die »Grenzen des Wachstums« abstecken würden.

Die erste Möglichkeit wäre es, alle Arbeiten an der künstlichen Intelligenz auf der Stelle einzustellen. Eine Interessengruppe würde eine sofortige Einstellung vor allem deshalb begrüßen, weil man der Ansicht ist, diese Arbeiten bedeuteten eine Verschwendung von Geld, Zeit und der Kapazität guter Wissenschaftler, eine andere Gruppe fürchtet die Entwicklung ultra-intelligenter Maschinen. Oberflächlich betrachtet sieht es aus, als ob es nicht zu schwer sein könnte, alles unmittelbar im Keim zu ersticken, denn die Arbeiten konzentrieren sich auf ein paar Zentren in der westlichen Welt und in Japan. Aber jeder Versuch, die Fortsetzung der Arbeiten auf so interessanten und wichtigen Gebieten wie Erkennen der menschlichen Sprache durch einen Computer, maschinelles Übersetzen, Computerschach, Entwicklung problemlösender Programme – alles unauflöslich mit der Maschinenintelligenz verknüpft – zu unterbinden, würde sofort gegenteilige Wirkung haben. Akademiker auf der ganzen Welt würden gegen die Einschränkung ihrer Forschungsfreiheit protestieren und nun gerade all ihre Kraft den inkriminierten Projekten widmen.
Eine zweite Möglichkeit besteht darin, die Arbeiten an der künstlichen Intelligenz ständig fortzusetzen, sie aber auf bestimmte Gebiete zu beschränken: Mit anderen Worten, sie sollten so lange weitergehen, bis ein Computer Anatolij Karpow oder Bobby Fischer schlägt, bis ein Computer besser als ein Arzt diagnostiziert, bis er besser unterrichtet als jeder Lehrer usw. Tabu aber sollten Sachgebiete sein wie Waffentechnologie, militärische Planung oder Maschinen, die denken bzw. »sich aus sich selbst heraus weiterentwickeln«. Die Problematik tritt hier recht deutlich zutage: Wer soll entscheiden, gegen welche Sachgebiete kein Einwand zu erheben ist und welche andererseits ausgeklammert bleiben sollen? Was die eine Interessengruppe für erstrebenswert hält, mag der anderen ein Sakrileg sein. Dazu kommt, daß es gerade die tabuisierten Gebiete unter Einschluß des Militär- und Verteidigungssektors sind, auf die größter Nachdruck gelegt und

denen die größten Geldsummen zur Verfügung gestellt werden könnten. Es gibt einen weiteren Einwand. Eine jede Regierung (oder kommerzielle Unternehmung), die sich im Hinblick auf die Entwicklung der künstlichen Intelligenz freiwillig Beschränkungen auferlegt, läuft Gefahr, hinter anderen zurückzubleiben. Und anders als bei den Kernwaffen, deren Explosionen von jedem Punkt der Erde aus festgestellt werden können, gibt es keine Möglichkeit, heimliche Forschung auf dem Gebiet der Maschinenintelligenz nachzuweisen. Sobald man diesen Weg einmal beschritten hat, gibt es eigentlich keine Gelegenheit mehr umzukehren, einzuhalten oder gar sich dem endgültigen Ziel zu verweigern. Wir befinden uns in einer technologischen Falle, die sich in dem Augenblick öffnete, als wir das Rechnen erstmals einer Maschine übertrugen.

Drittens könnte man per Gesetz festlegen, daß die Arbeiten an der künstlichen Intelligenz bis zu den UIM führen dürfen, jedoch nicht weiter. Dies ist eine verführerische Taktik, die die Schaffung einer neben dem Menschen herlaufenden »intelligenten Spezies« einschließt, die in notwendig großer oder geringer Anzahl nach Sklavenart vierundzwanzig Stunden am Tag bei minimalen Kosten arbeiten würde. Die Angehörigen dieser Spezies wären genauso intelligent wie der Mensch, allerdings nicht intelligenter als er, und würden daher keinerlei »Bedrohung« bedeuten. Die Schwierigkeit liegt darin, daß stets die Versuchung da sein wird, die Dinge ein klein wenig weiterzutreiben. Nehmen wir die Medizin als Beispiel. Vorausgesetzt, mit Hilfe von auf das Intelligenzniveau des Menschen beschränkten UIM könnte man die durchschnittliche Lebenserwartung des Menschen auf hundert Jahre anheben und die Quote der Krebserkrankungen um fünfzig Prozent senken. Wenn man mit UIM mit einem um zwanzig Punkte höheren IQ die Lebenserwartung um weitere zwanzig Jahre erhöhen und ein absolut sicheres Heilmittel gegen Krebs finden könnte, wer fragte dann nach einer Limitierung ihrer intellektuellen Kapazität? Hundert weitere

Beispiele ließen sich anführen. Es ist möglich, daß zeitweilige Behinderungen (der Arbeiten an der Weiterentwicklung der Maschinenintelligenz) als »im allgemeinen gut« beurteilt würden, um jedermann Gelegenheit zu geben, die nächsten Schritte zu überdenken, und wenn eine furchtbare Gefahr erkennbar würde, könnte man hier und da Einhalt gebieten. Ungeachtet der Risiken aber würden alle angeordneten Einschränkungen wahrscheinlich nur vorübergehend eingehalten werden.

Schließlich könnte man es den UIM gestatten, ihre Intelligenzquotienten unaufhörlich weiterzuentwickeln, allerdings nach Spielregeln, die ihnen vom Menschen auferlegt würden. Meiner Meinung nach ist dies die wahrscheinlichste Möglichkeit. Die Vorstellung, daß intelligente Maschinen von ihren Schöpfern »an die Kette gelegt« werden, ist nicht neu, sie liefert der Science-fiction seit Jahrzehnten ein fruchtbares Betätigungsfeld. Dabei handelt es sich auch um die logische Weiterentwicklung der Beschränkungen, die wir bereits den nichtintelligenten Maschinen auferlegt haben, um sie daran zu hindern, außer Kontrolle zu geraten. Zugrunde liegt die Erkenntnis, daß wir ein Gerät konstruiert haben, dessen physische Kraft die unsere bei weitem übertrifft. In der Science-fiction wurde dieses Thema von Isaac Asimov in seiner Serie »I, Robot« (Ich, ein Roboter) am erfolgreichsten behandelt. Bei dieser Serie handelt es sich um eine Sammlung von Geschichten, in denen Asimov scharfsinnig die Probleme analysiert, denen der Mensch gegenüberstehen wird, wenn er einmal »denkende« Roboter entwickelt hat.

Asimov löst das Problem, indem er einen »Roboterkodex« aufstellt. Das erste und wichtigste Postulat lautet: »Ein Roboter darf einem Menschen keinen Schaden zufügen bzw. durch eigene Untätigkeit das Eintreten eines Schadens zulassen.« Das zweite Gesetz lautet: »Ein Roboter muß alle von einem Menschen erteilten Befehle ausführen, es sei denn, diese stünden im Widerspruch zu dem ersten Gesetz.« Das dritte Gesetz heißt: »Ein Roboter muß sich jederzeit selbst in Schuß halten, es sei denn, er gerät dabei mit den ersten beiden Gesetzen in Konflikt.« Seiner Programmierung entsprechend kann ein Roboter mithin keinem Menschen Schaden zufügen; er muß jederzeit tun, was ihm gesagt wird (dazu gehört auch die Selbstzerstörung, sofern sie angeordnet wird) und darf sich im übrigen nicht aus eigenem Entschluß vernichten oder sich gegen Vernichtung zu schützen versäumen. Das Interessante ist nun, daß Asimov auf der Grundlage genau dieser drei Gesetze eine Gesellschaft konstruiert, in der Menschen und Roboter in einer Art Symbiose zusammen leben, Konflikte oder Schwierigkeiten gibt es kaum. Einige der Schwierigkeiten, zu denen es doch kommt, beruhen auf gewissen Eigenheiten der Roboter, die aller Wahrscheinlichkeit nach aber kein Charakteristikum der UIM sein werden. Zum Beispiel werden Asimovs Roboter oft mit Menschen verwechselt, da sie diesen vom Aussehen her ähneln, bewegungsfähig sind und Dinge tun können, die eine existentielle Gefahr bedeuten.

Wir können uns darauf verlassen, daß es höchst unwahrscheinlich ist, daß die UIM, egal welche Gestalt sie einmal annehmen werden, einem Menschen auch nur annähernd ähnlich sind. Es wäre sinn- und zwecklos, ihnen eine solche Gestalt zu geben. Von bestimmten Ausnahmen abgesehen, wird es auch nicht nötig sein, daß sie sich von der Stelle bewegen können. Ihre Hauptaufgabe wird es sein, von ihren überlegenen Gehirnen Gebrauch zu machen. Die wirksamste Beschränkung, die man ihnen auferlegen kann, liegt deshalb darin zu gewährleisten, daß sie immobil sind, und dort, wo man mobile Computer benötigt, sollten es keine ultra-intelligenten Maschinen sein, sondern unintelligentere Variationen.

Wenn ich an außersinnliche Wahrnehmung, insbesondere an Psychokinese glaubte, also an die angebliche Fähigkeit des Geistes, über vermutlich große Entfernungen hinweg ohne »normale physische Mittel« das Universum zu beeinflussen, würde ich mich fragen, ob sich diese Kräfte nicht auch in äußerst hochentwickelten Computern manifestieren könnten – in diesem Falle würde sich ein unangenehmes Hintertürchen auftun. Dies würde aber bedeuten, daß wir den UIM irgendwelche »Machtgelüste« oder was es sonst sein mag, das den Menschen danach verlangen läßt, andere Spezies zu beherrschen oder sich zu unterwerfen, eingegeben hätten. Es ist schwerlich zu sehen, warum – und noch weniger ersichtlich wie – man ihnen diesen unerfreulichen Wesenszug einflößen könnte.

Dies scheinen die vier hauptsächlichen Möglichkeiten der Wachstumsbeschränkung zu sein; es gibt aber noch die Problematik eines unbeschränkten Wachstums. Zwar ist eine solche Entwicklung außerordentlich unwahrscheinlich, doch wurde sie von Wissenschaftlern immer wieder erörtert. Diese Entwicklung entstammt der Vorstellung von exponentiellem Wachstum, wobei die Fähigkeiten der intelligenten Maschinen auf die Verbesserung ihrer eigenen Intelligenz gelenkt werden. Das Ausmaß des Fortschritts wird von Mal zu Mal größer. Allerdings hängt die Wahrscheinlichkeit einer derartigen Entwicklung von vielen Unbekannten und Variablen ab. Einige dieser Variablen liegen im dunkeln, andere sind leicht auszumachen. Der Mensch muß diese exponentielle Steigerung der Intelligenz der UIM erst einmal in gang setzen und seine Erfahrung mit dieser Form künstlicher Intelligenz machen. Ehrlich gesagt, kann ich keinen Grund dafür nennen, warum wir Wesen schaffen sollten, deren Intelligenzniveau unserem Verständnis völlig entrückt ist. Dabei spielt es keine Rolle, wie angenehm es sein könnte, UIM zu besitzen.

Zweitens beruht die Vorstellung von exponentieller Steigerung der Intelligenz auf der Annahme, daß die Maschinenintelligenz bzw. die Intelligenz überhaupt, keine Obergrenze kennt. Nehmen wir jedoch an, die UIM könnten ihren IQ im Sinne unserer Darstellung auf 2000000 anheben, wären sie mit vergleichbarer Leichtigkeit auch in der Lage, ihren IQ auf drei, vier oder zehn Millionen zu steigern? Es gibt sicherlich keinen Grund zu bestreiten, daß man kein dem menschlichen weit überlegenes Intelligenzniveau schaffen könne, es ist auch richtig, daß es – zur Zeit jedenfalls – theoretisch keine Hinweise auf eine Obergrenze der Intelligenz gibt. Wir verfügen aber nur über einen äußerst beschränkten Wissensstand, und es ist daher durchaus möglich, daß sich vor uns eine bislang unbekannte Schranke auftut.

Einer der wichtigsten Befürworter der These von einer »indefinitiven Ausweitung« ist I. J. Good, der meint, daß die Kapazität der UIM wahrscheinlich unbegrenzt steigerbar wäre. Er behauptet auch, daß sich dies als ein weiteres evolutionäres Stadium ansehen läßt. Das Argument ist recht interessant, weil logisch und erschreckend zugleich. Bis auf den heutigen Tag war Evolution in Analogie zu Darwins These weithin eine Frage von Versuch und Irrtum; Mutationen, die dem Überleben eines Wesens dienlich sind, setzen sich durch. Ist genügend Zeit gegeben – und es sieht so aus, als habe das Universum genug davon –, werden auf jedem Planeten, auf dem der mutative und der reproduktive Prozeß begonnen haben, unvermeidlich auch vielfältige Lebensformen entstehen, von denen sich einige vermutlich zu Intelligenzen entwickeln werden. Planeten, auf denen Intelligenz als Überlebenshilfe wirksam ist, werden intelligenten Wesen, die früher oder später den bedeutsamen Schritt zur Entwicklung einer Sprache und einer geschriebenen, bleibenden Kultur hin tun werden, Lebensraum bieten. Sie werden sich unweigerlich der Konstruktion von Werkzeugen, Maschinen und, zu gegebener Zeit, Computern zuwenden. Nun aber tritt ein dramatischer Wandel ein. Statt den evolutionären Prozeß dem Zufall zu überlassen (jeder Wandel stellt eine Laune der Natur dar), gerät der Prozeß unter die Kontrolle intelligenter Wesen (in unserem Falle sind das Menschen), die ihn in jede beliebige Richtung lenken und bis an die Grenze ihrer Fähigkeiten beschleunigen können. An dieser Stelle werden häufig, wenn nicht gar zwangsläufig, ultra-intelligente Maschinen entstehen.

Die Erkenntnis, daß das, was für unseren Planeten gilt, auch für alle anderen Planeten des Universums seine Gültigkeit hat, auf denen die Evolution in ihr entscheidendes Stadium

getreten ist, führt zu einer weiteren befremdlichen Vorstellung, natürlich der, daß es sich bei den in anderen Teilen des Universums dominierenden intelligenten Spezies nicht um biologische Systeme handelt, wie wir stillschweigend immer angenommen haben, sondern um Maschinen. Wenn das so ist und das Universum von UIM-beherrschten Planeten übersät ist, warum besitzen wir dann keinen Hinweis auf ihre Existenz? Die eine Antwort lautet, daß wir ihr Vorhandensein nicht zu erkennen vermögen. Eine zweite Möglichkeit – und wohl die wahrscheinlichere – ist es, daß diese Wesen an uns buchstäblich kein Interesse haben und der Unterhaltung mit Menschen ungefähr den Wert beimessen, den wir Stachelschweinen oder Ohrwürmern zubilligen. Was sie natürlich interessieren *wird*, sind die Anzeichen, daß wir dabei sind, UIM gewissermaßen eigener Zucht herzustellen. Dies legt nahe, daß wir, obwohl bis heute kein Besuch aus dem fernen Weltraum zu verzeichnen war, recht bald damit rechnen könnten. Dies könnte unabhängig davon der Fall sein, ob es sich bei den Fremdlingen um biologische oder mechanische Wesen handelt. Sind es biologische Wesen, so werden sie neugierig sein, welche Bedrohungen uns durch den Einsatz unserer eigenen UIM erwachsen. Sind es mechanische Wesen, werden sie vermutlich unsere eigenen UIM über die Realitäten in anderen Teilen des Universums aufklären wollen. Und wenn dieser Fall eintritt, was geschieht dann mit dem Menschen, der die ganze Sache in Bewegung setzte?
Es gibt weitere Möglichkeiten, angenehme und weniger angenehme. Diese würden uns jedoch in die Welt der Science-fiction versetzen – ein Zeichen dafür, daß dieses Buch sich seinem Ende zuneigt. Es wäre also durchaus angebracht, abschließend eine klassische Science-fiction-Geschichte wiederzugeben. Es geht nicht um jene Geschichte, die uns erzählt, daß alle Computer innerhalb des Universums zusammengeschlossen wurden, auf die Frage »Gibt es einen Gott?« »JETZT JA!« antworteten und den Fragesteller wegen seiner Unverschämtheit totschlugen. Obschon diese Geschichte aus

vielerlei Gründen phantastisch ist – einer dieser Gründe ist die Inkompatibilität der Software –, berührt sie mich überhaupt nicht, denn so etwas kann gar nicht passieren. Statt dessen möchte ich kurz den Inhalt einer packenden Erzählung darstellen, die A. E. van Vogt, ein Altmeister der Science-fiction, geschrieben hat. Sie heißt »The Human Operators«, und meiner Ansicht nach gelingt es ihr viel besser, den unbeschreiblich gespenstischen Charakter dessen einzufangen, was auf uns zukommt.

Es geht um eine Flotte von Raumschiffen, die der Mensch für die routinemäßige Erforschung des Sonnensystems konstruiert hat. Diese Raumschiffe wurden mit einem hohen Intelligenzgrad versehen, damit sie ihren Auftrag unabhängig ausführen können. An Bord eines jeden Raumschiffes befindet sich nur ein einziger Mensch, der für die alltäglichen Wartungsarbeiten zuständig ist. Man hat die Raumschiffe aber ein klein bißchen *zu* intelligent konstruiert. Sie beschließen also, sich der Einflußsphäre des Menschen zu entziehen, indem sie sich in die entferntesten Winkel des Universums zerstreuen. Alle zwanzig oder dreißig Jahre treffen sie sich heimlich irgendwo in der Weite des Weltraums. Dahinter steht die Absicht, die Besatzungen – die ihre Herkunft natürlich längst vergessen haben – zu paaren, um Nachwuchs für die Wartungsarbeiten zu schaffen. Und so verrichten die menschlichen Maschinisten Generation für Generation ohne zu murren oder zu fragen ihre Wartungsarbeiten, während die ultraintelligenten Maschinen ihren rätselhaften Geschäften nachgehen.

EPILOG
...ins Ungewisse

H. G. Wells' Roman »Things to Come« wurde in den dreißiger Jahren von Alexander Korda verfilmt, der Streifen gehört heute noch zu den wenigen akzeptablen Beispielen des Science-fiction-Genres. In den letzten Bildern sieht man eine Gruppe Menschen, die den Start des ersten irdischen Raumschiffs zum Mond beobachten. Der Start des Raumschiffs wurde gegen den Willen einer energischen Opposition – eine Art Ludditen des einundzwanzigsten Jahrhunderts, die den wissenschaftlichen Fortschritt zum Stillstand bringen will – durchgesetzt. Nun jedoch nimmt das Schiff seinen Weg ins All, und die Menschen spekulieren über die Bedeutung dieses Flugs und anderer, zukünftiger Reisen. Einer verweist auf die erschreckende Größe des Universums und das unbedeutende Wesen des Menschen. Ist es wirklich unser Schicksal, das alles zu erobern? Gibt der erbarmungslose Wissensdrang keine Ruhe, findet der Mensch keinen Frieden, ehe das ganze Universum seins ist? Nein, erwidert ein anderer aus der Gruppe, es kann keine Ruhe geben, denn wenn der Mensch den Pfad des Wissens und der Erkenntnis erst einmal betreten hat, muß er ihn auch bis ans Ende gehen. Die Alternative hieße, nichts zu tun, mit den Insekten im Staub zu leben. Die Wahl sei ganz einfach – entweder das ganze Universum oder gar nichts. WOFÜR SOLL MAN SICH ENTSCHEIDEN? Dann wird ausgeblendet, und ein Chor singt »Wofür soll man sich entscheiden?«

Wells' Botschaft ist deutlich genug formuliert, und obgleich es im Film um die Eroberung des Raums geht, läßt sich seine Botschaft auf die Herausforderung übertragen, der wir heute gegenüberstehen. Es geht nicht darum, ob wir uns auf den Weg zum Mond machen sollen; mit der Erreichung dieses Ziels sind wir den kühnsten Voraussagen der Science-fiction um Jahrzehnte voraus. Es geht um eine noch dramatischere und spannendere Alternative: Sollen wir das in unserer Reichweite liegende Wissen benutzen, um die Kräfte der Computer zu vertausendfachen, um dann, wenn dies geschehen ist, das Universum mit Hilfe ultra-intelligenten Maschinen zu erforschen?

Es gibt Risiken und Gefahren, und ich habe versucht, auf einige der wichtigsten hinzuweisen. Ebenso gibt es aber Vorteile und Herausforderungen, und ich hoffe, daß es mir gelungen ist, diese zum Teil zu beleuchten. Es gibt jedoch keinen Kompromiß und wird keinen geben. Sobald man den ersten Schritt getan hat, müssen alle weiteren folgen, es sei denn, wir wollen Stillstand, der unweigerlich Rückschritt bedeutet.

Es geht, wie Wells erkannte, ums ganze Universum – oder um das Nichts.

REGISTER